大连理工大学研究生“新工科”精品教材基金资助出版

“十四五”时期国家重点出版物出版专项规划项目

智 能 建 造 理 论 · 技 术 与 管 理 丛 书

先进建造与管理导论

INTRODUCTION TO ADVANCED CONSTRUCTION AND MANAGEMENT

李忠富 等 编著

本书立足将先进制造业的生产方式与管理方法引入工程建造行业的基本理念，按照工业化、信息化、精益化和可持续发展与建造行业相结合的理念体系，构建了基于“四个建造”方式的新型建造体系，称为先进建造。全书在介绍工业化建造、智能建造、精益建造和可持续建造的概念与内容的基础上，分别阐述先进建造方式对应的先进管理方式，如并行建造与虚拟建造管理，建设供应链管理、建设物流体系与管理、建设项目管理新技术的内容及实施方法，旨在为工程建造发展提供理论支撑或借鉴。

本书主要作为高等院校土木建筑类专业的研究生教材，也可作为相关专业的本科生教学参考书，同时可为建筑业管理人员、建设工程一线从业人员学习和了解相关理论及提升实际工作水平提供参考。

图书在版编目（CIP）数据

先进建造与管理导论/李忠富等编著. —北京：机械工业出版社，2022.3（2025.1重印）

（智能建造理论. 技术与管理丛书）

“十四五”时期国家重点出版物出版专项规划项目

ISBN 978-7-111-70197-2

Ⅰ. ①先… Ⅱ. ①李… Ⅲ. ①建筑工程-研究生-教材 Ⅳ. ①TU

中国版本图书馆CIP数据核字（2022）第029212号

机械工业出版社（北京市百万庄大街22号 邮政编码100037）

策划编辑：冷 彬 责任编辑：冷 彬

责任校对：史静怡 张 薇 封面设计：张 静

责任印制：邓 博

北京盛通数码印刷有限公司印刷

2025年1月第1版第2次印刷

184mm×260mm · 16印张 · 374千字

标准书号：ISBN 978-7-111-70197-2

定价：69.20元

电话服务 网络服务

客服电话：010-88361066 机 工 官 网：www.cmpbook.com

010-88379833 机 工 官 博：weibo.com/cmp1952

010-68326294 金 书 网：www.golden-book.com

 机工教育服务网：www.cmpedu.com

前　言

工程建造行业是国民经济重要的支柱产业，对经济发展、民生改善和社会进步发挥着巨大的推动作用。同时，建造行业是个规模巨大的传统产业，在发展中也带来一些负面影响。在当今世界工业化、城镇化、信息化和现代化的发展进程中，如何面对新形势，把握新机遇并迎接新技术、新思潮的挑战是工程建造行业的重要话题，也是工程建造管理者和研究者长期研究思考的问题。

工程建造与管理领域历来是少有先进、创新的思想和理论产生的领域，因而在与建筑技术和管理科学方法的创新发展的比较中常常处于劣势，成为建筑技术与管理学科交叉领域的一块“洼地”。当然这与学科发展水平、人员素质、研究开发投入等多种因素相关，也与“学术界和教育界对相关领域新理论的落后的反应，严重阻碍建造中新的理念的介入”，甚至“由于过分强调建筑产品的特殊性，而排斥来自相关领域的新思想”（Lauri Koskela 语）直接相关，由此带来了理论研究和高校教学落后于实践应用、基础理论零散不成体系、工业化进程发展缓慢、信息化发展缺少理论支撑等问题。本人一直认为向制造业学习先进技术与管理经验，让制造业强力支撑建造行业发展是解决这一问题的最佳选择。

但在过去十几年的持续学习和研究过程中我们也遇到了各种争议和困惑。工程建造领域是少有独创性成果出现的，而向其他领域学习又遇到了产业特性不同、生产方式不同、管理方式不同等问题，使得这个学习与创新的过程充满坎坷。将制造业的生产与管理方式引入建筑业并不是本书作者的首创，很多年前国外就已经有这方面的尝试，国内在这方面的研究也有过一些成果，只不过都没有成为主流，更谈不上形成全面系统的理论体系。

本人一直认为：不能吸收新理论与技术的学科是没有发展前途的。在工程建造领域没能够及时创新出符合行业自身发展要求的独特管理理论与方法之时，向相关领域学习是最佳途径。况且这些年来制造业和商业服务业伴随着信息化迅猛发展，产生了一大批新型生产管理方式和管理技术，具有普遍适用性，对工程管理有着重要的借鉴作用。这些技术有些适用于工程管理，有些方法本身就是从工程管理得到启示而产生的，如精益生产、敏捷制造、并行工程等，而有些不适用于工程管理，或者说需要进一步研究才能确定是否能够适用于工程管理。因此，一味强调工程管理的特殊性而排斥相关领域新技术的应用是错误的，但不顾工程管理的特点而生搬硬套也是不可取的。在这一问题上，本书倾向于“拿来主义”，首先不要排斥，然后通过积极的学习并尝试与工程建造实际相结合，再总结经验教训，进而做理论上的提升。

过去 30 多年时间里，国内外工程管理领域的研究者和实践者在引进相关领域的先进理念和方法应用于工程建造领域方面做了一些工作，取得了一些成果。虽然真正与建造完美融合的成果还谈不上丰富，其理论体系也谈不上完善，但至少有了一个良好的开端。正因如此，本书更多的是介绍先进管理理论与方法在工程建造领域一些初步的应用，而对先进管理方式与建筑业生产结合的理论不做过多论述。

本书将制造业的先进生产方式、管理模式和管理方法与工程建造行业结合，定义了先进建造与管理的概念、内涵，构建了先进建造与管理的理论体系，分别概要阐述了先进建造体系的工业化建造、智能建造、精益建造和可持续建造“四个建造”的基本思想方法，以及并行建造与虚拟建造管理、建设供应链管理、建设物流体系与管理、建设项目管理新技术等先进建造管理的基本理论和方法，让读者了解先进制造行业技术与管理的发展状况，初步掌握先进建造方式的基本思想和方法，为进一步的研究与应用打下一定基础。

本书筹划、撰写和出版历时两年时间，感谢大连理工大学研究生“新工科”精品教材基金对本书撰写和出版的支持；感谢大连理工大学研究生院副院长张吉礼教授对本书的关注与支持；感谢我的好友、东南大学成虎教授和李启明教授在本人研究编撰过程中给予的创意思路。

本书由大连理工大学李忠富主持编写并负责最终统稿工作。其中，第 1 章、第 4 章、第 5 章和第 7~9 章由李忠富编写，第 2 章由大连理工大学崔瑶编写，第 3 章由大连理工大学姜韶华编写，第 6 章由青岛理工大学李龙编写，大连理工大学研究生张胜昔、蔡晋、李天新、袁梦琪、何雨佳、滕岳、方瑞苑、彭虹灵、任江麾等也参与了本书部分章节的资料收集和整理工作，在此感谢各位学生付出的艰辛努力。

本书基于本人的一些研究成果，同时借鉴和参考了国内外业内学者的相关研究成果编著而成。这些成果已在各章参考文献中标注引证出处，若有疏漏，望有关作者谅解。

本书的思想体系是本人长期思考和研究的结果，虽经多次研讨和推敲，还是觉得有所欠缺和不足，因此，本书出版旨在抛砖引玉，唤起业内人士对本研究领域的重视，吸引更多人进入该领域从事研究工作，共同出力献策，进而促进本研究领域的完善与发展。限于作者理论水平和写作功底，书中定会存在很多值得研讨商榷之处，欢迎读者和业内专家批评指正。

目　录

前言

第1章 先进建造与管理概述

1.1 近年来围绕建造方式的背景变化

1.1.1 用户对建筑产品的需求日益提高

建筑产品为社会生产提供重要的物质技术基础，也为人们的生活提供必需的设施和环境。随着我国经济的快速增长，人们的物质和文化生活的水平不断提高，用户越来越关心与自己切身利益直接相关的建筑产品，对产品本身及其形成过程的需求发生了明显变化。过去人们主要关心建筑产品的质量、安全、成本、交付速度，而现在进一步增强了有关产品功能、服务、生产活动对环境的影响等多方面的需求。在需求的重心转移的同时，各方面需求的标准也在不断提高，这导致用户从过去的建筑产品的被动接受者转变为主动需求者。建筑产品不再是仅仅能满足生产和生活的基本需要，更成为满足精神文化生活的高层次需要。因此，用户对产品的需求呈现出个性化和多样化的趋势。不能满足用户现实需求的建筑产品就会失去市场。

1.1.2 全球化、信息化浪潮兴起，对各行业产生重大影响

自20世纪90年代以来，以计算机和网络技术为主的信息化浪潮席卷全球，并渗透到社会生产生活的各个方面，将整个世界带入信息化社会。信息化提高了生产效率，有利于节能环保，对各行业的发展产生重大影响，建筑业也不例外。

建筑业的信息化是从设计行业“甩图板”开始的。目前，建筑设计行业已经完全脱离了原来的手工绘图方式，应用计算机和网络工具实现了从构思、设计到管理的全面信息化。2010年后快速发展的BIM技术使建筑设计手段从平面发展到三维，极大地推动了建造行业的发展。而建筑施工领域接受和应用信息化的程度远不如设计行业，但一些先进企业已经在企业管理、项目管理等领域大量应用BIM技术、智能化技术等，全面推进信息化建设。最近几年，互联网+、物联网、大数据、区块链、人工智能、5G移动通信、云计算及虚拟现实等信息技术与机器人等相关设备快速发展，对建筑生产活动产生重要影响。预计未来建造领域的信息化将全面铺开，在工业化基础上向自动化、智能化方向发展，对建筑生产与管理方

式产生重大影响。

1.1.3 新型生产与管理方式伴随信息化快速发展

在以制造业为主、实行社会化大生产的大工业领域，从20世纪90年代开始，信息化的浪潮兴起，使制造业的生产方式发生了重大变革，从原来的单一品种的大规模生产向小批量、多品种、定制化发展，并由此产生了一批新型的生产方式与管理方式。新型的生产方式包括精益生产、敏捷制造、绿色制造、计算机集成制造技术、大规模定制、单元式生产、混合生产方式等，相应的管理方式包括客户关系管理、企业资源计划、知识管理、项目管理、约束理论、商务智能、供应链管理、价值管理等。新型生产与管理方式的发展大大提高了制造业及相关产业的发展水平，对相关行业的生产管理方式的变革产生了重要影响。

1.1.4 资源能源环境约束对建筑生产提出更高要求

最近20年，建筑业在高速发展的同时，也带来了严重的资源、能源和环境问题。大量的建筑物在建造、使用和拆除过程中消耗大量的资源和能源，产生大量废弃物，对生态环境造成严重影响，在我国人口众多、资源（尤其能源）紧缺，生态环境脆弱的状况下产生严重的社会经济环境问题。这种发展状态是不可持续的，也是不可容忍的。意识到这个问题的严重性后，我国已在建筑设计、材料选用、施工建造过程中逐渐加强了绿色节能环保科技的研究与应用。当前“碳达峰”和“碳中和”成为国家目标和庄严承诺，如何在建筑材料生产供应、建筑规划设计、施工建造、使用和拆除全过程中推行可持续发展理念，在大规模建设过程中协调建设产业发展与资源环境的关系，这些都对建造方式的改革发展与创新提出了更高的要求。

1.1.5 建筑业改革与发展的形势

我国建筑业经过40多年的改革与发展，取得了巨大成就，对国民经济贡献突出，工程建设水平明显提高，效率明显提高，产业结构不断优化，技术进步稳步提高，建立了新的建设管理体制。与此同时，经济效益水平依旧不高，资本运作能力不强，工业化技术与管理水平不高，机制转换尚不到位，市场不规范、产品和服务不能满足社会需要等问题仍然突出存在。特别是近些年出现建筑业高素质复合型人才不足、技能型人才不足、从业工人短缺、人工费快速上涨、人员老龄化等问题，以及节能减排外部约束力度加大，国内外建筑市场竞争加剧等严峻挑战，更需要建筑业改变生产方式和管理方式，以适应未来发展的要求。

伴随着我国经济从高速增长转向高质量发展的转变，作为我国的支柱型产业，建筑业也必将向高质量发展方向转变。随着“中国建造”概念的提出，有关部门制定政策措施，将“中国建造”与“中国制造”“中国创造”并列，成为建筑业向产业现代化转型的重要理论基础。这其中建造方式与管理方式一定是“中国建造”的核心问题。

1.2 新型生产方式和管理技术的研究与发展

1.2.1 生产的类型划分

生产类型是指企业依据其产品的特点、生产计划或销售方式等特点所确立的一种或几种生产的方式。各个行业和企业在产品结构、生产方法、设备条件、生产规模、专业化程度、工人技术水平以及其他各个方面，都具有各自不同的生产特点。这些特点反映在生产工艺、设备、生产组织形式、计划工作等各个方面。因此，各个行业和企业应根据自己的特点，从实际出发，建立相应的生产管理体制。根据生产类型的划分，可以明确制造业与建筑业在生产方式的区别与联系。

1. 集合型生产与展开型生产

集合型生产也称为合成型生产，是指将不同的成分（零件）合成或装配成一种产品，即加工装配性质的生产，如汽车、房屋、船舶制造厂、纺织厂等。

展开型生产也称为分解型生产，是指原材料经加工处理后分解成多种产品，即化工性质的生产，如炼油厂、焦化厂、木材加工、粮食加工等。

此外还有调解型和提取型。调解型是指通过改变加工对象的形状或性能而制成产品的生产，如钢铁厂、橡胶厂等；提取型是指从地下、海洋中提取产品的生产，如煤矿、油田等。

2. 预期型生产与定制型生产

预期型生产也称为存货生产方式，是在对市场需要量进行预测的基础上，有计划地进行生产，产品有一定的库存。为防止库存积压和脱销，生产管理的重点是抓供、产、销之间的衔接，按“量”组织生产过程各环节之间的平衡，保证全面完成计划任务。机械产品、电子产品等制造业生产产品大多属于预期型生产。

定制型生产是属于订货型生产，它是厂家得到用户提出的具体订货要求后才开始组织生产，进行设计、供应、制造、出厂等工作。生产出来的成品在品种规格、数量、质量和交货期等方面是各不相同的，并按合同规定按时向用户交货，成品库存甚少。因此，生产管理的重点是抓“交货期”，按“期”组织生产过程各环节的衔接平衡，保证如期实现。船舶、房屋等基本属于这一类型。

3. 单件一次性生产与大批量反复生产

单件一次性生产（Single Unit Project Manufacturing）的产品本身具有独特性，产品的生产是从客户订单开始的，包括按订单设计、技术准备、生产、安装、售后服务等环节。产品很复杂，生产周期一般都很长，一般情况都是按项目进行跟踪和管理，如重型机械、船舶/飞机、房屋等。一般的单纯物料需求计划（Material Requirement Planning，MRP）方法不能全部解决生产管理问题，而其中项目设计、技术准备、网络计划、关键资源排序、报价、项目预算和结算等很重要。

大批量反复生产（Mass Repetitive Manufacturing）的产品是标准或少数选配，需求主要靠预测/订单，面向直接消费者的产品大都属于这种类型。生产设备是以部件或者产品为对象组成一条条流水生产线，具有较高的自动化水平，生产节奏是稳定和均衡的。生产计划的特征是将传统制造资源计划（Manufacturing Resources Planning，MRP Ⅱ）与准时制生产（Just In Time，JIT）混合制造。机械产品、电子产品等制造业生产产品大多属于这种类型。

在这两种生产类型中间，还有单件小批量生产和多品种小批量生产。

单件小批量生产（Single Unit Job Lot Production）是指为小批量需求生产单件性的专用产品的生产，是典型的订货型生产（Make To Order，MTO），其特点与单件生产相近，如定制服装和水力发电用涡轮机等。

多品种小批量生产（Job Shop Manufacturing）的产品是标准的或选配的，产品的需求来源是预测/订单，这种生产类型的企业一般具有固定的供应链体系，具有明显的上下游之间的协作关系；其生产组织按工艺特征进行，具有传统的专业加工和装配车间等；生产计划的特征是典型的 MRPII 和配置控制。大型工程机械、数控机床、盾构机等装备的生产属于这种类型。

4. 工厂型生产、现场型生产、OFFICE 型生产

顾名思义，工厂型生产是在固定的工厂厂房内进行的生产，工作环境稳定，受气候和环境影响很小，制造业的生产基本都属于工厂型生产。现场型生产则是在产品最终形成的对象上进行产品加工生产的方式，这种方式环境易变，有的是露天作业，受气候和环境影响很大，质量安全不容易保证。建筑产品生产是典型的现场型生产。OFFICE 型生产则是在办公室里进行的生产，这种生产多属于金融、软件、贸易等第三产业的生产以及企事业管理工作等，工作条件环境好，体力消耗少。

5. 流程型生产与工作型生产

流程型生产是按照固定的生产流程，在一定时间内连续不断地生产一种或很少几种产品。生产的产品、工艺流程和使用的生产设备都是固定的、标准化的，工序之间没有在制品储存。例如，油田的采油作业、固定生产线上的生产等，属于连续型生产。

工作型生产是可以将完成的任务划分成为一个个相对独立的工作，各工作之间按照一定的先后次序投入生产过程，这个过程中，输入生产过程的各种要素可以是间断性的，生产设备和运输装置必须适合各种产品加工的需要，工序之间要求有一定的在品库存。例如，机床制造厂、机车制造厂、轻工机械厂、房屋建造等。

根据以上分类和分析，可以明确，目前建筑产品的生产基本属于集合型、定制型、单件一次性、现场型、工作型生产。

1.2.2 制造业生产方式与管理技术的发展演变

本书的基本思想是向制造业和一般管理学习借鉴生产方式与管理方式。其实制造业自身的生产方式和管理方式也在持续发展变化，因此了解制造业生产方式与管理方法的发展演化对于理解和深化本书的思想是有益的。

制造业生产方式的变革是随着科学技术的发展及市场的变化而不断发展变化的。制造业的生产最早是从手工作坊开始的，生产使用的原动力主要是人力，局部也利用水力和风力。18 世纪的工业革命后开始出现了近代工业化大生产，从 19 世纪初到 20 世纪 20 年代，主要是用机器代替人力进行生产。工厂的组织结构分散，管理层次简单，业主直接与所有的顾客、雇员和协作者联系，采用的是作坊式单件化生产方式。这种生产需要从业者拥有高超的技艺，所以又称“技艺”性生产方式。这种生产方式的最大缺点是产品产量少、价格高、生产周期长。

第一次世界大战后，美国人福特（Henry Ford）发明的流水线、大批量生产方式投入生产领域，使制造业发生了革命性改变。在这种生产方式下，企业生产规模越大，内部分工越细，专业化程度就越高，简单熟练操作提高了劳动生产率，使生产成本随生产规模而递减。这种方式迎合了当时人类对产品的需求量大、复杂性增加的要求，提高了人们的生活水平，推动社会生产的分工与专业化，并且基于此建立了一套完备的企业科层结构体系和基于此的制造生产理论。

由于大批量生产方式实用、高效与经济，为社会提供众多的廉价产品，满足消费者的基本生活需求，因此它主导了制造业近百年，对人类进步做出了巨大贡献，致使人们将其视为制造业生产的固有方式。

20 世纪 70 年代以后，市场环境发生了巨大的变化。全球化竞争加剧，消费观念也在发生变化，呈现出主体化、个性化和多样化的趋势。消费者不仅要求购置高质量、低成本和高性能的产品，而且希望产品具有恰好满足其感受的特性。这就要求企业必须能够对市场环境的急剧变化做出迅速反应，及时掌握用户需求，有效地生产和提供令用户满意的产品服务。这对以产品为中心、以规模经济为竞争优势的大批量生产方式提出了新的挑战。另外，企业自身的员工对这种生产的厌倦和追求人格全面发展也对大批量生产提出了严峻的挑战。在这一时期新崛起的日本丰田汽车公司的生产与管理实践从另一角度给全世界一个鲜活的例证，促使了新型生产方式与管理方式的出现。

为解决大批量生产方式的困境，一开始人们仍沿袭传统思路，期望依靠制造技术的改进来解决问题，就是抓住计算机的普及应用所提供的有利契机，以单项的先进制造技术，如计算机辅助设计（CAD）、计算机辅助制造（CAM）、计算机辅助工艺规程设计（CAPP）、制造资源规划（MRP）、成组技术（GT）、并行工程（CE）、柔性制造系统（FMS）等，以及全面质量管理（TQC）作为工具与手段，来全面提高产品质量和赢得供货时间。单项先进制造技术和全面质量管理的应用确实取得了很大成效，但在响应市场的灵活性方面并没有实质性的改观，且投资巨大、收效不佳。在这个过程中人们逐步意识到单靠具体的先进制造技术和管理方法本身不能从根本上解决问题，而要靠全新的制造生产方式，突破金字塔式的科层组织结构的束缚。

制造业新型生产方式在 20 世纪 90 年代以后逐步形成，它以解决大批量生产模式与快速变化的市场多元化需求之间的矛盾为目标，采用最新信息技术，借鉴一些传统产业生产的优点，并且把最新的管理理念和方法应用于制造业的生产实践，从而体现出从少品种大量生产向多品种少量生产（柔性增加），从连续型大量生产向个别定制生产，从大规模预期型生产向大规模定制型生产的方向发展的趋势。

制造业新型生产方式的内涵很丰富，是一系列相关的技术与管理方法的综合，归纳起来主要有：计算机集成制造系统（CIMS）、智能制造（IMS）、精益生产（LP）、大规模定制

（MC）、虚拟制造（VM）、敏捷制造（AM），以及供应链管理（SCM）、物流管理（LM）、客户关系管理（CRM）、项目管理（PM）、流程管理（BPM）、公司资源计划（ERP）等。

最近几年，劳动力成本上升、低附加值困境和消费需求的多样化制约了我国制造业的发展，同时由于新一代网络信息技术（物联网、人工智能、大数据、云计算等）快速发展与普及，人工智能逐渐融入制造业领域，催生了制造业的智能化变革，也对制造业的生产方式和管理方式产生重大影响，制造业开始向更高效、自主、精准的生产和管理方向发展。智能化改造、附加值提升、互联网技术深度应用成为我国制造转型升级的必由之路。通过新技术应用提高生产效率，推动制造业优质高效发展。制造企业重视硬件与软件建设，通过智能制造提高生产效率，提高数字化与智能化应用水平。通过互联网电商平台赋能制造工厂，满足用户个性化与多样化的消费需求。

这里要说明：制造业的新型生产方式借鉴了如建筑业这类传统产业的一些优势，如建筑生产的用户需求导向、无库存、项目化管理等。这些特性是原来传统制造业没有或达不到的。这也表明历来被工业所看不起，被认为简单粗放落后的建筑业其生产方式和管理方式也并非一无是处。

1.2.3 制造业新型生产方式与管理方式

1. 精益生产（Lean Production，LP）

精益生产方式20世纪70年代产生于日本的丰田汽车公司。其目的是在企业里同时获得极高的生产效率、极佳的产品质量和很大的生产柔性，并针对大量生产方式的缺点，提出“精简、消肿、消除任何形式的浪费”的对策。精益生产着眼于产品从原材料到最终交付的全过程（称为价值流），强调为用户创造价值。精益生产的核心其实是关于生产计划和控制以及库存管理的基本思想，而在计算机网络支持下的小组工作方式是实施精益生产的基础。精益生产并不要求必须采用最先进的工艺技术设备，而是根据实际需要，采用符合精益生产哲理的生产工艺，从优化资源和提高效益的角度出发，提高企业研发、生产和服务过程的有效性和经济性。

国际国内的实践都表明，精益思想对各行业具有普遍适用性，精益生产是任何产业发展都必须经过的一个阶段，著名的精益生产五项原则被各行各业学习遵守。另外，精益生产自产生以来几十年时间里不断地在应用中吸收新的思想与方法，不断地发展与完善自身，已经成为一个综合性的、包容性很强的科学体系。欧美各国对精益生产的研究与应用一直在持续进行中。

2. 敏捷制造（Agile Manufacturing，AM）

敏捷制造是以柔性生产技术和动态组织结构为特点，以高素质与协同良好的工作人员为核心，采用企业间网络技术，从而形成快速适应市场的社会化制造体系。其基本特征是智能和快速，它是在精益生产基础上发展起来的更具有灵敏、快捷反应能力的先进制造技术和生产管理模式，它的三大要素是集成、快速和具有高素质员工。其主要特点有：一是以信息技术和柔性智能技术为主导的先进制造技术；二是柔性化、虚拟化、动态化组织结构；三是强调高素质的员工；四是通过动态联盟或称虚拟企业（Virtual Organization）来实现；五是实现敏捷制造的一种手段和工具是虚拟制造（Virtual Manufacturing），虚拟制造是指在计算机上完成该产品从概念设计到最终实现的整个过程。

敏捷制造作为 21 世纪生产管理的创新模式，能系统全面地满足高效、低成本、高质量、多品种、迅速及时、动态适应、极高柔性等要求。目前这些要求还难以由一个统一的生产系统来实现，但无疑是未来企业生产管理技术发展和模式创新的方向。对发展中的建筑业和住宅产业来说，敏捷生产也是具有很大的适用性和应用潜力的理论和方法。

3. 大规模定制（Mass Customization，MC）

大规模定制是“对定制的产品或服务进行大规模生产”，是继 JIT、精益生产、敏捷制造等之后出现的新型生产方式。目前，对大规模定制的定义还没有一个公认的说法，但是一般都认为其核心思想是，它将工业化大规模生产与满足用户个性化需求的定制方式有机结合，以大规模生产的成本和效率，为用户提供最满意的个性化产品或服务，既赢得用户又能有效地实现企业市场竞争目标的生产和销售。大规模定制是在大规模生产的产品面临市场饱和，质优价廉不再是用户的第一选择，而用户开始追求产品个性化和多样化的条件下，企业为寻求新的竞争优势而形成的新型生产方式。同时当今信息技术和网络技术的迅猛发展与普及，也为大规模定制提供了必要的物质条件。

由于大规模定制独特的优越性——综合了手工作坊（用户需求的个性化）与大批量生产（低成本、高质量与短的交货期等）的特点，作为一种解决一直困扰企业管理界的两难问题——用户的“产品用户化”欲望与用户对产品“低成本、高质量、短交货期”欲望的可能解决方案，引起了无数人对之进行锲而不舍地追求，而且大规模定制作为一种有效的竞争手段，也已经逐渐被很多的企业采纳。目前欧美 70% 的知名企业都在引入大规模定制生产方式，大规模定制从一个技术前沿发展成为有效竞争手段，进而成为各行业发展的必然趋势。

大规模定制将满足用户对住宅的个性化、多样化需求与采用工业化、社会化大生产方式协调起来，在提高住宅质量、降低成本、提高生产水平的同时，尊重并最大限度地满足用户对住宅的个性化需求。大规模定制是特别适合于工业化条件下建筑业发展的生产管理方式。

4. 并行工程（Concurrent Engineering，CE）

并行工程技术是对产品及其相关过程（包括制造过程和支持过程）进行并行、集成化处理的系统方法和综合技术。它要求产品开发人员从一开始就考虑到产品全生命周期（从概念形成到产品报废）内各阶段的因素（如功能、制造、装配、作业调度、质量、成本、维护与用户需求等），并强调各部门的协同工作，通过建立各决策者之间的有效的信息交流与通信机制，综合考虑各相关因素的影响，使后续环节中可能出现的问题在设计的早期阶段就被发现，并得以解决，从而使产品在设计阶段便具有良好的可制造性、可装配性、可维护性及回收再生等，最大限度地减少设计反复，缩短设计、生产准备和制造时间。

并行工程的特征一是并行交叉，它强调产品设计与工艺过程设计、生产技术准备、采购、生产等种种活动并行交叉进行。二是尽早开始工作，因为强调各活动之间的并行交叉，以及并行工程为了争取时间，所以它强调人们要学会在信息不完备情况下就开始工作。

并行工程的技术研究一般可分为：

1）并行工程管理与过程控制技术：包括多功能/多学科的产品开发团队（Team work）及相应的平面化组织管理机制和企业文化的建立；集成化产品开发过程的构造；过程协调（含冲突仲裁）技术与支持环境。

2）并行设计技术：包括集成产品信息描述；面向装配、制造、质量的设计；面向并行工程的工艺设计；面向并行工程的工装设计。

3）快速制造技术：包括快速工装准备；快速生产调度等。

并行工程自20世纪80年代提出以来，美日及欧洲发达国家均给予了高度重视，成立研究中心，并实施了一系列以并行工程为核心的政府支持计划。很多大公司，如麦道、波音、西门子、IBM等也开始了并行工程实践的尝试，并取得了良好效果。进入90年代，并行工程引起中国学术界的高度重视，成为我国制造业和自动化领域的研究热点，一些研究院所和高等院校开始进行一些有针对性的研究工作。

5. 敏捷供应链（Agile Supply Chain，ASC）

敏捷供应链把生产商、供应商、销售商等在一条链路上的所有环节联系起来，并进行优化，使生产资料以最快的速度，通过生产、分销环节变成增值的产品，送到消费者手中。这不仅降低了成本、减少了库存，而且使资源得到优化配置，更重要的是通过信息网络，介绍企业及企业产品，实现企业生产与销售的有效连接，实现物流、信息流、资金流的合理流动。

敏捷供应链可以根据动态联盟的形成和解体（企业重组）进行快速的重构和调整。敏捷供应链要求能通过供应链管理来促进企业间的联合，进而提高企业的敏捷性，同时也提出了供应链本身的敏捷性和可重构要求以适应动态联盟的需要。敏捷供应链支持如下功能：

1）支持迅速结盟、结盟后动态联盟的优化运行和平稳解体。

2）支持动态联盟企业间敏捷供应链管理系统的功能。

3）结盟企业能根据敏捷化和动态联盟的要求方便地进行组织、管理和生产计划的调整。

4）可以集成其他的供应链系统和管理信息系统。

敏捷供应链的实施有助于促进企业间的合作和企业生产模式的转变，有助于提高大型企业集团的综合管理水平和经济效益。通过抓住商业流通这个龙头，通过协调、理顺每个企业的购销环节来为企业提供直接的市场信息和广阔的销售渠道，并以此为契机促进企业间的联合，同时也为商家提供了无限的商机。

6. 项目管理理论与方法（Project Management，PM）

项目是指一系列独特的、复杂的并相互关联的活动，这些活动有着一个明确的目标或目的，必须在特定的时间、预算、资源限定内，依据规范完成。项目参数包括项目范围、质量、成本、时间、资源。项目管理是项目的管理者在有限的资源约束下，运用系统的观点、方法和理论，对项目涉及的全部工作进行有效地管理。即从项目的投资决策开始到项目结束的全过程进行计划、组织、指挥、协调、控制和评价，以实现项目的目标。

项目管理是指把各种系统、方法和人员结合在一起，在规定的时间、预算和质量目标范围内完成项目的各项工作。即从项目的投资决策开始到项目结束的全过程进行计划、组织、指挥、协调、控制和评价，以实现项目的目标。在项目管理方法论上主要有阶段化管理、量化管理和优化管理三个方面。

按照传统的做法，当企业设定了一个项目后，至少会有好几个部门参与这个项目，包括财务部门、市场部门、行政部门等，而不同部门在运作项目过程中不可避免地会产生摩擦，须进行协调，而这些无疑会增加项目的成本，影响项目实施的效率。而项目管理的做法则不同，不同职能部门的成员因为某一个项目而组成团队，项目经理则是项目团队的领导者，他们所肩负的责任就是领导他的团队准时、优质地完成全部工作，在不超出预算的情况下实现项目目标。项目的管理者不仅是项目执行者，他要参与项目的需求确定、项目选择、计划直至收尾的全过程，并在时间、成本、质量、风险、合同、采购、人力资源等各个方面对项目进行全方位的管理，因此，项目管理可以帮助企业处理需要跨领域解决的复杂问题，并实现更高的运营效率。

项目管理是土木工程行业传统的管理方式，近年来引入制造业、金融业、软件等行业，改变了以运营管理为主的制造业生产方式，并经过提炼和升华，产生了一些新的管理方法，推动了传统项目管理理论、方法与应用的向前发展。

7. 约束理论（Theory of Constraint，TOC）

约束理论是以色列物理学家、企业管理顾问戈德拉特博士在他开创的优化生产技术（OPT）基础上发展起来的管理哲理，该理论提出了在制造业经营生产活动中定义和消除制约因素的一些规范化方法，以支持连续改进。同时，约束理论也是 MRP Ⅱ 和 JIT 在观念和方法上的发展。

约束理论有一套思考的方法和持续改善的程序，称为五大核心步骤：

1）找出系统中存在哪些约束。

2）寻找突破这些约束的办法。

3）使企业的所有其他活动服从于第二步中提出的各种措施。

4）具体实施第二步中提出的措施，使第一步中找出的约束环节不再是企业的约束。

5）回到第 1）步，别让惰性成为约束，持续不断地改善。

约束理论的生产作业计划制订原则：

1）不要平衡生产能力，而要平衡物流。

2）非瓶颈资源的利用水平不是由自身潜力所决定，而是由系统的约束来决定的。

3）资源的利用与活力不是一码事。

4）瓶颈环节损失 1h，相当于整个系统损失 1h。

5）非瓶颈环节节约 1h，无实际意义。

6）转运批量可以不等于 1，而且在大多数情况下不应该等于加工批量。

7）加工批量不是固定的，应该是随时间而变化的。

8）优先权只能根据系统的约束来设定，提前期是作业计划的结果的。

制造业的新型生产方式与管理方法有很多，以上介绍的只是很少的、典型的一部分。

1.2.4 先进制造技术

1. 先进制造技术的产生和发展

1993 年，美国政府批准了由联邦科学、工程与技术协调委员会（FCCSET）主持实施的先进制造技术计划，将集机械工程技术、电子技术、自动化技术、信息技术、管理技术等为一身的技术、设备和系统统称为先进制造技术（Advanced Manufacturing Technology，AMT）。先进制造技术是制造业不断吸收信息技术及现代化管理等方面的成果，并将其综合应用于产品设计、制造、检测、管理、销售、使用、服务乃至回收的制造全过程，以实现优质、高效、低耗、清洁、灵活生产，提高对动态多变的产品市场的适应能力和竞争能力的制造技术的总称。先进制造技术是一门综合性、交叉性前沿学科和技术，学科跨度大，内容广泛，涉及制造业生产与技术、经营管理、设计、制造、市场等各个方面。

AMT 是美国根据本国制造业面临的挑战和机遇，为增强制造业的竞争力和促进国家经济增长而提出的。此后，欧洲各国、日本以及亚洲新兴工业化国家如韩国等也相继做出响应。我国自 20 世纪 90 年代中期后引入 AMT 概念，并有一批制造业学者对其进行研究和推广。目前 AMT 概念已经在我国制造业全面推广应用。目前有几十本关于"先进制造技术"的教材在销售，这也表明先进制造技术的思想方法已在我国得到普遍认可并成为成熟的知识体系进入大学课堂。

先进制造技术的概念和理论是本书"先进建造"概念的重要来源之一。

2. 先进制造技术的内容

（1）现代设计技术

现代设计技术是根据产品功能要求，应用现代技术和科学知识，制订设计方案并使方案付诸实施的技术，其重要性在于使产品设计建立在科学的基础上，促使产品由低级向高级转化，促进产品功能不断完善，产品质量不断提高。现代设计技术包含如下内容：

1）现代设计方法。包括模块化设计、系统化设计、价值工程、模糊设计、面向对象的设计、反求工程、并行设计、绿色设计、工业设计等。

2）产品可信性设计。包括可靠性设计、安全性设计、动态分析与设计、防断裂设计、防疲劳设计、耐环境设计、健壮设计和维修保障设计等。

3）设计自动化技术。是指用计算机软硬件工具辅助完成设计任务和过程的技术，它包括产品的造型设计、工艺设计、工程图生成、有限元分析、优化设计、模拟仿真虚拟设计、工程数据库等内容。

（2）先进制造工艺

先进制造工艺是先进制造技术的核心和基础，是使各种原材料、半成品成为产品的方法和过程。先进制造工艺包括高效精密成形技术、高效高精度切削加工工艺、现代特种加工工艺以及表面改性技术等内容。

1）高效精密成形技术。它是生产局部或全部无余量半成品工艺的统称，包括精密洁净铸造成形工艺、精确高效塑性成形工艺、优质高效焊接及切割技术、优质低耗洁净热处理技术、快速成型和制造技术等。

2）高效高精度切削加工工艺。包括精密和超精密加工、高速切削和磨削、复杂型面的数控加工、游离磨粒的高效加工等。

3）现代特种加工工艺。它是指那些不属于常规加工范畴的加工工艺，如高能束加工（电子束、离子束、激光束）、电加工（电解和电火花）、超声波加工、高压水射流加工、多种能源的复合加工、纳米技术及微细加工等。

（3）制造自动化技术

制造自动化是用机电设备工具取代或放大人的体力，甚至取代和延伸人的部分智力，自动完成特定的作业，包括物料的存储、运输、加工、装配和检验等各个生产环节的自动化。制造过程自动化技术涉及数控技术、工业机器人技术、柔性制造技术、传感技术、自动检测技术、信号处理和识别技术等内容。

1）数控技术。数控技术（Numerical Control Technology）是指用数字量及字符发出指令并实现自动控制的技术，它是制造业实现自动化、柔性化和集成化生产的基础技术。由于计算机应用技术的成熟，数控系统均采用了计算机数控（Computer Numerical Control），简称CNC，以区别于传统的NC。

数控机床（Numerical Control Machine Tools）是用计算机通过数字信息来自动控制机械加工的机床。它是集计算机应用技术、自动控制、精密测量、微电子技术、机械加工技术于一体的一种具有高效率、高精度、高柔性和高自动化的光机电一体化数控设备。

2）工业机器人技术。机器人技术是综合了计算机、控制论、机构学、信息和传感技术、人工智能、仿生学等多学科而形成的高新技术。工业机器人由操作机（机械本体）、控制器、伺服驱动系统和检测传感装置构成，是一种仿人操作、自动控制、可重复编程、能在三维空间完成各种作业的机电一体化自动化生产设备，特别适合于多品种、变批量的柔性生产。

机器人并不是在简单意义上代替人工的劳动，而是综合了人的特长和机器特长的一种拟人的电子机械装置，既有人对环境状态的快速反应和分析判断能力，又有机器可长时间持续工作、精确度高、抗恶劣环境的能力，从某种意义上说，它也是机器的进化过程产物，它是工业以及非产业界的重要生产和服务性设备，也是先进制造技术领域不可缺少的自动化设备。

3）柔性制造技术。柔性制造技术一般可分为柔性制造单元、柔性制造系统和柔性制造生产线三种类型。柔性制造技术是集数控技术、计算机技术、机器人技术和现代管理技术于一体的先进制造技术。柔性制造系统（Flexible Manufacturing System，FMS）是利用计算机控制系统和物料输送系统，把若干台设备联系起来，形成没有固定加工顺序和节拍的自动化制造系统。它在加工完一批某种工件后，能在不停机调整的情况下，自动地向另一种工件转换，具备高柔性、高效率、高度自动化的特征。

（4）先进生产管理技术

先进生产管理技术是指制造型企业在从市场开发、产品设计、生产制造、质量控制到销售服务等一系列的生产经营活动中，为了使制造资源（材料、设备、能源、技术、信息以及人力资源）得到总体配置优化和充分利用，使企业的综合效益（质量、成本、交货期）

得到提高而采取的各种计划、组织、控制及协调的方法和技术的总称。它是先进制造技术体系中的重要组成部分，包括现代管理信息系统、物流系统管理、工作流管理、产品数据管理、质量保障体系等。

3. 先进制造技术包含的关键技术

(1) 成组技术

成组技术（GT）是利用事物间的相似性，按照一定的准则分类成组，同组事物采用同一方法进行处理，以便提高效益的技术。在机械制造工程中，成组技术是计算机辅助制造的基础，将成组哲理用于设计、制造和管理等整个生产系统，改变多品种小批量生产方式，获得最大的经济效益。成组技术的核心是成组工艺，它是将结构、材料、工艺相近似的零件组成一个零件族（组），按零件族制订工艺进行加工，扩大批量、减少品种、便于采用高效方法、提高劳动生产率。

(2) 敏捷制造

敏捷制造（AM）是指企业实现敏捷生产经营的一种制造哲理和生产模式。敏捷制造包括产品制造机械系统的柔性、员工授权、制造商和供应商关系、总体品质管理及企业重构。敏捷制造是借助计算机网络和信息集成基础结构，构造有多个企业参加的虚拟制造（VM）环境，以竞争合作的原则，在虚拟制造环境下动态选择合作伙伴，组成面向任务的虚拟公司，进行快速和最佳生产。

(3) 并行工程

并行工程（CE）是对产品及其相关过程（包括制造过程和支持过程）进行并行、一体化设计的一种系统化的工作模式。在传统的串行开发过程中，设计中的问题或不足，要分别在加工、装配或售后服务中才能被发现，然后再修改设计，改进加工、装配或售后服务（包括维修服务）。而并行工程就是将设计、工艺和制造结合在一起，利用计算机互联网并行作业，大大缩短生产周期。

(4) 快速成型技术

快速成型技术（RPM）是集CAD/CAM技术、激光加工技术、数控技术和新材料等技术领域的最新成果于一体的零件原型制造技术。它利用所要制造零件的三维CAD模型数据直接生成产品原型，并且可以方便地修改CAD模型后重新制造产品原型。由于该技术可以把零件原型的制造时间减少为几天、几小时，大大缩短了产品开发周期，减少了开发成本。随着计算机技术的快速发展和三维CAD软件应用的不断推广，越来越多的产品基于三维CAD设计开发，使得快速成型技术的广泛应用成为可能。快速成型技术已广泛应用于宇航、航空、汽车、通信、医疗、电子、家电、玩具、军事装备、工业造型（雕刻）、建筑模型、机械行业等领域。

(5) 虚拟制造技术

虚拟制造技术（VMT）以计算机支持的建模、仿真技术为前提，对设计、加工制造、装配等全过程进行统一建模，在产品设计阶段模拟出产品未来制造全过程，预测出产品的性能、产品的制造技术、产品的可制造性与可装配性，从而更有效地、更经济地灵活组织生产，以达到产品开发周期和成本最小、产品质量最优。虚拟制造技术把产品的工艺设计、作业计划、生产调度、制造过程、库存管理、成本核算、零部件采购等企业生产经营活动在产品投入之前就在计算机上加以显示和评价，使设计人员和工程技术人员在产品真实制造之前，通过计算机虚拟产品来预见可能发生的问题和后果。虚拟制造系统的关键是建模，即将现实环境下的物理系统映射为计算机环境下的虚拟系统。虚拟制造系统生产的产品是虚拟产品，但具有真实产品所具有的一切特征。

（6）智能制造

智能制造（IM）是制造技术、自动化技术、系统工程与人工智能等学科互相渗透、互相交织而形成的一门综合技术。其具体表现为智能设计、智能加工、机器人操作、智能控制、智能工艺规划、智能调度与管理、智能装配、智能测量与诊断等。它强调通过“智能设备”和“自动控制”来构造新一代的智能制造系统模式。

智能制造系统具有自律能力、自组织能力、自学习与自我优化能力、自修复能力，因而适应性极强，而且由于采用 VR 技术，人机界面更加友好。因此，智能制造技术的研究开发对于提高生产效率与产品品质、降低成本，提高制造业市场应变能力具有重要意义。

（7）绿色制造

在产品的设计、制造、使用、维护全生命周期充分贯穿节能环保理念，使产品的制造和使用对环境的影响最小化。包括绿色产品设计技术（产品在全生命周期符合环保、人类健康、低能耗、资源高利用率要求）；绿色制造技术（在整个制造过程中对环境负面影响最小，废弃物和有害物质的排放最小，资源利用率最高）；产品的回收和循环再制造（产品的拆卸和回收技术，以及生态工厂循环式制造技术等）。

4. 先进制造技术的层次划分

先进制造技术的体系可分主体技术群、支撑技术群和制造技术基础设施三个层次，如图 1-1 所示。

（1）主体技术群

主体技术群是制造技术的核心，它又包括有关产品设计技术群和工艺技术群两部分。

1）面向制造的设计技术群。又称产品和工艺设计技术群，主要内容包括：

① 产品、工艺过程和工厂设计——包括计算机辅助设计（CAD）、计算机辅助工程分析（CAE），适于加工和装配的设计（DFM，DFA）、模块化设计、工艺过程建模与仿真、计算机辅助工艺过程设计（CAPP）、工作环境设计、符合环保的设计等。

② 快速成型技术（又称快速原型制造，RPM）。

③ 并行工程（CE）。

④ 其他。

2）制造工艺技术群。又称加工和装配技术群，主要内容包括：

① 材料生产工艺——包括冶炼、轧制、压铸、烧结等。

② 加工工艺——包括切削与磨削加工，特种加工，铸造、锻造、压力加工，模塑成型（注塑、模压等），材料热处理，表面涂层与改性，精密与超精密加工，工业工艺（光刻/沉积、离子注入等微细加工），复合材料工艺等。

③ 连接与装配——包括连接（焊接、铆接、粘接等）、装配、电子封装等。

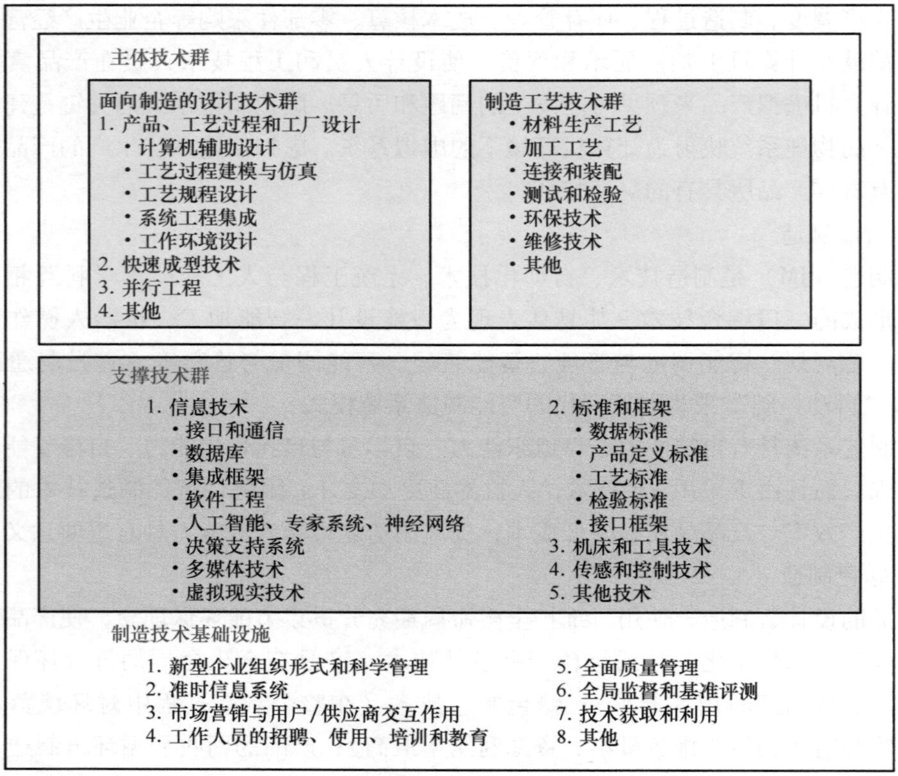

主体技术群

面向制造的设计技术群
1. 产品、工艺过程和工厂设计
·计算机辅助设计
·工艺过程建模与仿真
·工艺规程设计
·系统工程集成
·工作环境设计
2. 快速成型技术
3. 并行工程
4. 其他

制造工艺技术群
·材料生产工艺
·加工工艺
·连接和装配
·测试和检验
·环保技术
·维修技术
·其他

支撑技术群
1. 信息技术
·接口和通信
·数据库
·集成框架
·软件工程
·人工智能、专家系统、神经网络
·决策支持系统
·多媒体技术
·虚拟现实技术
2. 标准和框架
·数据标准
·产品定义标准
·工艺标准
·检验标准
·接口框架
3. 机床和工具技术
4. 传感和控制技术
5. 其他技术

制造技术基础设施
1. 新型企业组织形式和科学管理
2. 准时信息系统
3. 市场营销与用户/供应商交互作用
4. 工作人员的招聘、使用、培训和教育
5. 全面质量管理
6. 全局监督和基准评测
7. 技术获取和利用
8. 其他

图 1-1 先进制造技术的体系组成

④ 测试和检验。

⑤ 环保技术。

⑥ 维修技术。

⑦ 其他。

(2) 支撑技术群

支撑技术是指支持设计和制造工艺两方面取得进步的基础性核心技术，是保证和改善主体技术协调运行所需的技术、工具、手段和系统集成的基础技术。支撑技术群包括：

1) 信息技术——包括接口和通信，数据库，集成框架，软件工程，人工智能、专家系统、神经网络，决策支持系统，多媒体技术，虚拟现实技术等。

2) 标准和框架——包括数据标准、产品定义标准、工艺标准、检验标准、接口框架等。

3) 机床和工具技术。

4) 传感和控制技术。

5) 其他技术。

(3) 制造技术基础设施

制造技术基础设施（Infrastruction）是指使先进制造技术适用于具体企业应用环境，充分发挥其功能，取得最佳效益的一系列基础措施，是使先进制造技术与企业组织管理体制和使用技术的人员协调工作的系统过程，是先进制造技术生长和壮大的机制和土壤。其主要涉及以下几方面：

1）新型企业组织形式与科学管理。

2）准时信息系统（Just-in-time-information）。

3）市场营销与用户/供应商交互作用。

4）工作人员的招聘、使用、培训和教育。

5）全面质量管理。

6）全局监督与基准评测。

7）技术获取和利用。

8）其他。

上述先进制造技术与制造业的新型生产方式、管理方式密不可分，技术交叉重叠很大，不必做不必要的细分化。

1.3 建筑生产方式与管理方式的发展状况

1.3.1 建筑产品及其生产的特性

1. 建筑产品及其特性

建筑产品可划分为最终建筑产品和中间建筑产品两大部分。

最终建筑产品是指将建筑材料、部品、设备以及保证产品性能、功能和安全等的各种设施通过产品规划、设计、施工等过程形成的固定在土地上的建筑物和构筑物。借鉴美、日等国建筑统计分类标准，可将最终建筑产品分为两大类（图 1-2）：大型土木工程及一般建筑物或构筑物。

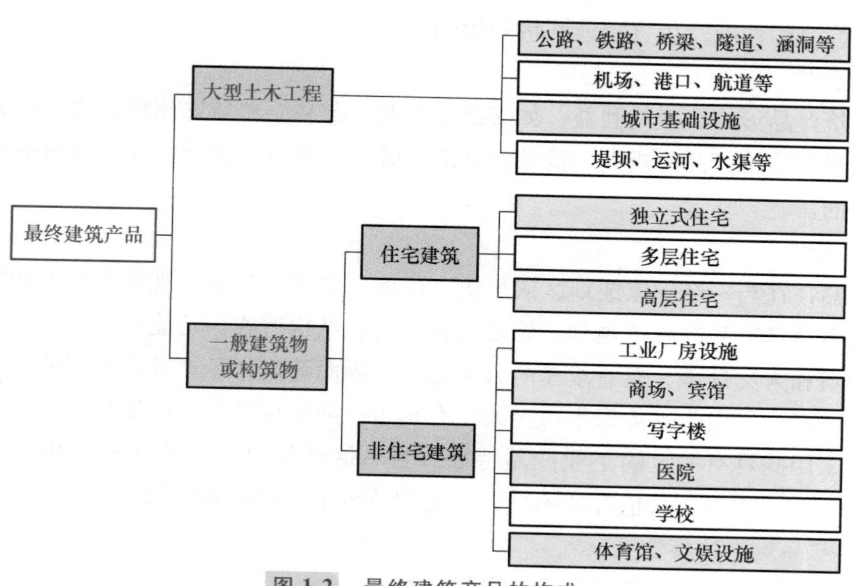

图 1-2　最终建筑产品的构成

中间建筑产品是指用于形成最终建筑产品的中间组成部分，分为以下五部分：

1）主体结构及其建筑材料与部品：包括地基基础、墙、柱、梁、楼板等以及钢筋、水泥、砂石、商品混凝土、钢结构、木材、构配件成品与半成品等。

2）外围结构及其材料及部品：包括外墙体、门窗、屋面、保温隔热、防水、外墙装饰及其材料。

3）内装饰及其材料与部品：包括内墙、隔断、门、地面、顶棚及其装饰材料。

4）建筑设备：包括供水、排水、供热、供气、空调、厨卫、供电、照明、通信、电梯等设备。

5）物业与建筑周边配套设施：包括火灾自动报警与消防设备、保安闭路监控设备、道路及其照明、休憩设施、环境绿化和垃圾设施等。

最终建筑产品特性主要有：

（1）固定性

建筑产品通常是固定在土地上的，受当地地质和气象影响。

（2）多样性

由于建筑产品具有需求的一次性，每件建筑产品有不同的地理位置并具有专门的功能需求，专业性强，是不可替代的资本品，这就需要采用不同的体量、结构、设备、造型和装饰。

（3）价值大

建筑产品价值少则几万元，多则上亿甚至几十亿元，需要大量建设投资。

（4）体形庞大

大多数建筑产品具有庞大的体量，难以像制造业产品那样完全实现工业化生产。

（5）使用材料、部品和设备的复杂性

建筑产品的建造需要来自制造业各个部类的大量的建筑材料、部品和设备，它们的性能都会对建筑产品的性能产生直接或间接的影响。

（6）社会性

有些建筑产品涉及公众的利益，如交通、水利、公共、公益性建设，政府作为公众利益的代表，加强对建筑产品的规划、设计、建造、验收、服务的管理，保证建筑的质量和安全是十分必要的。

（7）文化性

建筑产品往往与一个国家或地区的历史、民族、文化、艺术、观赏有着密切的联系，这些因素左右着建筑产品的建筑规划、建筑设计风格、结构型式、功能与性能需求，以适应不同的风俗习惯和人文环境，有着浓厚的人文色彩，因而建筑产品被誉为凝固的音乐。

而中间建筑产品由于其体形不再庞大，有相当一部分可以在工厂里生产，然后运送到现场进行组装，因此具有一定的工业产品特性。当然这部分中间产品（一般称为部品或构配件）由于其体积、重量、价值等的不同，运送的范围半径会受到限制。

2. 建筑产品生产的特性

建筑产品特性决定了其建造形成过程的特性：

（1）区域性

由于最终建筑产品的固定性，产品的承包市场常常按地区分割，各类建筑产品具有地方性，生产活动也受各地区气候和季节的影响，使得异地施工的建筑企业费用增加。

（2）定制性

最终建筑产品是先有买方市场，然后有卖方市场。产品在有明确的需求者情况下汇集有关组织进行设计建造，参与产品形成的各组织可以通过技术创新来挖掘、引导需求者对已定制产品的功能、性能等方面的需求。

（3）专业性

建筑产品的单件性和专门用途需求，使其专业性很强，例如冶金建筑工程和民用建筑工程有很大的专业需求差异，这就容易导致行业分割和垄断。

（4）生产流动性

建筑生产活动中的劳动力、施工机械、劳动工具以及参与生产的组织往往是随产品迁移的。

（5）一次性不可逆

建筑产品是单件性的，生产是一次性的，所以适合项目管理方式。而且由于所用的混凝土、砂浆、涂料等建筑材料的特性，生产的产品通常不能像机械产品一样可以反向拆卸重新安装。若质量有问题只能拆除重建，因此必须保证一次性完成合格品。

（6）长周期性

最终建筑产品形成过程复杂，建设周期长，一般一件建筑产品规划设计到施工并交付使用的形成周期往往需要几个月甚至几年。

（7）多阶段性

建筑产品的形成过程将经历可行性研究、论证、立项、设计、招标投标、施工、交工验收、维护、维修、拆迁等多个阶段。

（8）非稳定性

国民经济周期波动与固定资产投资显著相关，而固定资产投资直接影响建筑产品需求与供给的起落涨退；此外，受冬期、雨期等影响，使其生产活动呈现波动性。

（9）协作性

建筑产品的形成主要由业主、设计商、承包商、供应商和咨询商通过总分包协作完成，产品形成过程中的生产关系复杂，消耗的人力、物力、财力多，协作单位多，需要包括政府管理和监督部门在内的多个相对独立组织的协调，而且这种多组织的协作往往是一次性的，在产品交付后即告结束。

1.3.2　建筑业与制造业生产方式的比较

建筑业是指通过承包或直接经营的形式，从事建筑工程施工的行业。建筑业有五个突出的产业特性：①建筑业是招标者第一的承包业；②建筑业是单件承包产业；③建筑业是室外现场的组装产业；④建筑业是综合加工产业，按每项工程分专业生产；⑤建筑业是劳动密集型产业。可以说，建筑业历来是一个粗放型的行业，因此精益生产的理念和方法非常适合建筑业。

制造业是工业部门中除了建筑业和采矿业以外的行业的总称。与建筑业相比，制造业的产品体积较小，可以移动，标准化程度较高，可在工厂生产线上大规模生产。制造业的产品通常按照市场预期需求进行生产，生产出的产品还要通过市场销售环节才能被顾客接受和使用。制造业的生产组织基本固定，大部分属于技术、资金密集型生产。以机电行业为代表的制造业已经走过了工业化的初级阶段，现在向着工业化的高级阶段发展，其总体技术水平和管理水平高于建筑业。

建筑业与制造业生产方式的特点比较见表 1-1。

表 1-1 建筑业与制造业生产方式的特点比较

项　目	建　筑　业	制　造　业
客户关系	招标者第一	用户是上帝
产品形态	固定性、多样性、体形庞大、综合性	产品流动、标准化程度高、体形较小、综合程度低
作业场所	室外露天现场的组装产业，环境多变	工厂室内生产线上组装作业，环境相对固定
设计形态	设计与生产大多独立存在，通常很少在现场决定	大多在同一企业内进行，一般不在现场决定
产业形态	综合承包加工产业，按每项工程分专业生产	加工产业，按每道工序分专业协作生产
生产方式	流动作业、单件生产、手工操作、投入大、周期长	流水线上批量生产、工业化为主，周期短、重复性强
生产要素	劳动密集型	资金、技术密集型
生产组织	由建设单位、设计者、总包、分包构成临时性生产组织，实行项目式管理	生产组织基本固定，实行企业生产管理
生产体制	层层分包，总包没有（或很少）直接雇用工人	主要部分直接经营，或由本公司员工制作完成

1.3.3 建筑生产方式与管理方式的发展状况

1. 建筑生产方式的发展状况

建筑业是一个历史悠久的行业。建筑产品传统上是采用单件现场手工操作方式进行生产的。各种机械的使用在一定程度上减轻了工人的劳动强度，提高了工作效率，但应用范围受到限制。20 世纪 50 年代，我国学习苏联的经验，在全国建筑业推行标准化、工业化、机械化，发展预制构件和预制装配式建筑，兴起我国第一次建筑工业化高潮，在构件工厂化预制、中小型建筑施工机械、预制装配式工业厂房、砌块建筑等方面取得可喜进展。70—80 年代，我国广泛借鉴各国正反两方面的经验，同时以民用住宅为主，从我国实际出发，发展具有中国特色的建筑工业化道路，走出了富有成效的一步。在标准化设计方法的改进、构配件生产能力的提高、大模板、框架轻板、装配式复合墙板等新型建筑体系和材料的发展、预拌商品混凝土、大型起重运输机械设计生产、机械化施工、预应力技术等方面取得很大成绩，房屋的建造能力和建设速度有了一定的提高。对过去实行建筑工业化所取得的成绩是应该给予充分肯定的。

由于当时实行计划经济体制，建筑工业化生产在体制、技术、管理等方面的水平有限，建筑工业化的推广范围小，水平不高，片面追求主体结构的预制装配化，生产出的建筑产品普遍存在产品单调、灵活性差、造价偏高等问题，造成建筑工业化的综合效益不明显，劳动生产率和建筑生产效益并未得到大幅度的提高。改革开放以后，伴随我国城市化进程的加快和建筑业体制改革的推进，大批廉价的农村富余劳动力进入建筑市场，使得建筑工业化的比较效益更加没有优势，建筑工业化再次走入低谷。

进入 20 世纪 90 年代以后，房地产业异军突起，令世人瞩目。但这种发展是以资金和土地的大量投入为基础的，建筑技术仍然停留在原有水平，而此时建筑工业化的研究与发展几乎处于停滞甚至倒退状态。直到 1995 年以后，通过对 90 年代初畸形发展的房地产业的反思，加上 2000 年实现小康水平奋斗目标的需要，我国开始注重住宅的功能和质量，思考实现小康水平居住标准的方法和途径，在总结和借鉴国内外经验教训的基础上，重新提出：建筑工业化（尤其是住宅建筑工业化）仍将是今后的发展方向，并提出了发展住宅产业和推进住宅产业化的思路，从而促成 2000 年前后住宅产业化发展的一个小高潮。

进入 21 世纪后，国家重视节能环保，住宅产业化的重点偏向节能环保为主的领域，工业化被搁置。直到 2010 年前后，由于万科等大型企业在住宅建筑工业化方面的积极努力并初见成效，以及建筑业劳动力缺乏等，业界重新认识到住宅产业化的核心是工业化，工业化的重点是建筑工业化，从而使建筑工业化再一次进入发展的视野。一批大型企业在保障性住房的设计建造中引入标准化、工业化的生产方式，并推动信息化手段与先进的管理方式的引入，从而带动了建筑工业化进入一个新的发展阶段。2016 年以后，国家推进以装配式建筑为主导的建筑工业化，各大企业在装配式建筑方面做出了大胆的研发和试点尝试，并积极推进 EPC 总承包的建设工程管理方式。有企业对我国传统的现浇混凝土结构施工技术进行改良，探讨基于施工现场的工业化建造技术，研发并推广应用新型模板与模架技术，以实现现浇体系的工业化建造。

2020 年国家大力倡导在建筑工业化进程中应用智能建造方式，推进建筑工业化、数字化、智能化升级，加快建造方式转变，以推动建筑业高质量发展。为此加快推动新一代信息技术与建筑工业化技术协同发展，在建造全过程加大建筑信息模型（BIM）、互联网、物联网、大数据、云计算、移动通信、人工智能、区块链等新技术的集成与创新应用，探索适用于智能建造与建筑工业化协同发展的新型组织方式、流程和管理模式。

手工生产方式到工业化生产方式的转变，是经济发展、社会文明进步的重要标志。工业化还是实现信息化、现代化与可持续发展不可或缺的基础，是运用先进生产管理方式的平台。没有工业化，建筑业的生产方式没有根本性改变，新的生产管理方式也就没有运用的舞台。当然，建筑业的工业化水平要与社会经济发展水平及工业化发展水平相适应，落后的和激进的工业化都不利于建筑业的长远发展。

2. 建筑管理方式的发展状况

管理方式是与生产方式伴生的，并与生产方式密切相关。

早在20世纪初，人们就开始探索管理项目的科学方法。第二次世界大战前夕，横道图已成为计划和控制军事工程与建设项目的重要工具。横道图又名条线图，由 Henry. L. Gantt 于1900年前后发明，故又称为甘特图。甘特图直观而有效，便于监督和控制项目的进展状况，时至今日仍是管理项目尤其是建设项目的常用方法。但是，甘特图难以展示工作环节间的逻辑关系，不适应大型项目的需要。Karol Adamiecki 于1931年在甘特图的基础上研制出协调图以克服上述缺陷，但没有得到足够的重视和承认。不过与此同时，在规模较大的工程项目和军事项目中广泛采用了里程碑系统。里程碑系统的应用虽未从根本上解决复杂项目的计划和控制问题，但却为网络概念的产生充当了重要的媒介。

进入20世纪50年代，美国军方和各大企业纷纷为管理各类项目寻求更为有效的计划和控制技术。在各种方法中，最为有效和方便的技术莫过于网络计划技术。网络计划技术克服了条线图的种种缺陷，能够反映项目进展中各工作间的逻辑关系，能够描述各工作环节和工作单位之间的接口界面以及项目的进展情况，并可以事先进行科学安排，因而给管理人员对项目实行有效的管理带来极大的方便。

我国从建国到改革开放期间按照苏联的模式进行计划经济的建设管理，投资体制是国家一元化的，建筑企业以成建制的方式承担国家建设任务。这期间伴随着生产方式的引进，苏联式的管理方式也引入我国，流水施工方法在建筑施工中被推广，后来我国又引进了美国的网络计划技术（当时称为统筹方法），取得了良好的经济效益。可以说我国建筑管理学科的发展就是起源于“统筹法”。20世纪80年代随着现代化管理方法在我国的推广应用，进一步促进了统筹法在建设项目管理过程中的应用。此时，建设项目管理有了科学的系统方法，但当时主要应用于国防和建筑业，其任务主要强调的是项目进度、费用与质量三个目标的实现。

改革开放以来，随着招标投标制度等市场竞争制度的引入，原来的管理体制逐步被摒弃，现代建设项目管理体系开始引进与推广。尤其是1982年，在我国利用世界银行贷款建设的鲁布革水电站饮水导流工程中，日本大成建设运用建设项目管理方法对这一工程的施工进行了有效的管理，取得了很好的效果。这给当时我国的整个投资建设领域带来了很大的冲击，人们着实看到了“两层分离、总包分包”等项目管理技术的作用，也对此后建设项目管理的发展产生了重要影响。

基于鲁布革工程的经验，1987年国家计委、建设部等有关部门联合发出通知，要求在一批试点企业和建设单位采用建设项目管理法施工，并开始建立中国的项目经理认证制度。1991年建设部进一步提出把试点工作转变为全行业推进的综合改革，全面推广建设项目管理和项目经理负责制。比如在二滩水电站、三峡水利枢纽建设和其他大型工程建设中，都采用了项目管理这一有效手段，并取得了良好的效果。

进入21世纪以后，计算机和网络信息技术的快速发展给建筑行业带来了巨大的冲击，建筑业在信息技术应用上取得了很大进展，尤其在设计领域，计算机完全取代了手工完成设计制图，同时网络信息技术的应用则完全改变了设计管理方式，促进了各专业间的协作配合。而施工领域的进展迟于设计行业，但也在工程计划与控制、施工远程监测、虚拟施工、建设供应链管理等领域取得重要进展，从单一的工程计划管理软件到集成化的项目管理软件，从项目管理到建设企业管理，建设软件行业的快速发展带动了建设领域信息技术的应用。

最近几年，BIM 技术的快速发展与普及对工程管理发挥了重要作用。借助 BIM 的可视性、协调性和模拟性，项目管理者可通过三维数字建模集成建筑工程相关数据信息，并在工程运营、设计以及施工中保持数据一致性。在项目建设过程中，通过 4D、5D 虚拟建模试验，能够及时发现建造过程中可能出现问题，避免施工过程中的资源浪费情况，有利于项目顺利开展。目前各类项目中 BIM 的应用层出不穷，有效带动了建造管理水平的提高。

1.3.4 关于建筑生产方式与管理方式改革的争论

其实 30 多年来一直有学者致力于将工业生产领域的管理方式，如精益生产（LP）、准时生产（JIT）、成组技术、流程管理、计算机辅助制造系统（CIMS）等应用于建筑业的生产与管理中，进行过一些尝试，但都没有取得太好的效果。而且，关于制造业的生产方式与管理方式在建筑业的应用问题，或者说建筑业如何看待和借鉴相关领域产生的新理论与新方法，学术界历来有很大分歧。有人认为建筑业是个特殊行业，生产经营具有独特性，不同于制造业，不能把制造业的生产方式与管理搬过来用（其实是否定了向制造业的学习）。也有学者认为建筑业虽然有其特殊性，但制造业中的很多生产管理方法与管理原则是值得好好学习借鉴的，不能因为其特殊就将制造业的优秀成果完全拒之门外，这将会使建筑业的管理与主流管理相比而格格不入，会越来越粗放落后。这种争论现在不会停息，将来也还会有，很难有定论。作者是支持后者的。首先建筑业要在生产方式上学习制造业，走工业化的道路，然后在工业化进程中推进信息化，并应用先进的管理理论方法，为实现建筑生产与管理的现代化创造条件。当然由于建筑业有特殊性，不能照抄照搬，要结合建筑产品和建筑行业特点，对生产方式和管理方式进行创新发展，创造出适合建筑业发展的生产方式和管理方式。

1.4 先进建造方式的新理念和内容

1.4.1 先进建造方式的提出

本书理念体系的基本想法源于本书作者二十多年来所从事的住宅产业化的研究。

住宅产业化是利用现代科学技术、先进的管理方法和工业化的生产方式全面改造传统的住宅产业，使住宅建筑工业生产和技术符合时代的发展需求。在这个过程中，需要将大工业的生产方式和管理方式应用于住宅建设。而生产方式和管理方式的改变对建筑业的影响巨大而深远，这也意味着研究住宅产业化需要对制造业的生产与管理方式有深入的理解和认识。

为此，自 1997 年起在研究住宅产业化最初的十余年中，本书作者大量阅读了有关制造业生产与运作管理的文献书籍，查阅了大量的网络资料，对制造业的精益生产、敏捷制造、大规模定制、先进制造技术、CIMS 以及价值管理、客户关系管理、并行工程、物流与供应链管理、核心能力、虚拟企业、产品数据管理、现代工业工程与管理等有了全面的了解。此后一直努力试图将先进制造技术和管理的理论与方法应用于建筑业和住宅产业的生产管理中。与此同时也惊异地发现，国外同行在此前的七八年时间也在做着几乎相同的工作，就是将先进制造业的技术与管理方法引入建筑业中，与建筑业的生产相结合，演化出了精益建设、并行建设、虚拟建设、建设物流和供应链管理、可持续建设等新的生产与管理方式，提高了建筑业的生产与管理水平，同时也为工程管理理论研究与教学提供了新的拓展空间。

2002 年起本书作者所在院校为研究生开设了名为“现代建筑生产管理”的课程，课程延续主编本人所做的住宅产业化的研究思路，将现代大工业的生产方式和管理方式应用于建筑业和住宅产业。课程开设之后，师生共同组成了一个“现代建筑生产管理”的研究小组，组织学习、阅读并翻译相关的文献和资料，具备了一定的知识储备。2013 年出版了一部研究生教材《现代建筑生产管理理论》，该书将先进制造业的生产管理理论与方法引入建筑生产领域，将“现代建筑生产管理”体系定义为“建筑工业化+信息化+先进管理+可持续发展”，书中阐述了建筑生产工业化、信息化、精益建设、并行建设、虚拟建设、建设物流和供应链、可持续建设和建设项目集成化管理的理论与方法，并穿插了部分应用案例。

在此后近 10 年的教学与研究实践中逐步发现：仅有生产管理在范畴上是不够的，应用先进管理的不仅是生产领域，而且建筑生产与管理尽管不可分割但还是两个不同的领域，应当适当分开论述。于是试图进行调整，扩大概念的范围。也就是说，要更精准地开展后续的教学与研究活动，需要在原有基础上重新构建新的理论框架。

最近几年，有两件事对本书作者的研究思路触动很大。

一是 2017 年 10 月 26 日江苏省住房和城乡建设厅发布的《江苏建造 2025 行动纲要》。该文件明确了江苏建筑业今后一段时期工程建造方式的发展方向：以精细化、信息化、绿色化、工业化“四化”融合为核心，以精益建造、数字建造、绿色建造、装配式建造四种新型建造方式为驱动，逐步在房屋建筑和市政基础设施工程等重点领域推广应用。其中，精益建造是指在工程建造中充分运用“精益生产”理念，实现工程建造全过程的价值最大化；数字建造是指结合 BIM、大数据、物联网等信息化各项新型技术，实现建造过程的数字化；绿色建造是将绿色、节能、环保理念贯穿于工程建造设计、施工、运维等全过程，实现工程建造的绿色化发展。这四种新型建造方式紧密联系、相互贯通、有机结合。该文件提出的“四种新型建造”对行业的创新发展、相关领域的科研以及高校的人才培养都具有很大的启发性。

二是 2018 年 11 月出版的由中建总公司毛志兵主编的著作——《建筑工程新型建造方式》。书中介绍了目前建设工程中常用的几种新型建造方式和新型建造方式概念、生产方式、组织方式、管理方式等，内容包括建筑工程建造技术现状与问题、新型建造方式概述、新型建造方式产业要素、新型建造方式产业链、技术政策、新型建造典型案例、新型建造技术发展展望。该书作者认为，新型建造方式是指在建筑工程建造过程中，以“绿色化”为目标，以“智慧化”为技术手段，以“工业化”为生产方式，以工程总承包为实施载体，实现建造过程“节能环保、提高效率、提升品质、保障安全”的新型工程建设组织模式。书中没有为这种新型建造方式命名，而是将其简要定义为 Q-SEE，就是在建造过程中能够提高质量（Q）、保证安全与健康（S）、保护环境（E）、提高效率（E）的技术、装备与组织管理方法。我国研究和论述建筑生产方式和管理方式的著作本来就很少，该书是这方面罕有的出色著作，为该领域的研究与发展开辟了一片新天地。书中的思想观点与本书作者的想法基本一致，也为本书的体系架构和编写提供了很好的创意。

经过不断地实践论证与缜密地思考，我们认为应将生产方式与管理方式分别开来，因此将教学与研究体系重新命名为“先进建造与管理”更为合理、更为准确，也更适合当下的发展状况。这也是本书书名的由来。

1）《现代建筑生产管理理论》书名中的“现代”英文译为 advanced。由于“现代”一词意义宽泛，故而改用“先进”取代之。

2）“建筑生产”在建筑业就是“建设”。英文中 Construction 一词可译成施工、建设或建造，“建设”一词近年用得少了，而“建造”用得多了，这两个词汇含义基本相同，故本书改用“建造”。

3）本书 1~6 章均采用“建造”一词，因为业内已习惯了建设供应链、建设物流、建设项目的说法，因此 7~9 章仍然沿用“建设”一词，意义相同。

1.4.2　先进建造的新理念

给“先进建造”下一个准确概念是比较困难的。不过通过前面的阐述，不难让读者明确先进建造的基本理念，就是把现代工业领域的先进生产方式与管理方式引入建筑业中，与建筑业的基本属性和生产管理特点相结合，用工业化、信息化、集约化和可持续发展的思路改造传统建筑业的生产与管理，提高产业发展水平，提高产品质量、生产效率和效益，改变产业发展面貌。

（1）从转变生产方式入手，积极推进建筑业的工业化进程

以先进的工业化技术改造传统建筑业，实现生产方式从传统手工为主向工业化的跨越，并为先进管理方式的引入和信息化的推进奠定坚实而高水平的平台。由于建筑业的特殊性，它还没有走过工业化的进程，还需要下大气力加快补上这一必不可少的发展环节。为此要加大建筑工业化的研究与开发，建立适合工业化的建筑结构体系和实现工法，建设一批工业化基地和示范项目，推进适合工业化的产业组织和社会化供应体系建立，实现工厂化生产与现场生产的完美结合。

建筑业推进工业化的进程，以前称为“建筑工业化”，本书称之为“工业化建造”。这两个词汇之间并无本质性不同。建筑工业化的叫法已有 70 多年，而工业化建造近年用得多起来，本书名为“先进建造与管理导论”，故采用“工业化建造”这个称谓，意为采用工业化的方式进行建造生产活动。

（2）要积极推进建筑业的信息化

没有信息化就没有现代化。信息化是当今世界的潮流，各行各业都在应用，建筑业也不例外。用信息化手段提升建筑业的生产与管理水平，以信息化带动和促进工业化是我国的固有方针。信息化不仅应用于管理和信息处理型的生产中如规划设计等，更要应用于物质生产型的建筑生产过程如施工和构配件生产中，与工业化的生产方式相结合，才能充分发挥其使用效果。

智能化是信息化发展的高级阶段，也是最具有代表性的发展阶段。智能建造是指在建造

过程中充分利用建筑信息模型、物联网、人工智能等先进的智能技术和相关技术，通过应用智能化系统驱动设备，提高建造过程的智能化水平和精细化水平，减少对人的依赖，提高建造安全性、可靠性和性价比。智能建造是解决建筑行业低效率、高污染、高能耗的有效途径，已在很多工程中被提出并实践。选择以智能化牵引的信息化道路是我国建筑业发展新型工业化的最佳选择和既定方针。

这里还不能不说到工业化和信息化的关系。没有工业化生产方式作为基础，先进的生产管理方法无法应用，即使是应用了信息化的技术其发挥的作用也很有限。如果说信息化可以把生产效率提高百分之几十的话，工业化则可以成倍地提高生产效率。没有工业化做支撑，信息化很快就会进入瓶颈期，而且一旦生产方式转变，原有的信息系统就基本上面临淘汰，需要重新建设。在建筑工业化发展过程中过分强调信息化的作用，甚至将信息化凌驾于工业化之上，或者脱离工业化空谈信息化作用的做法是不可取的！信息化的手段一定是在工业化基础日臻完善的基础上才能更好地发挥作用，所以在处理工业化与信息化的关系上，还是要强调工业化是第一位的。当然在全世界进入信息化社会的今天，推进建筑工业化不可能也不应该脱离信息化，而是一定要用好信息化手段，将建筑工业化与建造信息化同步并行，在发展建筑工业化的过程中追求工业化与信息化的深度融合，实现工业化与信息化完美融合的新型工业化，并推动工业化向自动化、智能化等更高的水平发展。

（3）要推进精益建造方式

精益建造是精益生产的基本理念和方法在建筑业的应用。所谓精益建造，就是将“精益思想”在建筑业加以改造和应用，通过关注价值流动、识别并消除生产中的浪费环节，从而提高客户价值，进而实现建筑企业的利润最大化。精益建造不仅是精细化、集约化的理念和管理方法，更是一种基于生产管理方法的项目集成交付方式。

精益建造追求建筑工业化全过程的精益化，实现设计精益化、制造标准化、物流准时化、装配快速化、管理信息化、过程绿色化等全产业链的精益生产，是精益管理模式与建筑业深度融合的产物。实施精益建造可以改变建筑生产粗放落后的状态，创新客户价值并提升企业的效率与效益。

精益建造能够促进建筑业绿色发展。相对于传统建造模式，以精益建造为基础的建造方式具有绿色环保优势。标准化的建造过程不仅有利于节约能源资源，还能减少建筑垃圾与环境污染。精益建造能够进一步消除设计、采购、制造、物流和装配等环节的浪费，更加节能、节水、节材。

（4）要实现建筑业的可持续发展

可持续发展是当今世界发展的潮流，也是我国的基本国策。在能源短缺、环境污染严重、人口过快增长的当今世界，建筑产品及其生产都必须是节能、节地、节材和环保的，这对建筑产品的规划、设计、施工和运营维护都提出了更高的要求。可持续建造以绿色建筑产品为目标，以工业化的生产方式为基础，同时充分利用信息化的手段、精益的理念和各种先进的组织管理方法，改变传统建筑产品和生产高耗能、粗放浪费的现状，为建筑与自然的和谐共生创造条件。可持续建造还包括建筑业人力资源的充分利用，使得建筑业人力资源与建筑业的工业化、信息化实现协调发展。

以上四个方面有机融合，便构成了先进建造生产方式的主要内容。

1.4.3　先进建造的基本内容

基于上述对先进建造方式的论述，本书先进建造的基本内容可以简化为以下的公式：

先进建造=工业化建造+智能建造+精益建造+可持续建造

先进建造内容及相互关系示意图如图 1-3 所示。

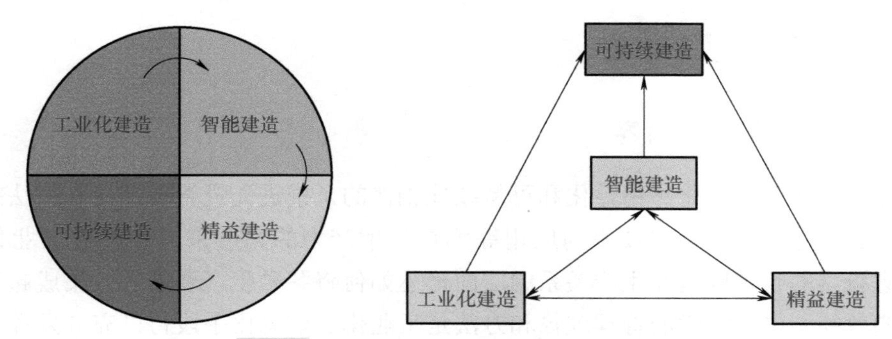

图 1-3　先进建造内容及相互关系示意图

1. 工业化建造

建筑生产工业化是先进建造体系的基础，是智能建造、精益建造和可持续建造实施的基本前提，同时工业化的实施也受信息化技术应用和集约化、精益化发展的影响。工业化建造使建筑业摆脱繁重落后的手工操作，提高生产效率和质量安全水平，是实现建筑业转型升级、实现高质量发展的首要选择，由于建筑产品的特殊性，建筑生产的工业化与制造业不完全相同，有一些特殊的表现形式。

2. 智能建造

建筑生产信息化、智能化，是实现建筑工业化和精益建造、绿色可持续建造不可缺少的重要手段。以智能化牵引的信息化带动和促进建筑工业化的发展是新型建筑工业化的基本特征，智能化信息技术是实现建筑生产计划控制精细化的基本前提，智能建造还可以减少资源消耗，为节能减排绿色建造提供重要支撑。

3. 精益建造

建筑生产集约化、精益化，实现建设项目精益化集成交付，是实现工业化、智能建造和可持续建造的重要保证。精益建造以项目价值最大化为目标，减少浪费，提高效率，促进团队协同工作，从而有助于项目在设计和施工过程中获得更好的效果。精益是工业化和信息化的必然要求，只有精益化才能保证“两化”融合的新型工业化的效率和效益的最大限度发挥。精益化减少浪费、节能环保也是实现可持续的重要保证。

4. 可持续建造

节能环保可持续是建筑产品和生产的基本属性。节能环保，绿色发展，在建筑工业化、智能化、集约化升级过程中，注重能源资源节约和生态环境保护，提高能源资源利用效率，是先进建造体系的目标。通过智能建造与建筑工业化协同发展，加强生产过程的集约化和精细化，提高资源利用效率，降低能耗、物耗和水耗水平，减少建筑生产对环境的影响，促进建筑业绿色改造升级。可持续建造还要充分利用人力资源，走一条“人力资源优势得到充分发挥的新型工业化道路”。

实质上，先进建造方式是工业化、信息化、精益化和可持续发展的有机结合体，这四者之间相互作用、相互影响、相互制约、相互渗透，关系极其复杂，不是简单的相加或先后次序关系。

1.5 先进建造管理

1.5.1 先进建造管理的内容

与上述工业化、信息化、精益化和可持续性相伴的是推进先进管理理论和方法的应用。

工业化、信息化和精益化技术的应用等均是从生产力的角度来界定先进工业体系的内容，而先进科学的管理则是在生产关系的层面论述如何将各种生产要素有效集成起来，并发挥出全新的效能。先进科学的管理理论和方法是工业化、信息化手段得以充分发挥作用的重要条件，同时这些新型管理方式也必须要在工业化和信息化的基础上才能应用并收到成效。管理方式与生产方式是相伴而生的，生产方式决定管理方式，同时管理方式又是生产方式充分发挥效率的重要保证和效果“放大器”。

先进建造是针对传统建筑业内条块分割、过程分离、组织低效、劳动密集型及科技含量低下的生产方式的变革，这种生产方式的变革依托于技术进步而实现，但技术层面的进步并不是建筑工业化的全部内容。在我国建筑业转型升级的进程中存在某种误区，就是将建筑工业化、信息化的内涵狭义化，简单理解为通过先进技术的运用来改变行业落后的现状，导致了实践过程中“重技术，轻管理”的现象，或将建筑工业化、信息化中的管理简单地理解为“对工业化建造技术的管理”，甚至认为管理是虚无的，可有可无的。这都是狭义和片面的理解。实质上，先进建造技术对行业的改变不仅仅在技术层面，更是一场深层次的生产组织方式、行业发展模式乃至社会发展模式的变革。这种变革从技术层面开始，以技术研发应用作为推动力，进而倒逼建造组织方式的变革和建筑业产业组织结构的变革，实现宏观发展方向的变革。简言之，先进建造中的管理科学化可以这样理解：在工业化建造技术发展的基础上，通过合理的分工协作将建造过程所有的技术要素、参与主体、建造过程等有效合理地组织起来，将工业化的效能尽可能地优化和放大，通过全要素管理实现建造过程上的高效生产、多项目间的协同优化以及整个建筑业的可持续发展。

先进建造管理技术不是先进建造本身固有的，但却是推进先进建造过程中不可缺少的，是与先进建造相伴相生、相互依存、相互影响、相互促进的。或者说，广义的先进建造包括管理技术，狭义的不包括管理技术。本书按狭义的概念来定义。

先进建造管理与先进建造之间的关系如图 1-4 所示。

这些管理方法大多数是从工业生产领域借鉴来的，也有少数建筑业领域自有的。先进建造管理方法包括（但不限于）：

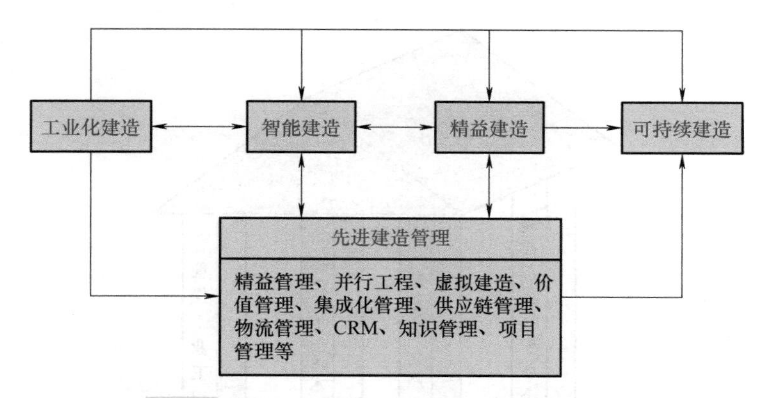

图 1-4　先进建造管理与先进建造之间的关系

- ◆ 价值管理
- ◆ 建设供应链管理
- ◆ 并行工程
- ◆ 客户关系管理 CRM
- ◆ 知识管理
- ◆ 现代项目管理技术
- ◆ 建设物流管理
- ◆ ……

工业领域的先进管理方式有很多，原则上凡是能够配合并促进先进建造技术应用的管理理论和方法都可以纳入这个体系中来加以运用，而且以后还会不断推出新的理论与方法，因此先进建造管理将是个开放的体系，适合建筑生产与管理的方法都可以引入其中。不仅如此，建筑生产研究者还会通过学习与创新提出适合建筑业生产方式的新的管理方法，也可以成为本体系未来的新内容。

1.5.2　先进建造管理的支持体系

先进建造管理不是凭空捏造的，它的产生有其社会经济发展的需求和各相关行业发展的背景，也有其重要的技术支撑体系，支撑其产生和发展的基本技术体系有四个方面：现代制造业生产管理方法、现代工业工程方法、现代信息技术和现代项目管理技术，可以称为四个支柱，如图 1-5 所示。

（1）现代制造业生产管理方法

包括 CAD 技术、先进制造工艺、并行工程、原形制造、柔性制造系统、计算机集成制造系统、敏捷制造、绿色制造、业务流程再造、精益生产管理、供应链管理、产品数据管理、生产运作管理、客户关系管理、电子商务、知识管理等。这些生产方式和对应的管理方法为建筑业的工业化与生产管理提供重要的理论支撑。

（2）现代工业工程方法

工业工程是制造业生产管理和信息化的基础，现代工业工程的领域进一步扩大，包括先进制造技术、装配技术、计算机协同设计与智能制造、并行与协同工程、产品创新设计、决策的理论与分析、人机工程及其应用、复杂产品、多学科产品开发技术、制造工程管理、价值工程与管理、产品计划与控制、安全与风险管理、工作流技术及其应用、供应链与物流管理、人工智能、产品生命周期管理、物联网和云计算应用等，它与制造业生产管理方法的大

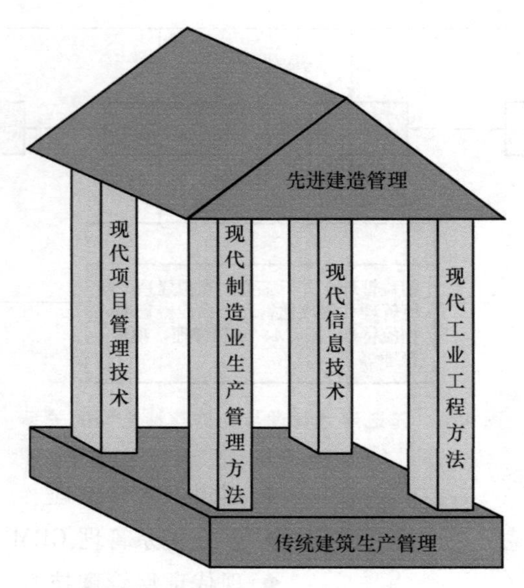

图 1-5 先进建造管理的技术支撑

部分是相通的，因此很多工业生产管理的方法也就是工业工程方法。将现代工业工程的方法应用于非制造领域是近年来研究与推广的热点。

(3) 现代信息技术

现代信息技术由计算机技术、通信技术、微电子技术结合而成，是关于信息的获取、传输和处理的技术。信息技术是利用计算机进行信息处理，利用现代电子通信技术从事信息采集、存储、加工、利用以及相关产品制造、技术开发、信息服务的新学科。目前现代信息技术普遍应用于各行各业，为提高行业发展的现代化水平起到了巨大作用。现代信息技术同时也是推进工业化发展水平的重要工具，还是应用各种先进管理方法，实现可持续发展中必不可少的科学手段。

(4) 现代项目管理技术

项目管理产生于土木建筑业，发展于军工、软件和制造业。现代项目管理比起传统的项目管理在内容的深度广度、新型工具方法的应用、适用范围、规范化等方面都有了很大进步，在应用新技术和集成化等方面基本跟上了时代的步伐，也成为各行各业、各种组织发展中起到重要作用的新型管理理论和方法。建筑生产领域是项目管理应用的传统领域，理当将这些现代项目管理理论和方法更好地应用并在应用中进一步发扬光大。

复习思考题

1. 近些年，建造方式的背景发生了哪些变化？
2. 生产的类型如何划分？各自适用于何种产业？
3. 制造业中新型的生产与管理方式有哪些？
4. 先进制造技术包括哪些内容？
5. 阐述建筑业与制造业的概念、生产方式和管理方式的异同点。

6. 先进建造方式的理念和内容是什么？
7. 先进建造管理的内容有哪些？四个支持体系是什么？

本章参考文献

[1] KOSKELA L. Application of the new production philosophy to construction [D]. Stanford: Stanford university, 1992.

[2] BALLARD G, HOWELL G. Lean project management [J]. Building Research & Information, 2003, 31 (2): 119-133.

[3] KOSKELA L. An exploration towards a production theory and its application to construction [M]. Espoo: VTT Technical Research Centre of Finland, 2000.

[4] KIM D . Exploratory study of lean construction: Assessment of lean implementation. [D]. Texas: The University of Texas at Austin, 2002.

[5] GARZA D L, JESUS M, ALCANTARA J P, et al. Value of concurrent engineering for A/E/C industry [J]. Journal of Management in Engineering, 1994, 10 (3): 46-55.

[6] ELDIN N N . Concurrent Engineering: A Schedule Reduction Tool [J]. Journal of Construction Engineering & Management, 1997, 123 (3): 354-362.

[7] JAAFARI A. Concurrent construction and life cycle project management [J]. Journal of Construction Engineering and Management, 1997, 123 (4): 427-436.

[8] JAAFARI A. Life-cycle project management: A proposed theoretical model for development and implementation of capital projects [J]. Project Management Journal, 2000, 31 (1): 44-52.

[9] LOVE P E D, GUNASEKARAN A, LI H. Concurrent engineering: A strategy for procuring construction projects [J]. International Journal of Project Management, 1998, 16 (6): 375-383.

[10] AGAPIOU A, CLAUSEN L E, FLANAGAN R, et al. The role of logistics in the materials flow control process [J]. Construction Management & Economics, 1998, 16 (2): 131-137.

[11] SILVA F B, CARDOSO F F. Applicability of logistics management in lean construction: a case study approach in Brazilian building companies [C] //Proceedings of 7th IGLC. Escola: IGLC, 1999.

[12] LOVE P E D, IRANI Z, EDWARDS D J. A rework reduction model for construction projects [J]. IEEE Transactions on Engineering Management, 2004, 51 (4): 426-440.

[13] LINK P, MARXT C. Integration of risk-and chance management in the co-operation process [J]. International Journal of Production Economics, 2004, 90 (1): 71-78.

[14] LEE. HAU, WOLFE. Michael. Supply chain security without tears [J]. Supply Chain Management Review, 2003, 7 (3): 12-20.

[15] ASHAYERI J, LEMMES, L. Economic value added of supply chain demand planning: A system dynamics simulation. Robotics and Computer Integrated Manufacturing, 2006, 22 (5-6): 550-556.

[16] 尤建新，蔡依平，杨瑾. 工程项目物流管理框架模型 [J]. 工业工程与管理，2006 (6): 49-52.

[17] 王慧明，齐二石. 并行工程在建筑业应用的必要性研究 [J]. 工业工程，2004 (3): 15-19.

[18] 钟建安，戴惠良，赵健峰. 面向并行工程的施工项目管理 [J]. 建筑经济，2008 (S1): 206-208.

[19] 朱云仙，真虹. 国外并行工程研究与应用进展综述 [J]. 机械设计与研究，2005 (4): 66-69.

[20] 周立华. 供应链合作伙伴关系的分析 [D]. 长春：长春工业大学学报，2006 (2): 39-42.

[21] 陈荣. 物流供应链管理 [M]. 大连：东北财经大学出版社，2001.
[22] 程敏，林知炎，余颉. 建筑企业供应链管理中的不确定性研究 [J]. 建筑管理现代化，2003 (1)：24-26.
[23] 曾肇河. 建筑业企业价值链管理探索 [J]. 建筑经济，2004 (6)：5-10.
[24] 高玉荣，尹柳营. 建筑供应链中的价值管理 [J]. 建筑经济，2004 (12)：20-22.
[25] 王冬冬，张钦. 建筑供应链的敏捷化策略 [J]. 建筑经济，2005 (2)：35-38.
[26] 徐贤浩，马士华，陈荣秋. 供应链绩效评价特点及其指标体系研究 [J]. 华中理工大学学报，2000 (2)：69-72.
[27] 修龙，赵林，丁建华. 建筑产业现代化之思与行 [J]. 建筑结构，2014，44 (13)：1-4.
[28] 叶明，武洁青. 关于推动新型建筑工业化发展的思考 [J]. 住宅产业，2013 (21)：11-14.
[29] 叶明. 发展新型建造方式是新时代发展的新要求 [R/OL]. (2019-01-07) [2021-05-13]. https://mp. weixin. qq. com/s/Mti31ANP-81IRM0asomeTA.
[30] 叶明，欧亚明，张静，等. 现代建筑产业概论 [M]. 北京：中国建筑工业出版社. 2020.
[31] 丁烈云. 建议制定"中国建造"高质量发展规划 [R/OL]. (2019-03-06) [2021-05-13]. http://www. china. com. cn/lianghui/news/2019-03/06/content_74539124. shtml.
[32] 沈祖炎，李元齐. 建筑工业化建造的本质和内涵 [J]. 建筑钢结构进展，2015，17 (5)：1-4.
[33] 王俊，王晓锋. 我国新型建筑工业化发展与展望 [J]. 工程质量，2016，34 (7)：5-9.
[34] 刘志峰. 转变发展方式，建造百年住宅（建筑）[J]. 城市住宅，2010 (7)：12-18.
[35] 江苏省住房和城乡建设厅关于印发《江苏建造2025行动纲要》的通知 [R/OL]. (2017-10-26) [2021-05-13]. http://jsszfhcxjst. jiangsu. gov. cn/art/2017/10/26/art_8639_6460596. html.
[36] 毛志兵，李云贵，郭海山. 建筑工程新型建造方式 [M]. 北京：中国建筑工业出版社，2018.
[37] 李忠富. 建筑工业化概论 [M]. 北京：机械工业出版社，2020.
[38] 福布斯，等. 现代工程建设精益项目交付与集成实践 [M]. 何清华，等译. 北京：中国建筑工业出版社，2015.
[39] 李忠富. 住宅产业化论 [M]. 北京：中国建筑工业出版社，2018.

第2章 工业化建造

2.1 工业化建造的概念和内涵

2.1.1 工业化建造的概念

按照联合国经济委员会的定义，工业化（Industrialization）包括：①生产的连续性（Continuity）；②生产物的标准化（Standardization）；③生产过程各阶段的集成化（Integration）；④工程高度组织化（Organization）；⑤尽可能用机械代替人的手工劳动（Mechanization）；⑥生产与组织一体化的研究与开发（Research & Development）。一般生产只要符合以上一项或几项都可称为工业化生产，而且不仅限于建造工厂生产产品。当然工业化本身也有实现程度和发展水平高低的差异，是一个从低级向高级不断发展的过程。

工业化建造，顾名思义就是采用工业化的方式进行建筑产品的建造，包括建筑产品的设计与施工。说工业化建造，就不能不说另一个与它特别相近的词汇——建筑工业化，这两个词汇极易混淆。而且过去的几十年全世界一直都在用建筑工业化一词，对建筑工业化的定义比较多，而工业化建造用得很少，也没有确切的定义。因此先看建筑工业化的定义。

依照联合国1974年出版的《政府逐步实现建筑工业化的政策和措施指引》的定义，建筑工业化（Building Industrialization）是指按照大工业生产方式改造建筑业，使之逐步从手工业生产转向社会化大生产的过程。它的基本途径是建筑标准化，构配件生产工厂化，施工机械化和组织管理科学化，并逐步采用现代科学技术的新成果，以提高劳动生产率，加快建设速度，降低工程成本，提高工程质量。

1978年我国国家建委在会议中明确提出了建筑工业化的概念，即“用大工业生产方式来建造工业和民用建筑”，并提出“建筑工业化以建筑设计标准化、构件生产工业化、施工机械化以及墙体材料改革为重点”。

1995年我国出台《建筑工业化发展纲要》，将建筑工业化定义为“从传统的以手工操作为主的小生产方式逐步向社会化大生产方式过渡，即以技术为先导，采用先进、适用的技术和装备，在建筑标准化的基础上，发展建筑构配件、制品和设备的生产，培育技术服务体系和市场的中介机构，使建筑业生产、经营活动逐步走上专业化、社会化道路”。其目的是“确保各类建筑最终产品特别是住宅建筑的质量和功能，优化产业结构、加快建设速度、改善劳动条件、大幅度提高劳动生产率，使建筑业尽快走上质量效益型道路，成为国民经济的支柱产业”。其基本内容是“采用先进、适用的技术、工艺和装备，科学合理地组织施工，发展施工专业化，提高机械化水平，减少繁重、复杂的手工劳动和湿作业；发展建筑构配件、制品、设备生产并形成适度的规模经营，为建筑市场提供各类建筑使用的系列化的通用建筑构配件和制品；制定统一的建筑模数和重要的基础标准（模数协调、公差与配合、合理建筑参数、连接等），合理解决标准化和多样化的关系，建立和完善产品标准、工艺标准、企业管理标准、工法等，不断提高建筑标准化水平；采用现代管理方法和手段，优化资源配置，实行科学的组织和管理，培育和发展技术市场和信息管理系统，适应发展社会主义市场经济的需要”。这个说法一直被业界认定为我国“建筑工业化”最科学合理的定义。不过这一时期的建筑工业化还没有来得及大发展，很快就被“住宅产业化”所取代，直到2010年后建筑工业化的说法才又再度被提起。

2011年纪颖波在其所著《建筑工业化发展研究》中把建筑工业化定义为“以构件预制化生产、装配式施工为生产方式，以设计标准化、构件部品化、施工机械化为特征，能够整合设计、生产、施工等整个产业链，实现建筑产品节能、环保、全生命周期价值最大化的可持续发展的新型建筑生产方式”，该定义强调构件预制装配和可持续发展。

2013年叶明和武洁青的论文对新型建筑工业化做出新的诠释，把信息化和可持续发展纳入到建筑工业化中，认为“新型建筑工业化是指采用标准化设计、工厂化生产、装配化施工、一体化装修和信息化管理为主要特征的生产方式，并在设计、生产、施工、开发等环节形成完整的有机的产业链，实现房屋建造全过程的工业化、集约化和社会化，从而提高建筑工程质量和效益，实现节能减排与资源节约”。而2015年底政府提出了“装配式建筑”说法又基本取代了建筑工业化。

2016年王俊和王晓峰在其论文中提出：“建筑工业化是指采用减少人工作业的高效建造方式，并以‘四节一环保’及提高工程质量为目标的建筑业发展途径。建筑工业化的实施手段主要有标准化、机械化、信息化等。建筑工业化的建造方式主要包括传统作业方式的工业化改进，如泵送混凝土、新型模板与模架、钢筋集中加工配送、各类新型机械设备等；装配式建筑，如新型装配式混凝土结构、钢结构体系与工业化的外墙及内墙墙板结合、新型木结构等；建筑、精装、厨卫等非结构技术。新型建筑工业化，主要是针对目前国家与建筑业的新形势，继续推广优势技术、产品与作业方式，开发新领域、满足新需求。”这个定义强调建筑工业化还包括传统作业方式的工业化改进，较之以前集中于装配式建筑范围扩大了许多。

本书作者在2020年出版的《建筑工业化概论》一书中给建筑工业化的定义如下：

建筑工业化是指通过工业化、社会化大生产方式取代传统建筑业中分散的、低效率的手工作业方式，实现住宅、公共建筑、工业建筑、城市基础设施等建筑物的建造，即以技术为先导，以建筑成品为目标，采用先进、适用的技术和装备，在建筑标准化和机械化的基础上，发展建筑构配件、制品和设备的生产和配套供应，大力研发推广工业化建造技术，充分发挥信息化作用，在设计、生产、施工等环节形成完整的有机的产业链，实现建筑物建造全过程的工业化、集约化和社会化，从而提高建筑产品质量和效益，实现节能减排与资源节约。

国内对工业化建造没有相关的定义，偶有对其进行论述的，如广联达将工业化建造称为新建造，“就是通过数字建筑实现现场工业化和工厂工业化，使工程设计图细化到作业指导书，任务排程最小到工序，工序工法标准化，将工程建造提升到工业制造的精细化水平”。在“360 百科”中，工业化建造“是指采用标准化的构件，并用通用的大型工具（如定型钢板）进行生产和施工的方式。根据住宅构件生产地点的不同，工业化建造方式可分为工厂化建造和现场建造两种”。

国外对 Industrialized Construction 有过一些论述，但谈不上是确切的定义。网络词典 DICTALL 将 Industrialized Construction 解释为“将现场施工工作尽可能地在制造厂中完成的施工方式。其优点是可加快工程进度，缩短建设周期，提高施工效率和工程质量；简化施工现场，减少临时设施，节约施工用地，促进安全文明施工。它可简化施工现场的管理，但又必须加强工厂制品的订货、质量检验、运输、装卸、验收以及索赔等的管理。在工厂内制作构配件，可按专业分工，采用先进工艺和专用设备，进行大批量生产，可提高生产效率和构配件质量”。

在上述建筑工业化概念基础上，借鉴国内外相关论述，本书对工业化建造给出如下初步定义：工业化建造是指通过大工业生产方式取代传统建筑业中低效率的手工作业方式，实现住宅、公共建筑、工业建筑、城市基础设施等建筑物的建造。即以建筑成品为目标，采用先进、适用的技术和装备，在建筑标准化和机械化的基础上，实现建筑物建造全过程（包括主体结构和设备装修）的工业化，提高建筑产品质量和效益，实现节能减排与资源节约。

2.1.2　工业化建造与建筑工业化

工业化建造与常用的“建筑工业化”一词特别接近。工业化建造（Industrialized Construction）和建筑工业化（Building Industrialization）里都有“工业化”，都是引入大工业社会化大生产的方式改造传统建筑业，都要搞标准化、工业化、机械化、集成化，都要引入信息技术和现代管理方法来提升水平，都要实现节能环保的目标……，但两者还是有着微妙的差别。

首先，建筑工业化的含义更宽广一些，以建筑成品为目标，做法包含设计标准化、部品工厂生产、主体结构工业化施工、内装工业化、新技术研发与应用等，而工业化建造重点在“建造”上，常常特指现场生产过程的工业化，包括装配式施工、机械化施工、现场工业化施工等，而标准化、机械化等都是作为其基础的。从这种意义上说工业化建造甚至可以称为“工业化施工”。

其次，在社会分工细化的当今社会，说建筑工业化，实质上建筑业企业能够做到的通常是办公室里的设计和现场施工这两块，而部品、构配件的生产则另由建材、五金、门窗、机电等其他行业的企业来完成。这种情况下，把建筑业所做的工作称为“建筑工业化”不如称为“工业化建造”更合适。

将上述区分以图形表示，如图 2-1 和图 2-2 所示，图中阴影分别表示建筑工业化和工业化建造词义涵盖的范围。可以说工业化建造是站在建筑业说建造，建筑工业化是站在建筑业说生产全过程（以建造为主），而住宅产业化则站在全社会角度（不是站在建筑业角度）说的。

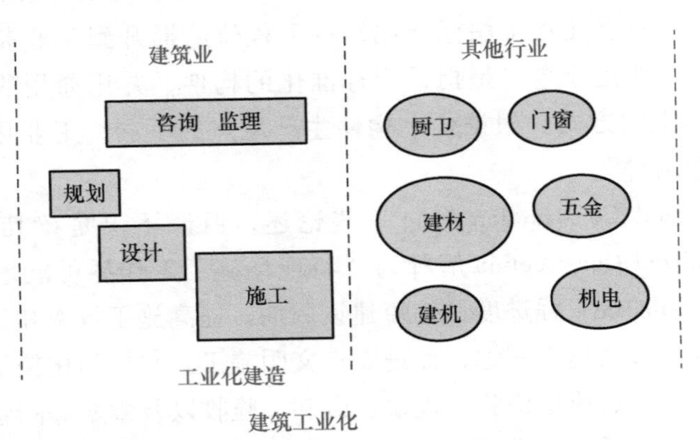

图 2-1　建筑工业化与工业化建造词义包含范围的不同

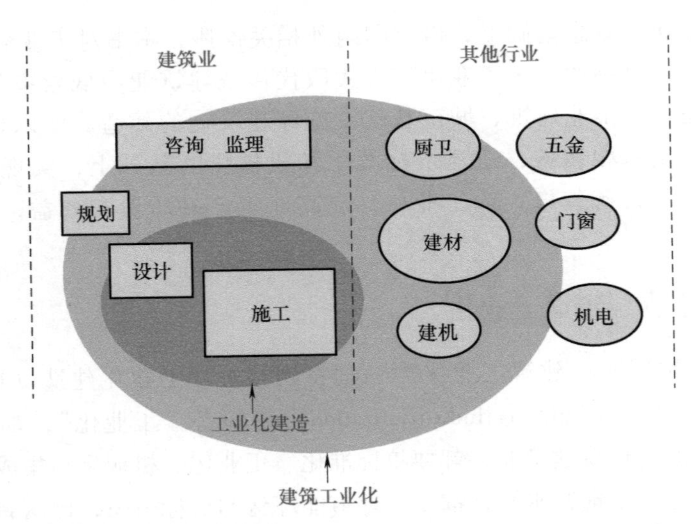

图 2-2　用阴影表示建筑工业化和工业化建造词义范围的示意图

在中文里，“建造”与“建设”一词相像，通常包括设计与施工，但有时建造又专指施工。在英文里，Construction 可以译成建造、建设或施工。建筑工业化的说法全世界有上百年，做法也已经有 70 多年了，而工业化建造的说法用得不多，近年来学术界在各种论文、著作、会议等使用“工业化建造”一词才用得多了一些，但都没有对工业化建造做详细的界定。本书作者前两年的著作和论文中也多次用到“工业化建造”和“Industrialized Construction”说法。斯坦福大学还每年举办一次“工业化建造论坛”，加拿大阿尔伯塔大学 Al-Hussein 教授新近创办了一本名为 *Journal of Industrialized Construction* 的期刊。预计“工业化建造”的叫法以后会越来越多，并逐步被学界和业界接受。

可见，建筑工业化和工业化建造两者的含义非常相近，区分起来比较困难，因此本书认为不必做刻意的区分，因为两者在相当多的场合是可以通用的，并无本质区别。建筑工业化涵盖了工业化建造，而工业化建造则可以看作是狭义的建筑工业化。

2.1.3　工业化建造的内涵

由于工业化建造是狭义的建筑工业化，因此工业化建造的内涵不如建筑工业化丰富。

第一，工业化建造是生产方式的深刻变革，是摆脱传统发展模式路径依赖的工业化。长期以来，我国建筑业一直是劳动密集型行业，主要依赖较低人力成本和高投资带动，科技进步贡献率低，研发投入比例低，劳动生产率低，工人工作条件差，工程质量和安全问题时有发生。在新的历史条件下传统模式已难以为继，必须摆脱传统模式路径的依赖和束缚，走工业化道路。工业化建造是以科技进步为动力，以提高质量、效益和竞争力为核心的工业化。

第二，新时代的工业化建造是工业化与信息化深度融合的现代工业化。当前世界进入工业化与信息化高度融合的时代，信息技术成为推进工业化的重要工具和手段。发展工业化建造也不例外，必须要大力发展信息化并将信息化与工业化深度融合，这才是现代的工业化建造或称为新型工业化建造。借助信息技术强大的信息共享能力、协同工作能力、专业任务能力，与建筑标准化、工业化和集约化相结合，促进工程建设各阶段、各主体之间充分共享资源，有效地避免各专业、各行业间不协调问题，提高工程建设的精细化程度、生产效率和工程质量。

第三，新型工业化建造是整个行业的先进生产方式，最终产品是成品的房屋建筑。它不仅涉及主体结构，而且涉及维护结构、装饰装修和设施设备。今天的工业化建造一定不要走以前单纯以建筑物主体结构这个“外壳”为对象的工业化，而要以整个产品为对象，实现整个产品生产的工业化。

第四，新型工业化建造是实现绿色建造的工业化。可持续发展是当今世界的发展方向，在能源短缺、环境污染严重、人口过快增长的当今世界，建筑产品及其生产都必须是节能节地节省材料保护环境的，这给工业化建造提出了更高的要求。为此，在工业化建设过程中优化资源配置，最大限度地节约资源、保护环境和减少污染，为人们建造健康、适用的房屋也是工业化的重要目标之一。绿色建造是建筑业整体素质的提升，是现代工业文明的重要标志。

第五，新型工业化建造是包容性的发展方式，不仅包含工厂化预制装配，也包括在施工现场的过程工业化方式，这是建筑产品本身的特性及使用的材料、机械等决定的。因此（新型）工业化建造不能走“单打一”的预制装配之路，不应该排斥任何有益于建筑业工业化发展的途径。新型工业化建造的路径多种多样，适合不同条件、不同状况下的工业化实施。

2.2　工业化建造的内容

根据前述对建筑工业化和工业化建造的阐述，工业化建造的内容不及建筑工业化所包含的内容丰富，包括标准化、机械化、主体工业化和内装工业化四大部分。

2.2.1 建筑标准化

建筑标准化是建筑企业之间关于各类建筑物、构筑物及其零部件、构配件、设备系统的设计、施工、材料使用与验收标准的技术协议与管理模式的统一化、协调化的过程。建筑标准化要求在设计中按照一定模数标准规范构件和产品，形成标准化、系列化部品，减少设计随意性，并简化施工手段，以便于建筑产品能够进行成批生产。标准化贯穿了建筑产品设计、部品生产、现场施工和运营维护的全过程，是建筑生产工业化的前提条件，是建筑产品生产分工协作、配套供应、精细加工的基础。建筑标准化包括建筑设计标准化、建筑部品通用化、生产工艺标准化。

建筑设计标准化是按照建设目标的需求，依据有关国家标准与技术规范，对于已有的标准化微观实施重新架构与组装，并对于特殊功能或空间的要求实施独立设计的过程。为此建立建筑与部品模数协调体系，统一模数制，统一协调不同的建筑物及各部分构件的尺寸，提高设计和施工效率。

材料部品生产供应企业通过对构配件开展通用性和互换性的研究，实现部品尺度、构造、接口、功能的通用化，并将部品组合，开发出满足相关尺度模数的模块化产品。这样一来设计者就可以直接选用标准化的部品或模块单元重组建筑，施工方可以在供应市场中直接采购相关模块与单元，而供应商可以对部品或模块进行独立生产、规模化生产。

在建筑施工过程中，制定技术规范和标准，统一建筑工程做法和节点构造，严格按照设计标准、施工标准以及材料、设备标准要求进行实际操作，确保最终达到设计要求。在验收过程中，验收方必须依据与施工方事先约定的标准进行检验，确认施工过程符合设计要求和验收标准，保证建筑物最终满足安全与使用的要求。

2.2.2 建筑施工机械化

建筑施工机械化是指在建筑施工中利用机械设备或机具来代替烦琐和笨重的体力劳动以完成施工任务，它是建筑业生产技术进步的一个重要标志，也是建筑工业化的重要内容之一，是建筑施工提高效率、解放劳动力、建筑产业升级的必由之路。施工机械化包括建筑施工设备和建筑施工技术两部分工作内容。建筑工程施工走机械化的道路是建筑产品固定性，个性化，高、大、重和生产流动性等特点决定的。

建筑施工机械化既体现在使用施工机械来安装标准化的构配件，还可以体现在标准化、工厂化出现之前，在挖土、运输、打桩、成孔、回填、压实等工程上大量使用施工机械（图 2-3～图 2-5），从而提高了生产效率，减轻工人的体力劳动和用工数量。此外，一些手工操作的工种工程使用先进的工具器具使得施工效率提高，体力劳动减少，对工人手艺要求降低，也是机械化的一种表现形式。

图 2-3 反铲挖土机

图 2-4　塔式起重机

图 2-5　钢筋捆扎机

2.2.3　主体工业化

工程主体结构是传统意义上的“建筑”范畴，对主体结构进行工业化是建筑工业化的最原始内涵。工程主体结构按用料划分可包括混凝土结构、钢结构、钢筋混凝土组合结构、木（钢木）结构等，而按施工方式划分可分成预制装配式和现场工业化方式。

预制装配化是指按照统一标准定型设计并在工厂批量生产各种构配件，然后运到工地，在现场以机械化的方法装配成房屋的施工方式（图 2-6）。采用这种方式建造的住宅可以被称为预制装配式住宅，主要有大型砌块住宅、大型壁板住宅、框架轻板住宅、模块化住宅等类型。其主要特征为：工厂化批量预制、机械化施工，现场湿作业少，具有工业化程度高、施工快、受季节影响小、节能环保、节省人工的优点（当然实现这些优势还必须技术成熟配套并管理过关才行），缺点是需以各种材料、构件生产基地作为基础，一次性投资大，建造成本较高，不利于产品个性化，不适用于复杂立面，而且不利于小规模生产。我国 20 世纪 50~60 年代曾走过混凝土预制装配化为主的住宅建筑工业化道路，由于在当时的技术经济条件下性能质量不高而导致成本较高，综合效益不好，结果以失败告终。今天发展工业化建造一定要牢记历史教训。

现场工业化是指直接在现场生产构件，生产的同时就组装起来，生产与装配过程合二为一（图 2-7）。在整个过程中采用工厂内通用的大型工具和生产管理标准，如大模板、铝模、爬模、钢筋工厂加工现场装配、预拌混凝土等，在现场以高度机械化的方法取代

图 2-6　预制装配建筑

图 2-7　现场工业化建造

繁重的手工劳动，在质量、成本和效率方面有其特有的优势。其缺点是现场用工量比预制装配化大，所用模板较多，施工容易受季节的影响。现场工业化是传统施工方式的工业化改进，是建筑产品高、大、深、重等特点决定的，也是建筑工业化不同于一般工业产品工业化的特性。

以上两种方式各有优缺点，各有其适用条件和适用范围，不能说哪种方式一定优于另一种方式。

2.2.4 内装工业化

长期以来我国一直强调的是梁、板、柱、墙体等这些主体结构的“工业化”，实际就是建筑“壳体”的工业化，这种工业化是片面的。新型建筑工业化建造还应包括对管线设备和装修的工业化（统称内装工业化），这也属于建筑工业化的重要领域。在我国技术或经济上难以实现大规模的建筑结构预制装配化的条件下，率先对机电设备和装修实施工业化（图 2-8、图 2-9）既是可行的，也是必要的。

图 2-8 设备管线工业化

图 2-9 装修工业化

内装工业化以部品化和生产工厂化为基础，整合住宅内装部品体系，进一步促进部品生产的工业化。内装工业化具有多方面优势：①部品在工厂制作，现场采用干式作业，可全面保证产品质量和性能；②提高劳动生产率，缩短建设周期，节省大量人工和管理费用，降低住宅生产成本，综合效益明显；③采用集成部品装配化生产，有效解决施工生产误差和模数接口问题，可推动产业化技术发展与工业化生产和管理；④便于维护，降低后期运营维护难度，为部品全生命周期更新创造可能；⑤节能环保，减少原材料浪费，施工噪声、粉尘和建筑垃圾等环境污染也大为减少。

建筑部品体系是实现工业化建造的基础，而建筑部品的标准化则是推进工业化建造的关键。做好部品标准化建设、实现部品通用化，以及生产、供应的社会化，才能保证工业化建造的实现。

工业化建造的内容及关系如图 2-10 所示。其中，标准化、机械化是基础，装配式建筑、现场工业化、机电管线工业化、工业化装修是工业化建造的直接表现形式。

需要说明的是：前面提到的信息化、先进管理、绿色可持续和研究与开发并没有列入工业化建造的内容中。因为信息化、先进管理与工业化并列，绿色可持续是工业化建造的目标，本书都将单独论述，在此不作为工业化建造的内容。此外，无论采取哪种工业化建造方式，都需要投入大量的人力、物力和财力对工业化的建造技术进行全面深入的研究与开发，并进行大规模的新技术、新产品的推广应用，这是工业化建造得以推进的最为基础的工作。研究与开发作为全社会共性的工业化基础工作，在此也不作为工业化建造的内容介绍。

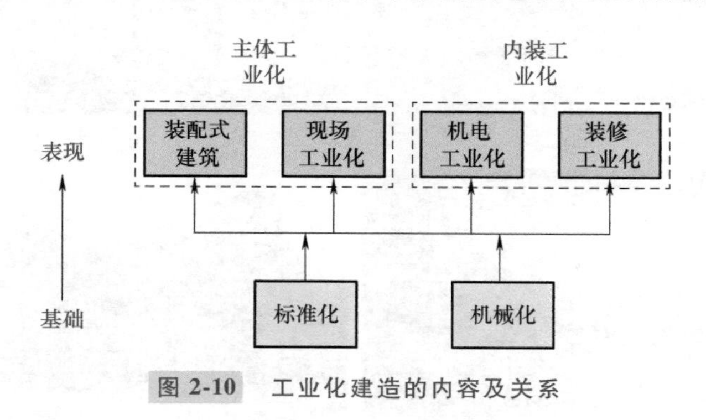

图 2-10　工业化建造的内容及关系

2.3 国内外工业化建造发展历程

在建筑工业化发展的 70 多年中，工业化建造与建筑工业化“如影随形”，作为其核心组成部分取得了重大成就，但其发展历程也充满波澜和坎坷。

2.3.1　国外工业化建造的发展历程

由于历史背景的不同，各国的建筑工业化发展道路呈现不同的特点。由于第二次世界大战带来的严重创伤，欧洲国家出现住宅短缺，为提高住宅生产效率，这些国家大量采用各种预制构配件和部品，运用工业化建造方式建造了大量的住宅以满足战后居民的需要。20 世纪 50 年代法国、苏联、丹麦、瑞典等欧洲国家逐渐走出一条预制装配式大板建筑的发展道路。日本也在 20 世纪 50 年代开始了战后重建工作，大量的需求催生了建筑工业化，并逐渐形成了符合本国国情的工业化住宅体系。美国由于没有第二次世界大战带来的房荒问题，其工业化住宅道路不同于其他国家。本章将介绍法国、苏联、丹麦、美国、日本这五个国家的建筑工业化发展过程（图 2-11），以期为我国建筑工业化发展提供借鉴。

1. 法国的工业化建造

法国是较早推行工业化建造的国家之一，其工业化住宅构造体系以预制混凝土体系为主，钢、木结构体系为辅，在集合住宅中的应用多于独户住宅。其建筑多采用框架和板柱体系，向大跨度发展，焊接、螺栓连接等干法作业流行，结构构件与设备、装修工程分开，减少预埋，生产和施工质量高。法国建筑工业化发展历程如图 2-12 所示。

（1）第一代建筑工业化

20 世纪 50 年代，为了解决住宅的有无问题，法国进行了大规模成片住宅建设，建设了很多新的居民区，由此揭开了建筑工业化的序幕。在此阶段，建筑由业主委托建筑师设计，大中型的施工企业和设计公司联合开发出“结构-施工”体系，预制构件厂根据来图加工制

a)　b)　c)　d)　e)

图 2-11　发达国家工业化住宅实例

a）法国　b）苏联　c）丹麦　d）美国　e）日本

（图片来源：《发达国家住宅产业化的发展历程与经验》）

20世纪50年代　20世纪60年代　20世纪70年代　20世纪80年代　20世纪90年代

第一代建筑工业化（数量阶段）

第二代建筑工业化（质量阶段）

第三代建筑工业化（效率阶段）

有体系没标准

“结构-施工”体系

发展通用构配件制品和设备

构件生产与施工分离

G5软件系统

样板住宅 以户型和单元为标准的标准化体系

构造体系 以构配件为标准的标准化体系

“居住88”计划

图 2-12　法国建筑工业化发展历程

作，构件尺寸可以根据设计进行加工和调整，没有标准的模板，构件生产具有一定的灵活性。这些“结构-施工”体系出自不同的厂商，没有形成确定的设计标准，致使构件的通用性差。由于此时住宅的需求量很大，所以尽管体系不同，每一套仍然有足够大的生产规模来保障成本的合理性。这一时期以预制大板和工具式模板为主要施工手段，侧重于工业化工艺的研究和完善，仅从数量上满足了住宅需求。

（2）第二代建筑工业化

到了 20 世纪 70 年代，住宅需求已经逐渐饱和，工程规模开始缩小，原有的构件厂开工率不足，再加上人们开始关注住宅的质量和性能，法国的工业化住宅开始进入质量阶段，逐渐向以通用构配件制品和设备为特征的第二代建筑工业化过渡。1977 年，法国成立了构件建筑协会 ACC，试图通过模数协调来建立通用构造体系。1978 年协会制定了模数协调规则，内容包括：

1）采用模数制，基本模数 M = 100mm，水平模数 = 3M，垂直模数 = 1M。

2）外墙内侧与基准平面相切，隔墙居中，插放在两个基准平面之间。

3）轻质隔墙不受限制，可偏向基准平面的任一侧。

4）楼板上下表面均可与基准平面相切，层高和净高其中有一符合模数。

1978 年，法国住宅部提出在模数协调规则的基础上发展构造体系。构造体系以尺寸协调规则作为基础，由施工企业或设计事务所提出主体结构体系，每一体系由一系列可以互相装配的定型构件组成，并形成构件目录。这种体系实际上是以构配件为标准化的体系，建筑师可以从目录中选择构件并遵循相应的设计规则，像搭积木一样组成多样化的建筑，具有很大的灵活性。法国研究了一批定型的构造体系以供业主挑选。到 1981 年时，共确认了 25 种体系，年建造量约为 10000 户。这些构造体系一般具有以下的特点：

1）结构多采用框架式或板柱式，墙体承重体系向大跨发展，以保证住宅的室内设计灵活自由。

2）节点连接大多采用焊接或螺栓连接，以加快现场施工速度，创造文明的施工环境。

3）倾向于将结构构件生产与设备安装以及装修工程分开，以减少预制构件中的预埋件和预留孔，简化节点，减少构件规格。施工时，在主体结构交工后再进行设备安装和装修工程。

4）建筑设计灵活多样。建筑师能够依据自己的意愿设计建筑，即便采用同一体系建造的房屋，只要出自不同建筑师之手，造型大不相同。

（3）第三代建筑工业化

1982 年，法国调整了技术政策，推行构件生产与施工分离的原则，发展面向全行业的通用构配件的商品生产。法国认为，要求所有构件都做到通用是不现实的，因此准备在通用化上做些让步，也就是说，一套构件目录只要与某些其他目录协调，并组成一个构造逻辑系统即可，这一组合不仅在技术上、经济上可行，还能使建筑物更加多样化。因此，1982 年，法国政府制订了“居住 88”计划：到 1988 年，全国应该有 20000 套样板住宅，其成本要比 1982 年降低 25%，并且不能降低质量。政府提出了这样的目标，而具体采用什么技术，则由企业自己决定。

到了 20 世纪 90 年代，随着建筑信息技术的不断发展，法国的工业化住宅不断取得进步。目前，法国已经自主研发出一套汇集各种建筑部件及使用规则的 G5 软件系统。这套系统将全国近 60 个预制厂组织在一起，由它们提供产品的技术信息和经济信息，把遵循同一模数协调规则、在安装上具有兼容性的建筑部件（主要是围护构件、内墙、楼板、柱、梁、楼梯和各种技术管道）汇集在产品目录之内。软件系统能告诉使用者有关选择的协调规则、各种类型部件的技术数据和尺寸数据、特定建筑部位的施工方法、其主要外形和部件之间的连接方法、设计上的经济性等。采用这套软件系统，可以把任何一个建筑设计转变成为用工业化建筑部件进行设计，并且还能保留原设计的特点，甚至连建筑艺术方面的特点也能保留，可以说 G5 软件系统是一种跨时代的工具。

2. 苏联的工业化建造

苏联工业化建造走的是一条预制装配混凝土结构的道路，也是世界上住宅工业化比较成功的国家之一。苏联对预制构件的研究始于 1927 年，最初生产出的第一个预制构件是楼梯踏步，同年由国家建筑学院生产出第一个大型的砌块建筑，然后逐渐演变到有骨架大型板材建筑和无骨架大型板材建筑，再上升到建筑高层住宅的有、无骨架板材建筑，再到后来的盒子建筑，其发展经历了漫长的道路。苏联的工业化住宅以装配式大板建筑（图 2-13）为主，盒子建筑（图 2-14）、升板建筑为辅，我国早期建筑工业化的发展也正是吸取了苏联发展装配式大板建筑的经验。

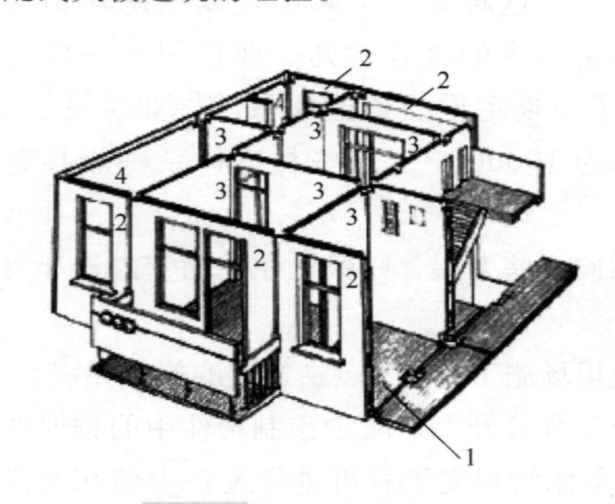

图 2-13 装配式大板建筑

1—楼板 2—外墙板 3—内墙板 4—出墙板

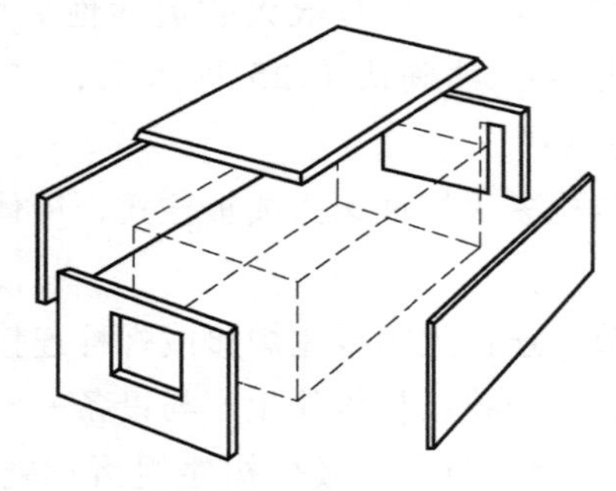

图 2-14 盒子建筑

（图片来源：《保障性住房新型工业化住宅体系理论与构建研究》）

苏联的工业化建造早在 20 世纪 30 年代就开始了。最初的工业化住宅以大型砌块和机械化为主。到 40 年代开始研究大型壁板建筑，并由有骨架板材建筑逐步发展到无骨架板材建筑结构体系。20 世纪 50 年代是苏联工业化建造的成型时期。这一时期，装配式钢筋混凝土工业得到优先发展，1954～1957 年，装配式钢筋混凝土构件的生产就增加了 3 倍，到了 60 年代苏联就拥有了 2000 多座预制厂，水泥生产占世界首位。此时，大型板材住宅成为大量性居住建筑并迅速发展，到 1957 年底，苏联已经建成 225 栋大板住宅，总居住面积达到 33000m^2。1958 年在维克斯城大型板材住宅的基础上制定了 1-464 系列大型板材住宅定型设计之后，1-464 系列就在苏联被大规模采用，大型板材建筑的建设量逐年迅速增长。到 1975 年大板建筑建设总面积为 4150 万 m^2，占总居住面积的 49.8%。1977 年苏联大板房屋建设基地约 400 个企业，年生产能力可达 4870 万 m^2，平均一个企业每年产量是 12 万 m^2 建筑面积。

表 2-1 为苏联建筑工业化大事年表。

表 2-1　苏联建筑工业化大事年表

年　份	标志性事件
1927 年	第一个预制构件楼梯踏步制成，第一个大型的砌块建筑建成
1936 年 2 月	通过《关于改进建筑业和降低工程造价的决议》
1937～1938 年	塔式起重机的研发
1938～1939 年	将居住建筑所用的构配件统一规格
1940 年	研究大型壁板建筑
1941 年	研究多层住宅的无框架大型壁板构造
1948 年	第一栋骨架板材建筑建成
1954 年	召开建筑工作者会议
1955 年 6 月	颁布《关于消除设计和施工中的浪费现象》
1955 年 10 月	颁布《关于建筑业进一步实现工业化、改善施工质量和降低成本的措施》
1956 年	公布苏联第 7 个“五年计划”（1961～1965 年）
1958 年	制定了 1-464 系列大型板材住宅定型设计
1981 年	采用《工业化定型构件统一目录》

随着大板建筑的发展，原有的定型设计方法已经不能满足人们的需求，大板建筑的设计开始从原有的单体定型设计转变为相互联系的成套定型设计，即定型设计系列，采用单元组合方式，可以拼装成各种不同尺寸和风格的房屋，但说到底这是一种专用体系的设计方法，无法适应大规模工业化生产的要求。为了满足住宅建筑以及城市规划提出的更高水平的要求，并解决专用体系增加、构件太多之类的问题，苏联开始制定工业化统一构件目录并不断完善。到 20 世纪 70 年代初期，已拟定出定型工业化构件统一目录以及地方性目录，设计方法从根本上发生了变化，改变了过去传统的由房屋到构件的设计方法，演变成为由构件到房屋的设计方法。1981 年，苏联采用《工业化定型构件统一目录》，即“从构件到房屋”的设计方法，住宅开间加大，便于近期灵活布置和远期更新。80 年代初苏联住宅的年平均建造量达到了 1 亿多 m^2，主要采用预制钢筋混凝土大板体系。

3. 丹麦的工业化建造

丹麦是世界上第一个将模数法制化的国家，为了使模数制得以实施，丹麦在20世纪50年代初就开始进行建筑制品标准化的工作，现今实行的有26个模数规范，从墙板、楼板等建筑构件到门窗、厨房设备、五金配件均用模数进行协调，国际标准化组织的150模数协调标准就是以丹麦标准为蓝本的。丹麦推行建筑工业化的途径是开发以采用“产品目录设计”为中心的通用体系，同时比较注意在通用化的基础上实现多样化。

丹麦的工业化建造也始于20世纪50年代。1960年制定了《全国建筑法》，规定所有建筑物均应采用1M（100mm）为基本模数，3M为设计模数，并制定了20多个必须采用的模数标准。这些标准包括尺寸、公差等，从而保证了不同厂家构件的通用性。同时国家规定，除自己居住的独立式住宅外，一切住宅都必须按模数进行设计。丹麦政府提倡为在工厂生产的、尺寸协调的建筑部件创造一个开放的市场，这些部件不仅可以组合用于各种类型的住房项目，而且能保证建筑师在规划和设计时有充分的自由度，这成了后来举世闻名的“丹麦开放住房体系”（Danish Open System Approach），它在工业化建造工法的开发方面起了重要的作用。丹麦主要使用大型板式构法进行房屋的建设。

丹麦实现建筑工业化的路径主要是“产品目录设计”，丹麦将通用部件称为“目录部件”。每个厂家都将自己生产的产品列入产品目录，由各个厂家的产品目录汇集成“通用体系产品总目录”，设计人员可以任意选用总目录中的产品进行设计。主要的通用部件有混凝土预制楼板和墙板等主体结构构件。这些部件都适合于3M的设计风格，各部分的尺寸是以1M为单位生产的，部件的连接形状（尺寸和连接方式）都符合“模数协调”标准，因此不同厂家的同类产品具有互换性。此外，丹麦较重视住宅的多样化，甚至在规模不大的低层住宅小区内也采用富于多样化的装配式大板体系。除装配式大板体系以外，板柱结构、TVP框架结构和盒子建筑在丹麦都有一定的应用。

4. 日本的工业化建造

日本的工业化住宅大多是框架结构，剪力墙结构等刚度大的结构形式很少得到应用。目前日本工业化住宅中，柱、梁、板构件的连接仍然以湿式连接为主，但强大的构件生产、储运和现场安装能力对结构质量提供了强有力的保障，并且为设计方案的制定提供了更多可行的空间。日本的工业化住宅从20世纪50年代开始至今经历了从标准设计到标准化，从部品专用体系到部品通用体系，再到全面实施工业化的过程，其发展大致可以分为三个阶段，如图2-15所示。

（1）批量建设期

1955年，日本住宅公团（现日本UR都市机构）和公库、公营住房相继成立，用不到10年时间整理出63种标准设计，以DK型（Dining餐厅—Kitchen厨房）来体现标准的居住生活形态，还研发出预制组装工法（PCa工法），并将SPH（Standard of Public Housing）公共住宅标准设计系列投入到大规模建设中，带动了部品的批量生产。1959年日本制定了KJ（Kokyo Jutaku）规格部品认证制度，使住宅标准化部品批量生产成为可能。

（2）多样化探索期

为了克服KJ部品单一化的缺陷，日本建设省于1974年开发出优于KJ部品的BL

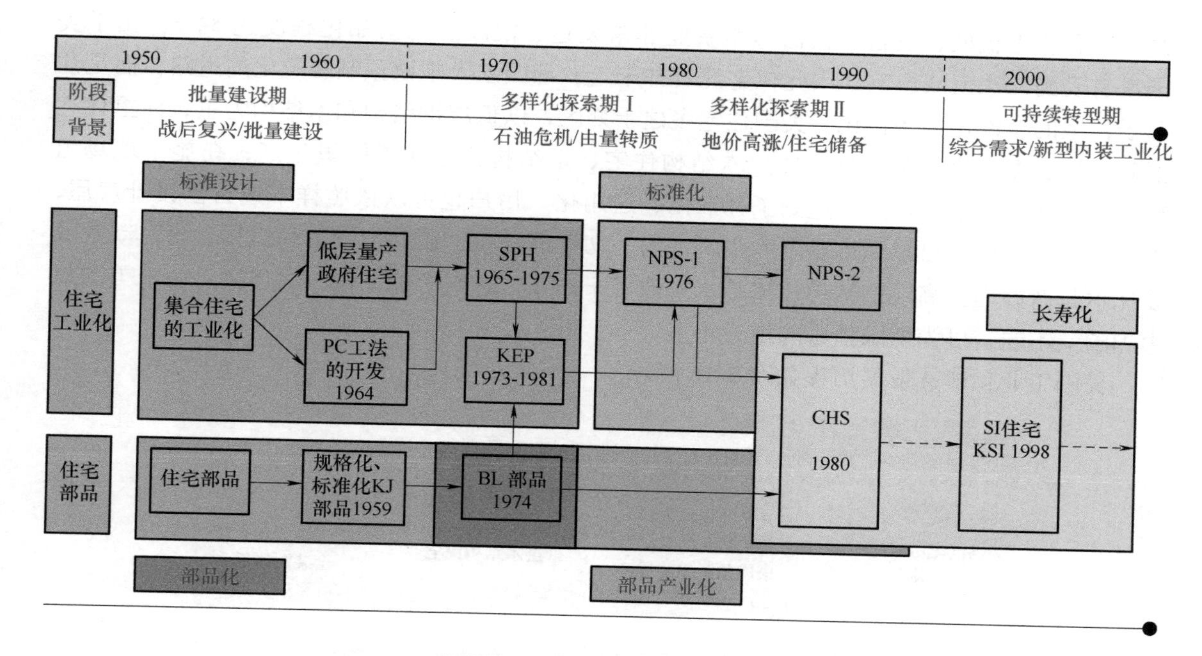

图 2-15　日本建筑工业化进程

（图片来源：《日本 KEP 到 KSI 内装部品体系的发展研究》）

（Better Living）部品，使住宅部品由“大量少品种”向“少量多品种”发展。BL 认证部品的普及使部品的规格化、标准化都得到了全面提高。1973～1981 年，日本开展 KEP（Kodan Experimental Housing Project）国家统筹试验性住宅计划，强调研究住宅部品生产的合理化和产业化，以通用体系部品间的组合来实现灵活可变的居住空间，彰显了住宅的多样性、可变性和互换性。1976 年开发出 NPS（New Planning System）住宅体系，将结构主体系统和设备系统分离，弥补了住宅标准设计 SPH（Standard of Public Housing）相对单一的不足，为创造灵活的居住空间提供了方法准则，促进了建筑工业化的发展。

1980 年开始的 CHS（Century Housing System）目的是保证住宅在整个生命周期内结构的耐久性，还要满足其内部装修、维护改造、设备更新以及住户生活方式发生改变等对住宅性能的可持续性要求，实现长寿化的百年住宅建设目标。

（3）可持续转型期

日本 1997 年提出了“环境共生住宅”“资源循环型住宅”，KSI（Kikou Skeleton Infill）机构型 SI 体系住宅也应运而生。KSI 体系明确了支撑体和填充体的分离，其支撑体部分强调主体结构的耐久性，满足资源循环型社会的长寿化建设要求，而其填充体部分强调内装和设备的灵活性和适应性，满足居住者可能产生的多样化需求。KSI 体系住宅秉承长寿化住宅建设理念，将日本之前 50 年的耐久年限全面提升到 100 年甚至 200 年，延续对可变居住空间的推广。通过促进相关部品产业发展，更好的实现空间灵活性与适应性，并创造可持续居住环境，有利于延续城市历史文化、构建街区独特风貌。

5. 美国的工业化建造

美国住宅建筑市场发育非常完善，住宅用构件和部品的商品化、专业化、社会化程度很高，各种施工机械、设备、仪器等租赁业非常发达，混凝土的商品化程度达 84%。由于美国没有受到二次大战影响，因此住宅建筑并未走欧洲国家大规模预制装配化的道路，而是注重于住宅的个性化、多样化。美国住宅多建于郊区，以低层钢结构和木结构为主，注重住宅的舒适性、多样化和个性化。独户木结构住宅、钢结构住宅在工厂里生产，在施工现场组装，基本也实现了干作业，达到了标准化、通用化。用户也可以依照样本或自己设计房屋，然后按照住宅产品目录到市场上购买所需的一切建筑材料、制品、设备和机具，自己动手或委托承包商办理。高层钢结构住宅基本实现了干作业，达到了标准化、通用化。由于美国与中国国情不同，可为中国借鉴的地方不多。

美国工业化建造发展历程如图 2-16 所示。

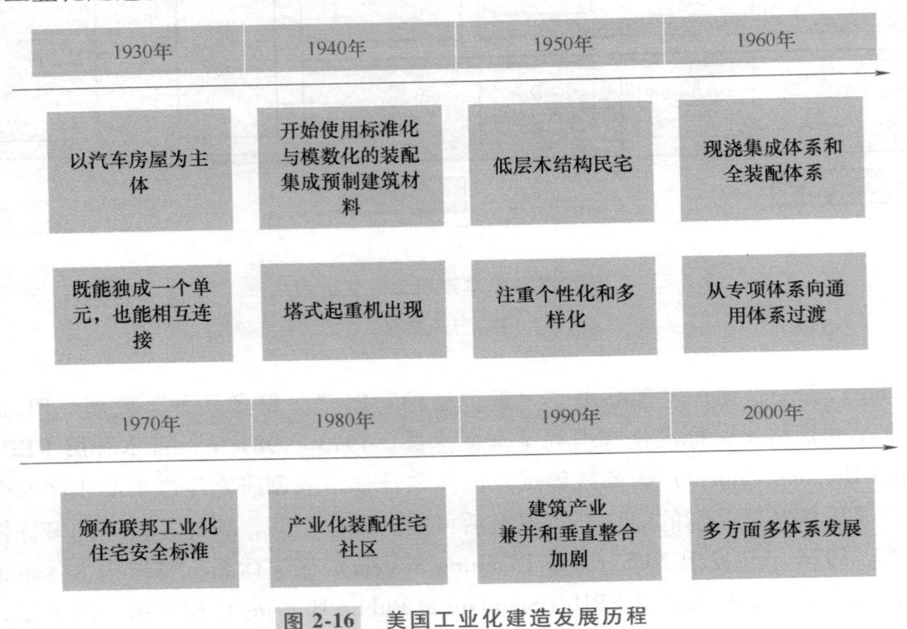

图 2-16　美国工业化建造发展历程

2.3.2　我国工业化建造发展历程和现状

1. 我国工业化建造发展历程

我国建筑工业化大致经历了发展初期、起伏波动期、恢复提升期三个发展阶段，目前正处于大力发展的阶段。以我国 13 个“五年计划”为阶段划分，我国建筑工业化的总体发展特点见表 2-2。

表 2-2　我国建筑工业化的总体发展特点（以 13 个“五年计划”阶段划分）

发展阶段	五年计划	年份区间	发展特点	备注
建筑工业化发展初期	第一个	1953～1957 年	建立了工业化的初步基础；学习苏联，多层砖混	1956 年提出“三化”
	第二个	1958～1965 年	初步实现预制装配化	
	第三、四个	1966～1975 年	短暂停滞	

（续）

发展阶段	五年计划	年份区间	发展特点	备注
建筑工业化起伏波动期	第五个	1976~1980 年	震后停滞	1978 年“四化、三改、两加强”
	第六、七个	1981~1990 年	学习东欧，装配式大板结构，新一轮发展 现浇体系出现，装配式质量下滑，再次出现停滞	新型建材（部品化）诞生
	第八个	1991~1995 年	预制装配式建筑前所未有的低潮 预制工厂关闭	1991 年《装配式大板居住建筑设计和施工规程》（JGJ 1-1991）发布 1995 年建设部印发《建筑工业化发展纲要》
建筑工业化恢复提升期	第九个	1996~2000 年	“住宅产业化”代替“建筑工业化”，成为住建部大力发展的方向 多样化（市场化），国家启动康居示范工程 进入新发展阶段	1996 年首次提“迈向住宅产业化新时代” 72 号文件出台 建设部住宅产业化促进中心成立 《住宅产业现代化试点工作大纲》出台
	第十个	2001~2005 年	研究产业化技术 现浇混凝土和预制混凝土构件相结合 产品、部品发展	学习日本，吸收引进国外技术 “国家住宅产业化基地”开始试行 建立住宅性能认定制度，2005 年出台《住宅性能评定技术标准》
	第十一个	2006~2010 年	现浇体系占主导 企业研发装配式体系 各类试点项目	2006 年下发《国家住宅产业化基地试行办法》；“国家住宅产业化基地”开始正式实施
	第十二个	2011~2015 年	保障房试验田，装配式建筑快速发展 各地出台政策和标准规范 企业积极性高涨	3600 万套保障房建设目标
建筑工业化大力发展期	第十三个	2016~2020 年	发展新型建造方式，大力推广装配式建筑 积极稳妥推广钢结构建筑 倡导发展现代木结构建筑	中共中央国务院《关于进一步加强城市规划建设管理工作的若干意见》《关于推动智能建造与建筑工业化协同发展的指导意见》 《关于加快新型建筑工业化发展的若干意见》

(1) 发展初期

我国的建筑工业化发展起步萌芽期大体是"一五"到"四五"计划期间，大致经历了三次转变（图 2-17），这一时期的主要技术来源是苏联，应用领域从工业建筑和公共建筑逐步发展到居住建筑。

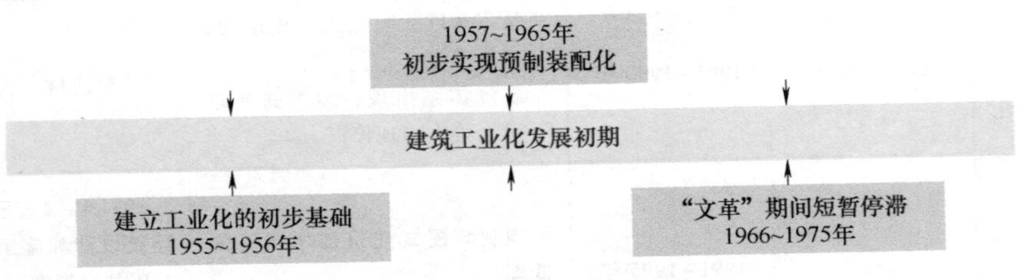

图 2-17 建筑工业化发展初期历程

1955 年，建工部在借鉴苏联经验的基础上第一次提出要实行建筑工业化，积极地、有步骤地实现机械化、工业化施工，完成对建筑工业的技术改造，逐步完成向建筑工业化的过渡。工业化方针是：设计标准化、构件生产工厂化、施工机械化（当时称"三化"）。到第一个"五年计划"结束时，全国各地建立了 70 多家混凝土预制构件厂，楼梯、门窗等基本上采用预制装配的方法。与此同时，我国重点发展标准设计，编制相应标准和专业技术规范，为建筑工业化奠定了基础。

1957~1965 年，我国建筑业初步实现预制装配化，并于 1958 年在北京建成我国首栋 2 层装配式大板实验楼。这一时期建筑工业化技术手段及建筑形式单一，技术处理简单化，作业方式逐步向机械化、半机械化和改良工具结合，工厂化和半工厂化相结合以及现场预制和现场浇筑相结合转变。

1966~1975 年，我国建筑工业化发展发生了短暂的停滞，工业化的标准降低。

工业建筑方面，苏联帮助建设的 153 个项目大部分都是采用预制柱、梁、屋架、屋面板、空心楼板等构件建成。居住建筑方面，预制构件中以空心楼板标准化程度最高，发展很快，全国各地出现了数以万计的预制构件厂。这一时期还特别重视墙体的工业化发展，推动了当时的装配式建筑的发展。

(2) 起伏波动期

在"五五"到"八五"计划期间，我国建筑工业化经历了停滞、低潮发展、再停滞、又重新提上日程的起伏波动（图 2-18）。

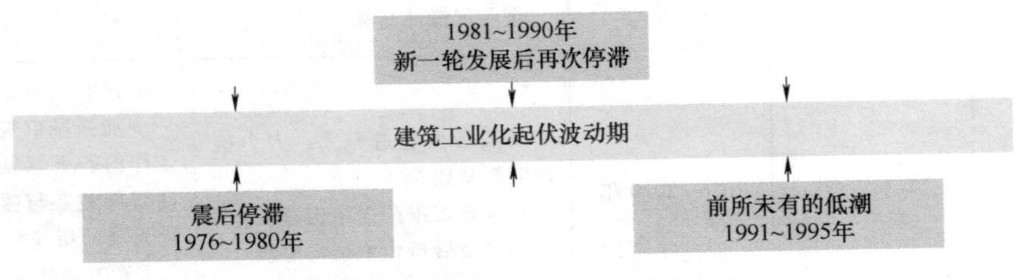

图 2-18 建筑工业化起伏波动期历程

1976 年唐山大地震暴露了承重墙体由小型黏土砖砌成，而楼板则多采用预制空心楼板的传统装配式结构抗震性能差的弊端（图 2-19），这种无筋砖混结构形式导致震中 95%的房屋倒塌，造成的损失巨大，建筑工业化也因此迎来了一小段震后停滞阶段。

图 2-19　唐山大地震中无筋砖混结构建筑

之后，北京、天津一带已有的砖混结构开始用现浇圈梁和竖向构造柱形成的框架进行结构加固（图 2-20）。同时，全国各地区开始划分抗震烈度，颁布新的《建筑抗震设计规范》并修订了建筑施工规范，规定高烈度抗震地区不可使用预制板，而统一采用现浇楼板；低烈度地区则需在预制板周围加上现浇圈梁，板的缝隙还要用砂浆灌实，并添加拉结筋，以增强结构的整体性。

图 2-20　圈梁加固砖混结构住宅

改革开放后，国家建委在总结前 20 年建筑工业化发展和教训的基础上进一步提出“四化、三改、两加强”发展策略，即房屋建造体系化、制品生产工厂化、施工操作机械化、组织管理科学化，改革建筑结构、改革地基基础、改革建筑设备，加强建筑材料生产、加强建筑机具生产。随后我国建筑工业化发展出现了一轮高峰。我国从国外引入了装配式大板住宅体系，有效解决了当时发展高层住宅建设的需求，并建立标准化设计体系，促进了一大批大板建筑、砌块建筑和新型墙体材料的落地。

20 世纪 80 年代初期，现浇体系和预拌混凝土技术引入我国，催生了工业化的另一路径，也就是现浇混凝土工艺。现浇技术分别孕育了内浇外砌、内浇外挂、大模板全现浇等不同体系。现浇结构抗侧力得到进一步提升，解决了对装配式建筑抗震的忧虑，更适合高层建筑发展需要，现浇结构体系得到广泛应用。而预制装配为主的工业化体系则由于质量、性能、成本和综合效益不佳等问题，在 20 世纪 80 年代末期进入前所未有的低谷。

（3）恢复提升期

由于建筑能耗、建筑污染等问题的出现，建筑工业化再次被重新提出，在“九五”到“十二五”期间的发展呈现一路高走的趋势（图 2-21）。

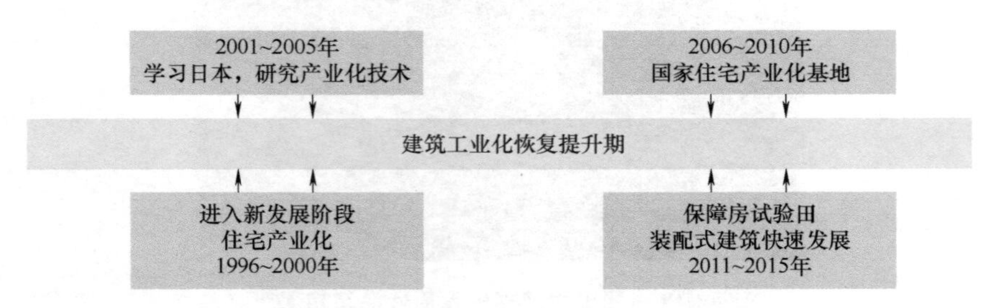

图 2-21　建筑工业化恢复提升期历程

改革开放后经济快速增长，人民生活水平提高对建筑性能质量的要求提高，加上 2000 年小康居住水平发展目标的需要，我国在总结建筑工业化发展几十年经验教训的基础上重新提出：建筑工业化依旧是建筑业的重要发展方向。于是在 1994 年，国家“九五”科技计划——国家 2000 年城乡小康型住宅科技产业示范工程中系统地制定了中国住宅产业化科技工作的框架，并于 1995 年发布了《建筑工业化发展纲要》，定义工业化建筑体系是一个完整的建筑生产过程，明确工业化建筑的结构类型主要为剪力墙结构和框架结构，施工工艺的类型主要为预制装配式、工具模板式以及现浇与预制相结合式等。然而此后不久，“住宅产业化”取代了“建筑工业化”，成为建设部大力发展的方向，建筑工业化发展进入一个新的阶段。

“十五”期间，国家大力发展节能环保，建筑工业化以绿色可持续为重点。同期我国学习日本的发展经验，吸收引进国外技术并自主研究产业化技术，推广试点项目，建筑产品、部品得到了一定发展。2001 年建设部批准“国家住宅产业化基地”开始试行。2005 年，我国建立住宅性能认定制度，出台了《住宅性能评定技术标准》。

“十一五”期间，以万科为代表的一些企业开始研究混凝土工业化建筑体系，2008 年万科两栋装配式剪力墙体系住宅诞生，预制装配整体式结构体系开始发展。

“十二五”期间，配合我国保障性安居工程大规模实施，保障性住房成为住宅产业化的最佳试验田。以保障房为切入点，在保障房建设中大力推行工业化建造技术呈现规模化增长。此间，相关国家标准、行业标准、地方标准纷纷出台，大量新的构件生产工厂重新开始建设。

2010 年以后，随着传统的现场现浇技术的缺点日益彰显，加上施工现场“用工荒”和劳动力成本快速上涨，建筑工业化再次被行业关注。中央及各地政府均出台相关文件，明确提出要推动建筑工业化发展。各地纷纷出台了一系列的技术与经济政策，制定了明确的发展规划和目标，涌现了大量龙头企业，并建设了一批装配式建筑试点示范项目。

2. 我国工业化建造发展现状

随着我国建筑业大型装备生产能力与建造技术的渐趋成熟，我国建筑设计与施工技术水平已接近发达国家水平，近年迎来了工业化建造的大力发展时期。

（1）在国家层面大力推广装配式建造方式

从国家层面看，为实现建筑业转型升级，提高我国建筑工业化水平，我国政府和各级建设行政主管部门相继出台大量有关政策措施，大力提倡和推动装配式建筑。2016 年 2 月，国务院颁发《关于进一步加强城市规划建设管理工作的若干意见》（以下简称《意见》），标志着国家正式将推广装配式建筑提升到国家发展战略的高度。《意见》强调我国须大力推广装配式建筑，建设国家级装配式生产基地；加快政策支持力度，力争用 10 年左右时间，使装配式建筑占新建建筑的比例达 30%。《意见》正式提出了装配式建筑的发展目标，即建筑业的手工操作被工业化集成建造所取代，通过工厂化的生产操作将质量通病降至最低，运用精细化工业生产来避免手工误差，使我国建筑业真正进入可质量回溯、可规模化控制的时代。同时，《意见》指出应积极稳妥推广钢结构建筑，并在具备条件的地方，倡导发展现代木结构建筑。

2017 年 3 月，住建部印发了《“十三五”装配式建筑行动方案》，提出了两个总目标：一是到 2020 年，全国装配式建筑占新建建筑的比例达到 15%以上，其中重点推进地区达到 20%以上，积极推进地区达到 15%以上，鼓励推进地区达到 10%以上；二是到 2020 年，培育 50 个以上装配式建筑示范城市，200 个以上装配式建筑产业基地，500 个以上装配式建筑示范工程，建设 30 个以上装配式建筑科技创新基地，充分发挥示范引领和带动作用。

2018 年全国两会的《政府工作报告》进一步强调，大力发展钢结构和装配式建筑，加快标准化建设，提高建筑技术水平和工程质量。住建部相关负责人表示，未来我国将以京津冀、长三角、珠三角三大城市群为重点，大力推广装配式建筑，再次强调要用 10 年左右时间，使装配式建筑占新建建筑面积的比例达到 30%。

从国家政策导向可以看出，政府尤其偏向于以装配式混凝土结构的形式来发展建筑工业化，同时兼顾钢结构和木结构。为此各地制定了面积奖励、容积率奖励、税收奖励等许多鼓励政策。为响应国家政策，行业内装配式建筑呼声极高，各大房企在装配式建筑方面做出了大胆的研发和试点尝试。据住建部数据统计显示，过去几年我国装配式建筑新建面积呈逐年扩大趋势，如图 2-22 所示。

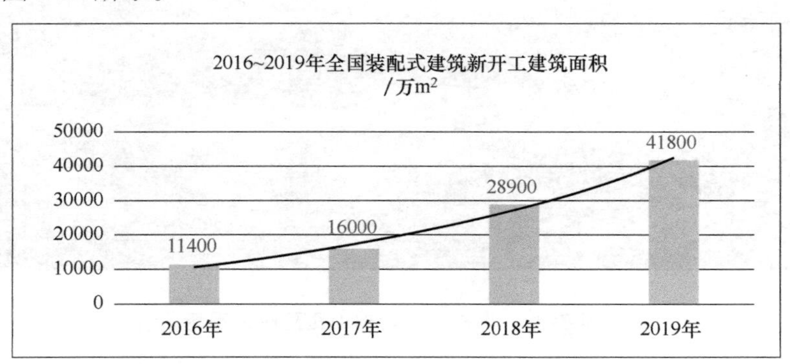

图 2-22　2016~2019 年我国新建装配式建筑面积

目前，我国在推动装配式建筑发展方面做出示范贡献的企业主要有万科集团、远大住工、浙江宝业、中建股份以及宇辉集团等知名企业，具有代表性的项目有万科松山湖住宅产业化研究基地集合宿舍（图 2-23）、上海宝业中心（图 2-24）等。

图 2-23　万科松山湖住宅产业化研究基地集合宿舍

图 2-24　上海宝业中心

2019 年是装配式建筑标志性的一年。据住建部统计，2019 年新开工装配式建筑中，商品住宅 1.7 亿 m^2，保障性住房 0.6 亿 m^2，公共建筑 0.9 亿 m^2，其他 0.98 亿 m^2；按结构形式划分，混凝土结构建筑 2.7 亿 m^2，钢结构 1.3 亿 m^2，木结构 242 万 m^2，其他 1560 万 m^2。2019 年新开工全装修房屋的建筑面积达到 2.4 亿 m^2，比 2018 年增长一倍，其中装配式装修达到 4529 万 m^2，是 2018 年的 6.5 倍。

2020 年受新冠疫情影响，全国各地积极贯彻落实国家有关政策，大力推进装配式建筑发展，在推动企业复工复产、确保经济平衡增长、保民生等方面发挥了巨大作用。2020 年 1 月下旬，建筑面积约 6 万 m^2 的火神山、雷神山两座医院由中建三局采用装配式建造技术，在短短十天内快速建成投入使用，让人们看到了装配式建造方式在施工效率上的巨大优势，也成为我国装配式建筑的一张亮丽名片（图 2-25）。

图 2-25　火神山、雷神山医院建造现场

2020 年 8 月，住房和城乡建设部联合相关部委，接连印发了《关于推动智能建造与建筑工业化协同发展的指导意见》和《关于加快新型建筑工业化发展的若干意见》两个文件，指出要以大力发展建筑工业化为载体，以数字化、智能化升级为动力，创新突破相关核心技术，加大智能建造在工程建设各环节应用，形成涵盖科研、设计、生产加工、施工装配、运营等全产业链融合一体的智能建造产业体系，从而使工业化建造进入一个信息化、智能化驱动的新阶段。

（2）在行业层面进行多种建造方式探索

近几年，一些经历过建筑工业化发展几十年的学者，为扭转国家在发展建筑工业化时似乎渐入歧途的局面，发出了反潮流而行之的声音，认为装配式建造方式和现浇的工业化建造方式均为建筑工业化的实现途径。2016 年，北京市住总集团原副总工程师金鸿祥老先生发表《刍议混凝土的预制和现浇》一文，表达了自己对把装配化当作产业化、着力推进装配化混凝土结构的导向的疑义，并认为用装配式混凝土技术完全取代现浇混凝土技术是片面的。他认为应当在正确认识建筑工业化的基础上，合理应用现浇混凝土和预制混凝土。此外，长期从事混凝土研究的陈振基老先生也在多篇文章中反复强调：工业化建造方式是指采用标准化的构件，并用通用的大型工具进行生产和施工的方式。根据住宅构件生产地点的不同，工业化建造方式可分为工厂化建造和现场建造两种。装配式建筑只是诸多建造方式中的一种，有关部门不应该引导依靠这条单腿走在建筑工业化的道路上。2018 年李忠富教授也撰文，认为不能简单地把混凝土现浇作为一种落后的生产方式否定掉，现浇和预制各有优缺点和各自的适用范围，应该互相补充、并行发展。专家的发声为我国装配式建筑发展打了一剂镇静剂。

从我国各地在装配式建筑的实施情况来看，装配式建造方式相对于传统建造方式在资源利用、进度控制、质量控制、成本控制等方面的优势并不明显。而且，过去几十年我国传统的现浇混凝土结构施工技术确实取得了长足的进步，不少国内相关企业通过对其进行改良，探讨基于施工现场的工业化建造技术，取消或改进施工现场对模板与钢筋仍然采用现场加工方式等不符合建筑工业化要求、耗费大量人工并产生大量建筑垃圾的作业方式，研发并推广应用新型模板与模架技术、钢筋集中加工配送体系，以实现现浇体系的工业化建造，如采用大型集成化、机械化的施工平台，以减少现场劳动作业量和对环境的影响。

在这方面做出具有代表性探索的有碧桂园集团研发的 SSGF 建造体系（图 2-26）、万科“5+2+X”建造体系（图 2-27）以及卓越集团研发中的“空中造楼机”（图 2-28）。最近，中建八局通过对现场施工工艺和装备进行工业化改造，也提出了一种基于“六化”策略的现浇结构工业化模式，这种现浇工业化模式与 SSGF 建造体系类似，具体的“六化”策略是指材料高强化、钢筋装配化、模架工具化、混凝土商品化、建造智慧化和部品模块化，建成的示范项目有上海浦东惠南镇民乐大型居住社区二期房建工程（图 2-29）、上海国际航空服务中心 X-1 地块项目等。这些项目的建造方式在本质上均属于具有工业化属性的现浇作业方式。

图 2-26　碧桂园 SSGF 建造体系

图 2-27　万科“5+2+X”建造体系

图 2-28　空中造楼机（研发中）

图 2-29　“基于六化”策略的现浇结构工业化模式

此外，近十年钢结构作为一种预制化、工厂化程度高的结构形式在民用建筑和工业建筑中也得到了推广应用，应用比例已达 5%左右。2017 年 6 月，我国首个钢结构装配式被动式超低能耗建筑——山东建筑大学教学实验综合楼（图 2-30）交付，该项目为中德合作被动式超低能耗建筑示范项目，同时是山东省第一批入选的被动式超低能耗绿色建筑示范工程。伴随我国钢铁产能过剩，政府鼓励使用钢材，钢结构建筑作为一种工业化建筑同样具有广阔的应用前景。

图 2-30　山东建筑大学教学实验综合楼

在政策的支持下，各研发单位、房地产开发企业、总承包企业、高校等都在积极研发与探索建筑工业化，国内科研院所、高校等与相关企业合作成立了多个建筑工业化创新战略联盟，共同研发、建立新的工业化建筑结构体系与相关技术，推动了我国建筑工业化的进一步发展。

2.4 我国工业化建造的发展目标与技术路径

2.4.1 发展目标

1. 建设优质的成品建筑

以建设成品建筑为目标，将建筑生产从手工操作为主转向以工业化建设为主，并为此打造建筑成品生产的工业化基础。通过工业化的建设生产，提高建筑产品质量水平，显著减少建筑质量通病，提高建筑的保温节能、健康、适老和居住舒适性等性能。

2. 提高效率，减少人工

通过应用先进、适用、成熟的工业化建设技术，在（相对）不提高成本的前提下加快工程进度，缩短建设周期，提高建设效率，减少对人工（尤其是熟练的传统技术工人）的依赖。

3. 确保安全，减少对环境的影响

在工业化建设过程中，必须要保证建筑结构安全和施工安全，这是工业化推进的基本准则，为此要进行深入的前期研究开发和实验，并在工程中进行试用检验，待技术成熟后再推广应用，加强建设过程的管理，提高施工过程中的安全性；同时还要减少工程建设过程中的能源消耗、材料消耗和水资源消耗等，减少噪声、粉尘等对环境和工人造成的不利影响。

2.4.2 发展的技术路径选择

发展工业化建造技术要讲究适用成熟配套，要根据我国建筑业基本现状和特点，对建筑生产技术各领域进行优先发展排序，以便合理地分配人财物力资源，实现有限资源的合理利用。不能搞“全面开花”，或者盲目追求技术的“高大上”，影响综合效益，“欲速则不达”。应该科学地制定优先发展领域的标准，以保证选择的正确性。在制定选择标准时，应考虑如下几方面的因素：

1）我国建筑业目前人财物力、技术水平现状和今后可能提供的条件。

2）技术发展选择应由易到难、由浅入深、打好基础、循序渐进。

3）优先发展领域是严重制约我国建筑业总体技术水平的“瓶颈”，其开发的成功，将有力带动和促进其他技术的发展，并将产生较好的经济效益和社会效益。

4）优先发展技术领域应为已经具备了一定技术储备，或者能够及时充分利用相关领域最新科技成果的领域。

5）优先发展技术的开发成功，将使住宅产品的功能、质量、成本等有较大改善，并能保证建筑安全性。

考虑以上因素，加之建筑业及相关产业的基础条件和发展水平不同，工业化建造的技术推进和应用应先从设备部品和装修这些相对简单而且产业发展水平较高的阶段入手，而不是从建筑结构体系的工业化（也就是传统意义上的“建筑工业化”）开始。

路径选择还可以通过技术与市场等指标进行方案实施风险的评价。比如按现有技术水平和实施难度以及社会可接受程度，可以确定某建筑产品的基础及以下施工以机械化为主，主体结构施工以现场工业化为主，辅之机械化和装配式，而内墙及以后的装修施工以装配式为主，辅之以现场工业化，如图 2-31 所示。这是现阶段一种看起来技术改进不太大，工业化水平不太高，但技术与市场风险较小的稳妥型的发展途径。

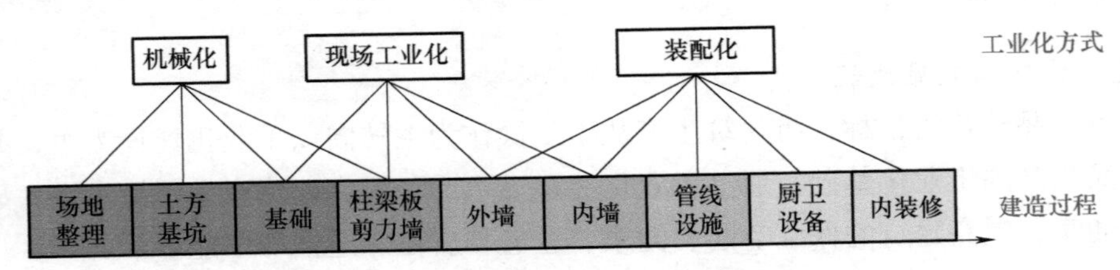

图 2-31　现阶段一种技术与市场风险较小的发展途径

而对于主体结构的工业化必须要慎重。建筑结构体系关系到成百上千万人的生命安全，因此进行建筑结构体系的工业化一定要把安全性放在首位。发展预制混凝土结构建筑工业化应该优先从非承重或承自重小构件、内隔墙、楼梯、叠合梁板等做起，竖向承重结构的工业化一定慎之又慎，必须严格控制施工安全与质量，规避结构安全风险。

针对各地装配式建筑发展不均衡的问题，住房和城乡建设部原总工程师曾提出“三步走”战略：第一步先做建筑的水平构件，第二步再做建筑的竖向非承重构件，第三步做建筑的竖向承重构件。并强调“三步走”可以结合实际情况合并为“两步走”。要加快材料和技术体系研发来解决装配式钢结构的“三板”问题，要统筹兼顾发展现代木结构建筑。这是现阶段稳妥可行的主体结构建筑工业化实施路径。

复习思考题

1. 简述当前建筑业发展中存在的主要问题。
2. 什么是建筑工业化？建筑工业化包括哪些内容？
3. 什么是工业化建造？工业化建造包括哪些内容？
4. 工业化建造与建筑工业化的关系应如何区分？
5. 阐述法国、苏联、美国、日本工业化建造的发展历程和各自的特色。
6. 阐述我国工业化建造的发展历程。
7. 简述近年我国发展工业化建造的主要途径和做法。
8. 简述发展工业化建造的目标和技术路径。

本章参考文献

[1] 王俊，赵基达，胡宗羽. 我国建筑工业化发展现状与思考 [J]. 土木工程学报，2016（5）：1-8.
[2] 叶东杰. 我国绿色建筑的可持续发展研究 [J]. 建筑经济，2014（9）：15-17.
[3] 中国建筑业协会. 2017 年建筑业发展统计分析 [A/OL].（2018-05-10）[2021-05-13]. http://

epaper. jzsbs. com/UploadFiles/image/20180510/10bec1d2df68364d28a8ba7a8767190f. pdf
[4] 修龙，赵林，丁建华. 建筑产业现代化之思与行 [J]. 建筑结构，2014，44 (13)：1-4.
[5] 纪颖波. 建筑工业化发展研究 [M]. 北京：中国建筑工业出版社，2011.
[6] 叶明，武洁青. 关于推动新型建筑工业化发展的思考 [J]. 住宅产业，2013，(Z1)：11-14.
[7] 陈振基. 我国建筑工业化 60 年政策变迁对比 [J]. 建筑技术，2016，47 (4)：298-300.
[8] 陈振基. 建筑工业化道路要两条腿走——兼评《装配式建筑评价标准》[J]. 混凝土世界，2018，(7)：37-41.
[9] 建筑新网："混凝土现浇"是一种落后的生产方式吗？——大连理工大学建设管理系教授李忠富访谈 [EB/OL] (2018-07-26) [2021-05-13]. http://www. jzsbs. com/index. php/Home/Index/detail? id=10336.
[10] 李忠富. 试论推进保障性住房走产业化道路 [N]. 中国建设报，2009-3-18 (5).
[11] 李忠富. 建筑工业化概论 [M]. 北京：机械工业出版社，2020.
[12] 装配式建筑"一体两翼"协同发展！北京搜狐焦点 [EB/OL]. (2017-07-18) [2021-05-13]. https://house. focus. cn/zixun/b7d31f5e78694d92. html.
[13] 娄述渝. 法国工业化住宅概貌 [J]. 建筑学报，1985，(2)：24-30.
[14] 楚先锋. 国内外工业化住宅的发展历程 [EB/OL]. (2008-10-12) [2021-05-13]. http://blog. sina. com. cn/s/blog_4d9ac2550100aq8l. html.
[15] 秦姗，伍止超，于磊. 日本 KEP 到 KSI 内装部品体系的发展研究 [J]. 建筑学报，2014，(7)：17-23.
[16] 丁成章. 工厂化制造住宅与住宅产业化 [M]. 北京：机械工业出版社，2004.

第3章 智能建造

3.1 智能建造概述

3.1.1 智能建造的概念

随着人工智能技术的发展，智能制造、智能交通、智能家居等概念日益普及，也有人对工程建造向智能化方向发展给出了预期。许多企业推出了以“智能建造”“智慧建造”为主题的解决方案，寄托着在新一轮科技革命浪潮中人们对于工程建造勇立潮头、转型升级的美好愿望。

目前而言，关于智能建造的定义和理论数量不多，而且对于“智能”或者“智慧”的边界还不是很清晰。在此整理了部分学者对智能建造的定义，见表3-1。

表3-1 智能建造的定义总结

序号	作者	定义
1	Wang Lijia	“智能建造”理念要求施工企业在施工过程节约资源、提高生产效率，用新技术代替传统的施工工艺和施工方法，以实现项目管理信息化，促进建筑业可持续发展
2	Andrew Dewit	智能建造旨在通过机器人革命来改造建筑业，以削减项目成本，提高精度，减少浪费，提高弹性和可持续性
3	丁烈云	智能建造是新信息技术与工程建造融合形成的工程建造创新模式，通过规范化建模、网络化交互、可视化认知、高性能计算以及智能化决策支持，实现数字链驱动下的工程立项策划、规划设计、施工生产、运维服务一体化集成与高效率协同
4	毛志兵	智能建造是在设计和施工建造过程中，采用现代先进技术手段，通过人机交互、感知、决策、执行和反馈提高品质和效率的工程活动
5	毛超	智能建造是在信息化、工业化高度融合的基础上，利用新技术对建造过程赋能，推动工程建造活动的生产要素、生产力和生产关系升级，促进建筑数据充分流动，整合决策、设计、生产、施工、运维整个产业链，实现全产业链条的信息集成和业务协同、建设过程能效提升、资源价值最大化的新型生产方式

目前学术界对智能建造的定义尚未达成统一。基于以上定义，可总结出智能建造强调的内容主要有五个方面：一是新技术对建造活动进行智能化赋能；二是面向规划决策、设计、生产、施工和运维全过程，面向建筑业的全参与方和全要素；三是实现建筑产业链的整合与协同升级；四是促进建设过程的能效提升与资源利用；五是交付更安全、更高质量、更绿色节能的建筑产品。

从字面意义理解，智能建造即“智能+建造”，是人工智能技术在工程建造全生命周期中融合应用所涉及的理论、技术和方法，目前还未形成系统化的体系。其相关研究与实践主要包括工程智能化设计、智能化施工、智能化运营以及智能化管理。

深入理解智能建造，要以“智能”为切入点。“智慧”与“智能”的定义相近但不相同，在英文中可表述为“Intelligent”“Smart”“Wisdom”等词。Smart（智慧）指的是生物体所拥有的一种高级的综合能力，主要指的是思考、分析、推理、决定等能力，其包含情感与理性、意向与认识、生理机能与心理机能等众多因素；Wisdom（智慧）是指将最适当的行为付诸实践的能力，同时要考虑已知的知识和最有益的事情（道德和社会考虑）；而Intelligent（智能）则是要感知系统在其中运行的环境，关联系统周围发生的事件，对这些事件做出决策，执行解决问题，生成相应的动作并控制它们。智慧是智能的下一个阶段，智能通常形容思维敏捷和对反馈的快速响应，智慧是在智能的基础上赋予机器思考和执行的能力。智能化是指用新技术挖掘数据价值，实现数据的采集、传输、计算分析、应用、反馈的价值闭环，因此，智能化有五大主要特征，即自感知、自适应、自学习、自决策、自执行。

简言之，智能是指能够捕捉场景性信息，并做出适当反应。新一代智能技术已经进入了以万物互联和深度学习为支撑的数字逻辑推理阶段，以数字化为前提，借助网络化实现多种异构设备集成，支持用户参与，通过利用传感网络采集到的海量数据，在各种智能算法的支持下，发挥云计算和高性能计算能力，进行知识发现、组合与应用，从而实现智能化的生产与服务。

智能建造是建筑业转型升级的必然选择。在新一轮科技革命背景下，建筑业急需改变落后的生产方式，通过科技创新实现产业变革，完成从数字化、网络化到智能化的转型。

3.1.2 智能建造的兴起

1. 智能建造的发展现状

在历次科技变革中，人类社会的科技成果都在制造业得到了迅速关注和广泛应用，进而促使制造业走上了从机械化、电气化、自动化到智能化的发展道路。受到制造业变革的启示，智能化技术与工程建造的融合应用也一直在被努力推进。

从20世纪80年代起，各国就陆续发起了轰轰烈烈的甩图板运动，计算机辅助设计（Computer Aided Design，CAD）开始得到推广普及；利用以ANSYS为代表的计算机辅助工程（Computer Aided Engineering，CAE）软件进行工程仿真分析逐渐被人们接受；工程机械设备厂商开始大力推进工程机械的数字化变革；各种工程软件也得到了广泛的推广应用，其中以建筑信息模型（Building Information Modeling，BIM）为代表的新兴技术受到各国政府和业界企业的高度重视。

2016 年，John Stokoe 提出了智能建造（Intelligent Construction）概念，强调要与时俱进，充分利用先进的数字技术，从全行业角度进行变革创新。他认为智能建造将彻底改变人们对建筑业的普遍看法——建筑业是劳动密集型、浪费严重、成本高昂和高风险的行业；无论是在经济上还是在物理上，智能建造都将创造一个动态、有效、高价值行业，吸引投资并成为新的经济驱动力。

但是，智能化技术与工程建造的融合仍然不容乐观。据麦肯锡 2016 年发布的报告《想象建造的数字化未来》（*Imagining Construction's Digital Future*）显示，建筑业是美国数字化水平倒数第二的行业，仅高于农牧业，比制造业的数字化水平低得多。因此，工程建造的智能化创新需要向制造业学习，但又无法简单复制制造业的智能化创新成果。因为与工业产品制造相比，工程建造有着自身独有的特点，比如工业产品制造通常是制造工具固定，原材料和在制品保持流动；而工程建造则是建造工具与原材料具有较大的动态性，而产品的位置不动。以机器人的应用为例，按照日本清水建设公司的统计，目前采用工业机器人核心技术开发的建造机器人，只能完成工程建造 1%的任务，机器人要想真正走上工程建造主战场，还需要攻克一系列的关键技术难题并克服成本过高的风险。“借助机器人实现建筑行业彻底变革”的说法为时尚早，还有很长的路要走。

此外，我国建筑业迄今仍未形成完整的工业化建造体系，工程机械领域虽然取得了长足进步，但是在液压传动、数字控制以及生态环保等关键核心技术方面与发达国家的一些工程机械企业相比还有不小的差距；在工程软件方面，80%的设计软件、95%的仿真计算软件和工艺规划软件等核心软件均为国外品牌所占领，我国的工程软件企业屈指可数，且都处于价值链低端。在从业人员方面，我国还缺乏大批经历过与机器磨合考验的产业工人。可以说，我国工程建造是在还没有完成工业化转型，甚至是没有实现机械化的基础上，就直接进入了数字化、智能化竞争时代。

目前，以数字化、网络化和智能化为标志的新一代信息技术正在与各产业深度融合，生成新一轮的产业革命。为了实现工程建造的创新发展，各国政府及行业企业正在审视工程建造的现实情况、反思工程建造面临的问题、探索行业发展的数字化未来、抢占工程建造数字化高地。为了抓住这一历史性机遇，我国不仅需要准确把握科技发展智能化前沿，还要夯实自动化、信息化基础，更要同步补上机械化、工业化的功课，积极参与全球竞争，探索一条具有中国特色的工程建造发展的创新道路。

2. 智能建造的相关政策

近年来，我国高度重视信息技术对建筑业发展的推动作用和智能建造领域的发展。

早在 2003 年，建设部发布了《2003—2008 年全国建筑业信息化发展规划纲要》，对建筑业信息化起步发展起到了积极的推动作用；建设部改为住房和城乡建设部后，2011 年印发了《2011—2015 年建筑业信息化发展纲要》，第一次将 BIM 纳入信息化标准建设内容，提出要加快 BIM、基于网络的协同工作等新技术在工程中的应用；2015 年制定了《关于推进建筑信息模型应用的指导意见》，指导和推动 BIM 的应用；2016 年发布了《2016—2020 年建筑业信息化发展纲要》，提出要通过发挥信息化驱动力，推进“互联网+”行动计划，拓展建筑业新领域。

2017 年 2 月，国务院办公厅发布了《国务院办公厅关于促进建筑业持续健康发展的意见》，其中提出要加快先进建造设备、智能设备的研发、制造和推广应用，提高机械化施工程度；还要加快推进 BIM 技术在规划、勘察、设计、施工和运营维护全过程的集成应用，实现工程建设项目全生命周期数据共享和信息化管理。

2020 年 7 月，住房和城乡建设部等 13 部委联合印发《关于推动智能建造与建筑工业化协同发展的指导意见》，提出要加快推动新一代信息技术与建筑工业化技术协同发展，在建造全过程加大 BIM、互联网、物联网、大数据、云计算、移动通信、人工智能、区块链等新技术的集成与创新应用。在这一文件中，“智能建造”被提到 38 次，由此可见，国家对未来建筑业建造的信息化、智能化、智慧化程度提出了越来越高的要求。

3.2　智能建造的主要技术手段

3.2.1　BIM

1. BIM 的概念

BIM 的概念最早起源于 20 世纪 70 年代，由美国乔治亚理工大学建筑与计算机学院的查克 · 伊斯特曼博士（Dr. Chuck Eastman）提出并给出定义：“建筑信息模型综合了所有的几何性信息、功能要求和构件性能，将一个建设项目整个生命期内的所有信息整合到单独的建筑模型当中，并包括施工进度、建造过程、维护管理等的过程信息。”这一理念在提出之后，逐渐得到了全世界建筑行业的接纳和重视。国内外很多学者和研究机构等都对 BIM 的概念进行过定义。目前相对比较完整的定义是由美国国家 BIM 标准（National Building Information Modeling Standard，NBIMS）给出的即“BIM 是设施（建设项目）物理和功能特性的数字表达；BIM 是一个共享的知识资源，是一个分享有关这个设施的信息，为该设施从概念到拆除的全生命周期中的所有决策提供可靠依据的过程；在项目不同阶段，不同利益相关方通过在 BIM 中插入、提取、更新和修改信息，以支持和反映各自职责的协同作业。”

综合国内外对 BIM 的各种定义，可得到如图 3-1 所示的 BIM 概念图解。

2. BIM 的相关标准

BIM 标准可以被分为三类，即分类编码标准、数据模型标准以及过程标准。其中，分类编码标准直接规定建筑信息的分类；数据模型标准规定 BIM 数据交换格式；而过程标准规定用于交换的 BIM 数据的内容。在 BIM 标准中，不同类型的应用标准存在交叉使用的情况，例如，在过程标准中需要使用数据模型标准，以便规定在某一过程中提交的数据必须包含数据模型中规定的哪些类型的数据。表 3-2 根据上述分类情况，总结了目前应用中主要的 BIM 标准。

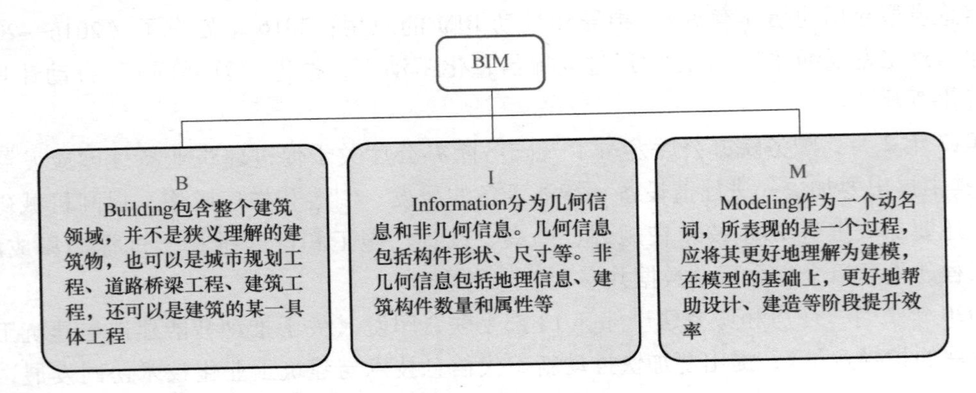

图 3-1　BIM 概念图解

表 3-2　主要的 BIM 标准

类　别	标 准 名 称
分类编码标准	MasterFormat 标准 UniFormat 标准 OmniClass 标准 《建筑产品分类和编码标准》（JG/T 151—2003） 《建设工程清单计价规范》（GB 50500—2013）
数据模型标准	IFC（Industry Foundation Classes，工业基础类）标准 CIS/2（CIMsteel Integration Standards Release 2）标准 gbXML（The Green Building XML）标准
过程标准	IDM（Information Delivery Manual，信息交付手册）标准 MVD（Model View Definition，模型视图定义）标准 IFD（International Framework for Dictionaries，国际框架字典）标准

3. BIM 应用

BIM 应用贯穿建筑的全生命周期，表 3-3 介绍了从规划、设计、施工、运维到拆除这五个阶段 BIM 在我国的典型应用。

表 3-3　BIM 在建筑全生命周期的应用

全生命周期不同阶段	主要应用点
规划阶段	场地分析；建筑策划；方案论证
设计阶段	可视化设计；协同设计；性能分析；工程量统计；管线综合
施工阶段	施工模拟；数字建造；物料跟踪；施工现场配合；竣工模型交付
运维阶段	维护计划；资产管理；空间管理；建筑系统分析；灾害应急模拟
拆除阶段	拆除方案确定；拆除成本控制；建筑垃圾处理

3.2.2　VR/AR/MR

1. VR/AR/MR的概念及其关系

虚拟现实（Virtual Reality，VR）是一种能够让用户创建和体验虚拟世界的计算机仿真技术，利用计算机生成一种交互式的三维动态视景，其实体行为的仿真系统能够使用户沉浸到该环境中，并实现人与虚拟世界的交互功能。比较而言，增强现实（Augmented Reality，AR）是在虚拟现实基础上发展起来的技术，是通过计算机系统提供的信息增加用户对现实世界感知的技术，并将计算机生成的虚拟物体、场景或系统提示信息叠加到真实场景中，从而实现对现实的“增强”。它将计算机生成的虚拟物体或关于真实物体的非几何信息叠加到真实世界的场景之上，实现了对真实世界的增强。混合现实（Mixed Reality，MR）结合了VR和AR的优点，介于没有计算机干预的用户所看到的纯“现实”和纯“虚拟现实（用户与物理世界没有互动的计算机生成环境）”之间。VR体验使用户沉浸在与现实世界分离的数字环境中，AR将数字内容放置在现实世界之上，MR使数字内容与现实世界交互。MR处理障碍和边界，并提供另一个层次的交互性。三者关系如图3-2所示。

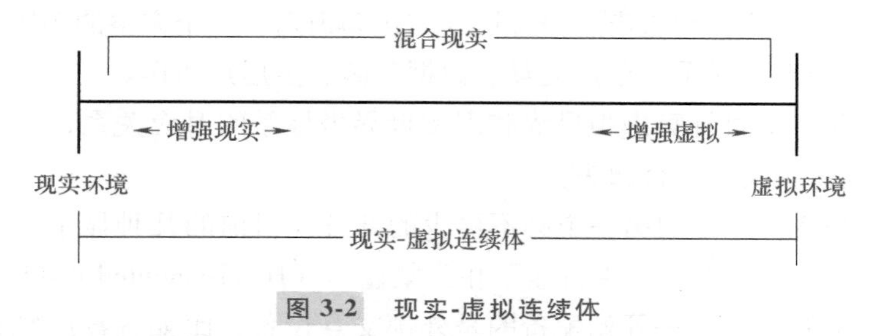

图3-2　现实-虚拟连续体

（图片来源：Alizadehsalehi，*From BIM to extended reality in AEC industry*）

2. VR/AR/MR的特点及应用

（1）VR

虚拟现实的核心三要素在于沉浸性、交互性和多感知性。沉浸性是指虚拟环境给参与者带来的身临其境的体验，它被认为是表征虚拟现实环境性能的重要指标。交互性是指参与者对虚拟环境内物体的可操作程度和从环境得到反馈的自然程度。在虚拟现实中，人们可以用手势、动作、表情、语音，甚至眼球或脑电波识别等更加真实的方式进行多维的信息交互并得到符合一定规律的反馈。多感知性是指用户因VR系统中装有的视觉、听觉、触觉、动觉的传感及反应装置，在人机交互过程中获得视觉、听觉、触觉、动觉等多种感知，从而达到身临其境的感受。目前，VR技术可以用于施工安全培训、项目进度控制和建筑项目选址优化，也可以为利益相关者之间更好的合作提供环境；能够使用户更好地理解复杂的设计；识别设计问题；描绘建筑几何图形，以便用户理解项目并做出更好的设计决策；辅助协同决策等。

（2）AR

增强现实系统具有三个突出的特点：①真实世界和虚拟世界的信息集成；②具有实时交互性；③在三维尺度空间中增添定位虚拟物体。

增强现实技术是由一组紧密联结的硬件部件与相关的软件系统协同实现的，主要包括以下三种组成形式：

1）Monitor-Based：在基于计算机显示器的AR实现方案中，摄像机摄取的真实世界图像输入到计算机中，与计算机图形系统产生的虚拟影像合成，并输出到屏幕显示器。用户从屏幕上看到最终的增强场景图片。

2）光学透视式：光学透视系统将光学组合器置于用户眼前，并通过它们提供AR覆盖。这些组合器是部分透射和部分反射的，所以用户可以通过它们直接看到现实世界，也可以同时看到反射在其中的虚拟图像。

3）视频透视式：视频透视系统通过将计算机生成的虚拟图像与来自头戴式摄像机的现实世界图像相结合来提供AR覆盖。AR覆盖在视频合成机上生成，然后发送到显示屏，用户可以在显示屏上看到AR覆盖。目前建筑工程建造行业中使用的AR应用可大致分为七类：可视化或模拟、沟通或协作、信息建模、信息获取或评估、进度监测、教育或培训和安全检查。

（3）MR

混合现实是一个多学科的研究领域，需要来自几个领域的知识，比如计算几何、计算机网络、图像处理、三维建模和渲染、语音识别和运动识别。一个完整的MR系统通常需要以下基本要素：空间配准、显示、用户交互、数据存储、多用户协作。

1）空间配准是指通过计算虚拟世界和现实世界坐标系的对应关系，将虚拟物体和现实环境与正确的空间透视关系结合起来。

2）显示是开发MR系统的另一个必不可少的部分，目前的几种显示方法包括普通桌面显示、投影显示、3D桌面显示、手持显示和头戴显示（Head-mounted display，HMD）。

3）对于用户交互来说，一开始配备的是外部交互设备，比如键盘或触控板，但这并不能解放用户的双手。随着人机交互（Human-computer interaction，HCI）的发展，在HMD上实现了更自然的HCI方法，逐渐解放了用户的双手。目前市场上的几款MR设备（如微软HoloLens）可以识别用户的手势和语音命令。

4）数据存储包括模型和相应的信息的存储，分为本地存储和外部存储两类。

5）对于MR应用的多用户协作，目前可以分为两类——面对面和远程协作。面对面协作MR是指一组用户待在一起，与相同的虚拟对象进行交互。远程协作主要是指一个用户正在使用MR应用程序，来自远程的人可以可视化该用户正在查看的场景并给出相应的指令。在施工阶段，利用MR技术可以实现包括现场监测和检查在内的施工管理。此外，MR还可以用于施工管理过程中的信息检索、传递和共享。

3.2.3 物联网

1. 物联网的概念及发展

物联网（Internet of Thing，IoT）概念最早于1999年由美国麻省理工学院自动识别中心（Auto-ID）提出。2005年国际电信联盟（ITU）发布《ITU互联网报告2005：物联网》正式提出物联网的概念。中国工业与信息化部在《物联网白皮书（2011）》中给出了物联网的定义：物联网是通信网和互联网的拓展应用和网络延伸，它利用感知技术与智能装备对物理世界进行感知识别，通过网络传输互联，进行计算、处理和知识挖掘，实现人与物、物与物信息交互和无缝衔接，达到对物理世界实时控制、精确管理和科学决策的目的。随着物联网技术的发展，越来越多的研究将物联网应用于建筑领域，以缓解传统建筑业所面临的效率低下、安全生产事故频发等问题。

2. 物联网网络架构及关键技术

由物联网的定义可知物联网应具备三个能力：全面感知、可靠传递和智能处理。全面感知要求物联网能随时随地获取物体信息；可靠传递要求物联网能够将收集的信息实时准确地传递出去；智能处理则要求物联网具有分析、处理大量数据和信息并对物体进行控制的能力。

典型物联网网络架构由感知层、网络层和应用层三部分组成。

（1）感知层

感知层位于网络架构的最底端，是实现物联网的关键。感知层通过利用各种感知设备实现对物理世界的智能感知识别、信息采集处理和自动控制，并通过通信模块将物理实体连接到网络层和应用层。与感知层相关的关键技术主要为感知与标识技术，用于感知和识别物理世界的信息。

（2）网络层

网络层建立在现有互联网、移动通信、专用网络等基础之上，主要功能是实现由感知层获取的信息的传递、路由和控制。网络通信技术作为网络层的重要技术手段发挥着重要作用。为实现“物物相连”的需求，网络层除了具备较成熟的网络通信技术外还将综合使用IPv6、Wi-Fi、5G 等通信技术，实现有线与无线的结合、宽带与窄带的结合、感知网与通信网的结合。

（3）应用层

应用层位于物联网网络架构的顶端，包括各种技术平台和物联网应用。技术平台为物联网应用提供信息处理、计算等基础服务，并以此为基础实现物联网的各种应用。为实现应用层信息处理、计算等功能，需采用云计算、边缘计算、雾计算等技术作为应用层的支撑技术。物联网技术体系如图 3-3 所示。

3. 物联网在智能建造中的应用

长期以来，建筑业面临着效率低下、安全生产事故频发等问题，传统施工模式难以满足当前施工管理需求。物联网技术的发展为解决建筑业面临的巨大挑战提供了一条有效途径。《2016—2020 年建筑业信息化发展纲要》明确将物联网技术作为提高建筑业信息化的核心技术。物联网技术将实现高效的数据采集功能，为施工现场的信息处理和决策分析提供实时的数据支撑，使施工过程更加精益、安全和智能。物联网在智能建造中的主要应用见表 3-4。

表 3-4 物联网在智能建造中的主要应用

应用阶段	主要应用点
施工阶段	现场施工管理、进度管理、物料管理、施工安全管理、环境监测、施工设备监测
运维阶段	设施管理、安全管理、应急管理、环境监测、结构健康监测

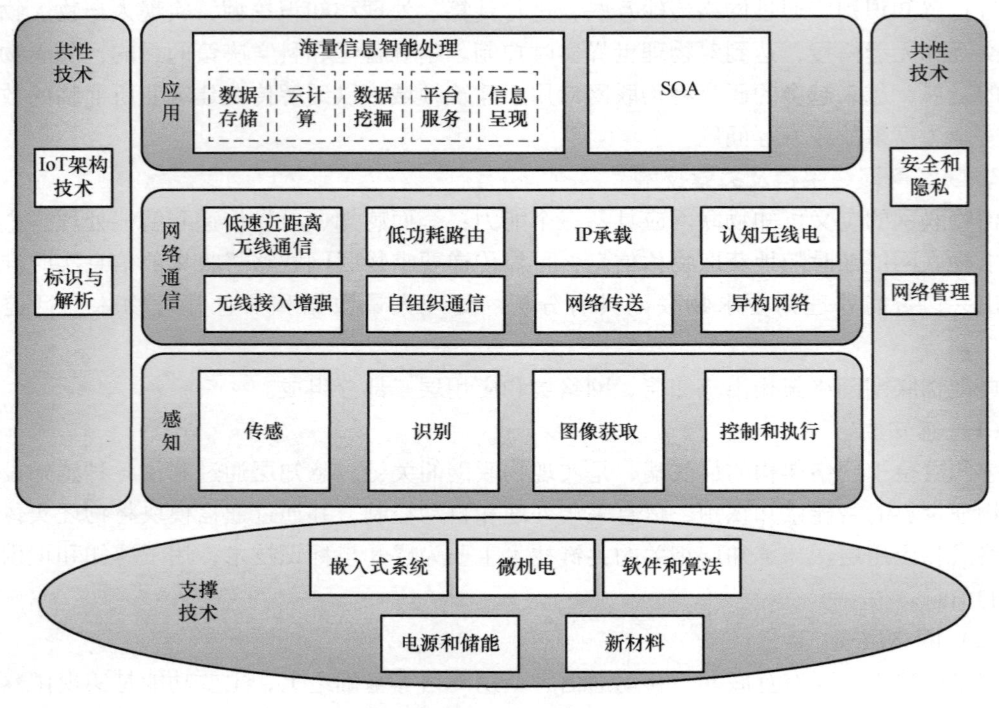

图 3-3 物联网技术体系

（图片来源：工业和信息化部电信研究院，《物联网白皮书（2011）》）

3.2.4 计算机视觉

1. 计算机视觉的概念

计算机视觉（Computer Vision）试图模拟人类的视觉系统，使计算机系统能够自动看到、识别和理解视觉世界。计算机视觉的主要任务是通过对采集到的图像或视频进行处理，自动提取、分析和理解有意义的信息，以实现计算机对视觉世界的自动理解。

2. 计算机视觉的方法

计算机视觉的起源可追溯到20世纪60年代末，经过半个多世纪的发展，该领域的相关理论与算法日趋成熟。近年来，深度学习的迅速发展为计算机视觉领域注入了全新的生命力，取得了大量突破性成果。深度学习是一类先进的机器学习算法，通常采用神经网络等模型学习样本数据中隐含的内在规律，并将其应用于未知数据。根据计算机视觉的主要任务，深度学习算法可分为图像分类、目标检测、图像分割三种类型。

（1）图像分类

图像分类在计算机视觉领域发挥着重要作用，旨在通过图像中包含的特征信息，自动将图像分类为预定义的类别。基于ImageNet数据集，大型图像识别竞赛（ImageNet Large Scale Visual Recognition Challenge，ILSVRC）从2010年开始每年举办一次，获奖网络的模型结构逐年加深，识别错误率逐年降低，如图3-4所示。AlexNet取得了历史性的突破，通过引入卷积神经网络（Convolutional Neural Network，CNN），2012年将识别错误率从2011年的

25.8%降低至16.4%。在AlexNet的启发下，VGGNet和GoogleNet通过加深网络结构，进一步提高了分类精度。然而，由于模型训练过程中存在的梯度消失和梯度爆炸，简单地增加网络层数无法使分类精度不断提高。因此，ResNet提出了残差块的概念，通过连接残差块来充分利用上一层获取的信息，并在反向传播过程中保持梯度，成功训练了多达152层的深层网络。依据ResNet的思想，DenseNet建立了所有层和当前层的连接，以利用来自所有层的特征。在上述网络的基础上，SENet、NASNet、SqueezeNet、MobileNet等一系列深度学习算法迅速涌现，并在图像分类任务中取得了广泛应用。

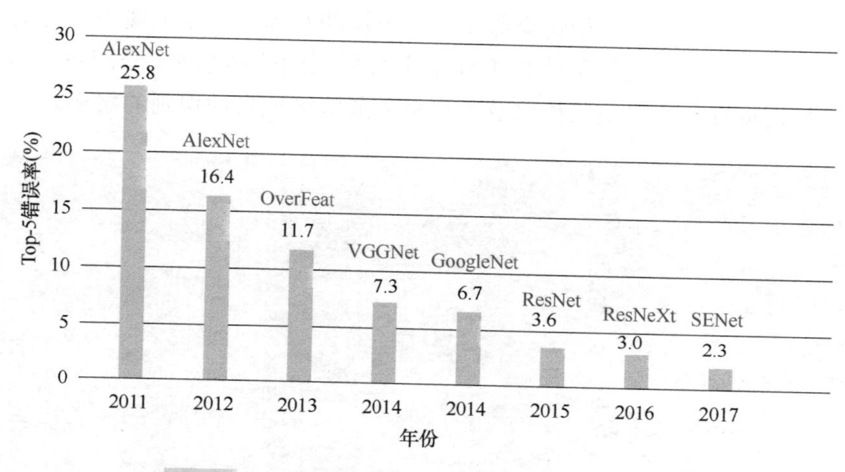

图 3-4　ILSVRC Top-5 错误率（2011~2017 年）

（图片来源：余京蕾，《浅谈计算机视觉技术进展及其新兴应用》）

（2）目标检测

目标检测是另一项重要的计算机视觉任务，需对图像中感兴趣的目标同时进行定位和分类。与图像分类相比，目标检测需要对感兴趣的目标进行精确定位，因而检测方法更为复杂。目前用于目标检测的深度学习方法主要分为两种类型：两阶段目标检测算法和单阶段目标检测算法。前者通过相关算法生成一系列候选框作为样本，然后使用卷积神经网络对样本进行分类；后者则将定位问题转化为回归问题，无须生成候选边界框。R-CNN（Region-based Convolutional Neural Network）、Fast R-CNN、Faster R-CNN等常用作为两阶段的目标检测算法，而单阶段的目标检测算法主要包括YOLO（You Only Look Once）、SSD（Single Shot MultiBox Detector）等。两阶段目标检测算法在检测任务中取得了较高的精度，但由于这一类网络结构较为复杂，其检测速度很难满足现实世界中实时检测的需求。单阶段目标检测算法的模型相对简单，因此在检测速度方面占据优势。

（3）图像分割

作为计算机视觉的主要任务之一，图像分割被视为像素级分类，旨在通过对图像中的每一个像素进行分类，从而分割出有意义的区域。全卷积网络（Fully convolutional network，FCN）率先在端到端的卷积神经网络结构中实现了像素级的语义分割。FCN将传统CNN中的所有全连接层转化成卷积层，以适应任意尺寸的输入图像，并运用转置卷积和跳级的方法，输出与输入图片尺寸相同的特征图，将该特征图与原始图像对比，实现了每个像素的预测，保留了原始输入图像中的空间信息。基础的 FCN 结构不能捕获大量的特征，且不考虑像素之间的空间一致性，因此在现实世界的应用场景有限。SegNet、U-Net、DeepLab 等图像分割网络沿用了 FCN 的基本思想，并依据具体应用场景做出了改进，进一步提高了分割精度。

3. 计算机视觉的应用

基于深度学习的理论和方法，计算机视觉已广泛应用于医疗、军事、自动驾驶等领域进行图像场景的自动识别与分类。在建设工程领域，计算机视觉也已得到广泛应用，利用计算机视觉可进行质量缺陷检测、结构健康监测、火灾检测及预警、施工现场不安全行为自动识别、风险场景实时预警等，提高了建设工程全生命周期的管理水平。图 3-5、图 3-6 分别展示了利用计算机视觉进行质量缺陷检测及人员侵入危险区域自动识别的案例。

图 3-5　基于计算机视觉的桥梁缺陷检测案例

（图片来源：Zhang C，*Concrete bridge surface damage detection using a single-stage detector*）

图 3-6　人员侵入危险区域自动识别案例

（图片来源：高寒 等，《基于机器视觉的施工危险区域侵入行为识别方法》）

3.2.5　自然语言处理

1. 自然语言处理的概念

自然语言（Natural language）是指汉语、日语、英语、法语等日常常用的语言，它是随着人类社会和文化的发展演变而来的，作为人类学习生活的重要的工具，是人类社会发展而约定俗成的语言。区别于自然语言的是人工语言，它是人类为了解决某些问题而设置的一种严格的表达模式，比如计算机编程语言。

自然语言处理（Natural Language Processing，NLP）是指利用计算机对自然语言进行全方位的处理，分为字词级别、句法级别、语义级别的处理。NLP技术包括对文字的输入、输出、识别、分析、理解、生成等各个层面进行处理和操作。作为计算机科学领域与人工智能领域中的一个重要方向，NLP技术的开发主要有两个目的：使机器自动化进行语言处理和改善人机交流。NLP技术具有将非结构化的文本转化为结构化信息的特点，并允许计算机通过机器学习理解人类语言。

一般情况下，NLP的基本过程大致可以分为五步：

1）去除停用词（Stopword）：去除在文档中或者句子中出现次数多但是本身没有意义的词或字，比如英文中的介词、冠词等。这个过程一般依靠已有的停用词库来对这些词进行过滤。

2）分词（Word Segmentation）：根据已有的词库对给定的文档或者句段依据序列进行分割。

3）取词根（Stemming）：只针对某些语言，比如英语，英语表达中存在同根词、单复数、缩写等，所以需要找到其原始的形式。

4）词性标注（Part-of-speech Tagging）：对划分词进行词性标注，即给每个词一个词性标签，如名词、动词、形容词或数词等。

5）分析（Parsing）：在之前的步骤基础上，进行句子的语法结构识别。识别的结构被用于下一步的处理。

2. 自然语言处理的应用

随着建设项目的施工工艺及规模日趋复杂，日常报告文档大量的增加，工程师无法在有限的时间内掌握所有必要的知识。非结构化的文件降低了工程师以完整的形式获取、分析和重用相关信息的效率，从而导致由于不及时或不充分决策的项目性能降低。因此学者提出可以利用NLP技术将非结构化的风险信息、索赔信息、合同信息等（专家经验、风险案例库、施工图、施工组织方案和其他项目文件）转化为结构化知识，从而利用计算机对施工日常文档进行隐性知识挖掘，以便工程师在广泛的工作范围内高效率地对潜在信息进行管理，促进智能建造的发展。

按照项目建造过程，NLP技术的应用对于智能建造的支持可以总结如下：

（1）建造前期——设计、决策辅助

在设计阶段，可以通过NLP技术获得相似案例，为新项目提供辅助决策，如YU和HSU的设计图及绿色建筑的方案规划；Shen等使用自然语言处理技术，在历史案例库中检索最相似的绿色建筑案例，结合案例推理技术为新项目提供决策帮助，JUNG和LEE将NLP应用于BIM用途分类，并对原有案件的设计协调、冲突检测进行学习。

在投标过程中，为了在决策前充分了解项目的不确定性，LEE和YI提出了一种基于NLP的合同风险的自动模型，该模型可以通过对投标前非结构化文本进行挖掘来自动检测合同中的风险条款，并自动识别风险以支持建筑公司的合同管理；雷坤等通过TF-IDF统计施工合同纠纷中最常见的事故原因，从而在制度和合同设计等方面给出相关防控建议。

(2) 建造中期——施工文档资料管理

施工过程中会产生海量的文档资料，传统的人力整理方式效率低下且准确度不高，更容易受到工作者个人经验的影响。利用 NLP 技术对施工文档资料进行处理利用，不仅能更加高效地管理施工文档，还能进一步挖掘人工难以发现的知识或信息。

早在 21 世纪初，随着机器学习算法的发展，已经有专家和学者开始利用 NLP 技术和分类算法结合进行施工文档的自动分类，由于施工文档种类丰富，蕴含的信息多样，不同种类信息所能解决的实际问题自然也不同，如通过索赔文件中蕴含的原因信息进行索赔种类分析；快速检索和使用施工合同中的创新性知识；根据任务组织层次结构自动进行工作分配；利用质量检测记录、事故报告等分析事故原因，识别风险因素等，图 3-7 分析总结了部分类型文本及其对应的应用类型。

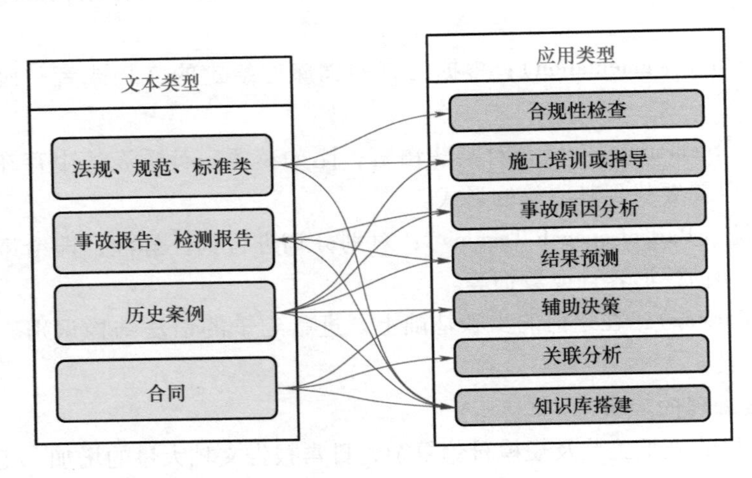

图 3-7 部分类型文本及其对应的应用类型

(3) 建造后期——合规性检查

作为工程文本的主要来源之一，各类建设法规、规范、标准文件中隐含了大量的有用信息，而且因为其语言表达的规范性，法规、规范、标准文件一直以来都是 NLP 技术在工程建设领域研究的应用热点。

Zhong 等通过结合本体，利用 NLP 技术从施工质量验收规范中进行要求信息的提取，从而为合规性检查提供了有力的计算机支持；MARZOUK 和 ENABA 应用 NLP 技术对建设工程合同信息进行分析，不同的是其将项目对应关系进行可视化分析，有助于项目各方明确自己的义务；还有一些法律法规管理文献通过对规范条款的语义、语句分析，不断完善建设法规信息自动化合规性检查技术。

3.2.6 数字孪生

1. 数字孪生的概念及发展

数字孪生（Digital Twin，DT）的概念模型最早出现于 2003 年，由 Grieves 教授在美国密歇根大学的产品全生命周期管理课程上提出，当时被称作“镜像空间模型”，后被定义为“信息镜像模型”和“数字孪生”。2014 年，Grieves 出版了第一本 DT 白皮书，将 DT 模型分为三个主要部分：物理空间中的物理产品、虚拟空间中的虚拟产品以及将物理产品与虚拟产品相连接的数据和信息连接。在 Grieves 等人提出的 DT 模型基础上，Tao 等增加了数据和服务两个维度，提出五维数字孪生模型。数字孪生三维模型和五维模型如图 3-8、图 3-9 所示。

目前数字孪生仍然没有明确的定义，不同领域也存在不同的定义。NASA 于 2010 年提出“数字孪生是充分利用物理模型、传感器更新、运行历史等数据，集成多学科、多物理、多尺度、多概率的仿真过程”，这也是目前应用较普遍的定义。

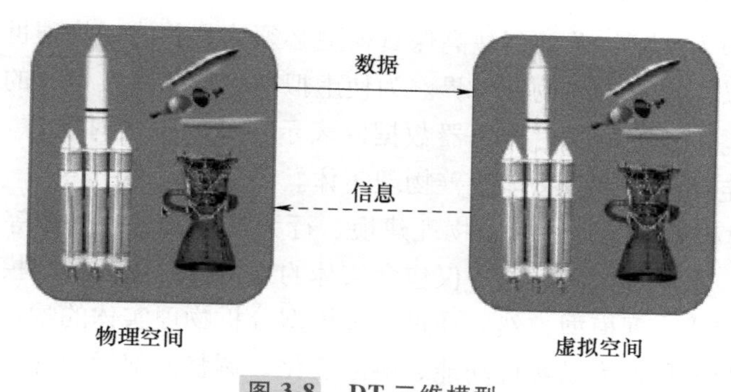

图 3-8 DT 三维模型

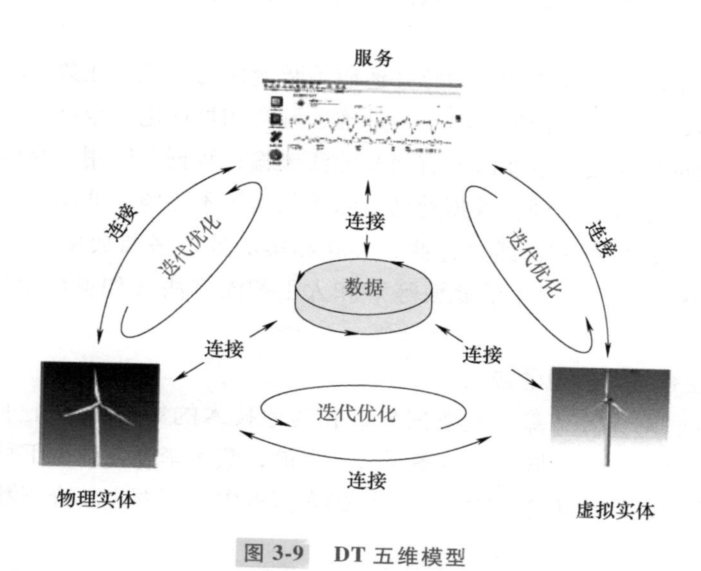

图 3-9 DT 五维模型

（图片来源：Tao F，*Digital twin in industry：State of Art*）

2. 数字孪生关键技术

根据 DT 五维模型，需要多种使能技术来支持 DT 的不同模块（即物理实体、虚拟模型、DT 数据、智能服务和连接），如传感技术、测量技术、建模技术、可视化技术、数据管理技术等，见表3-5。

表3-5 数字孪生关键使能技术

DT模块	使能技术
物理实体	传感技术、测量技术、动力学技术、加工工艺技术等
虚拟模型	建模技术、仿真技术、可视化技术等
数据	数据采集技术、数据存储技术、数据传输技术、数据处理技术、数据可视化技术、数据融合技术等
智能服务	图像处理技术、虚拟现实技术、仿真技术、机器学习等
连接	互联网技术、通信技术、协作技术、安全技术、接口技术、交互技术等

（资料来源：QI Q L，*Enabling technology and tools for digital twin*）

数字孪生以模型为基础，若要创建高保真模型必须认识并感知物理世界。通过各种传感技术、测量技术可以反映真实的物理世界。为使虚拟模型与其真实世界的模型同步，必须收集实时数据，为此需不断提取实时传感器数据以表示实体的近实时状态。此外，DT还可以通过执行器完成指定动作，从而按需改善物理实体。

与DT相关的建模涉及几何建模、物理建模、行为建模、规则建模等。几何模型描述物理实体的几何形状、表现形式和外观，仅包含实体的几何信息。物理建模工具通过将物理特性赋予几何模型来构建物理模型，然后通过物理模型分析物理实体的物理状态。行为模型描述了一个物理实体的各种行为以实现功能、响应变化、调整内部操作等。规则模型描述了从历史数据、专家知识和预定义逻辑中提取的规则。规则使虚拟模型具有推理、判断、评估、优化和预测的能力。

数据驱动的数字孪生可以感知、响应并适应不断变化的环境。在数字孪生中主要涉及的数据管理技术包括数据收集、传输、存储、处理、融合和可视化。数据源主要包括硬件、软件和网络数据；数据传输技术主要涉及有线和无线传输；数据存储用于存储收集的数据，以进行进一步的处理、分析和管理；数据处理意味着从大量不完整、非结构化、嘈杂的原始数据中提取有用的信息；数据融合通过过滤、关联和集成处理多源数据，主要包括随机方法（如经典推理、加权平均法、卡尔曼滤波等）和人工智能方法（如模糊集理论、神经网络、支持向量机等）。

3. 数字孪生在智能建造中的应用

通过与移动互联网、云计算、大数据分析和其他技术的集成，DT已应用于航空航天、制造、电力、医疗保健、智慧城市等诸多领域。目前，数字孪生在建筑工程建造行业的应用主要集中于运维阶段，设计和施工阶段的应用仍在探索中。下面主要介绍数字孪生在施工阶段和运维阶段的应用。

数字孪生在施工阶段的应用已经获得越来越多的关注。由欧盟Horizon2020资助的BIM2Twin项目旨在创建一个数字建筑孪生平台（DBT），平台采用精益原则，以减少各类运行浪费、缩短工期、降低成本、提高质量和安全性。BIM2Twin涉及各种监控技术、人工智能、计算机视觉、图形数据库、建筑管理、设备自动化和职业安全等方面的知识，通过集成多个控制数据源支持的一系列施工管理应用程序使管理人员了解现场及整个供应链中发生的一切实时状态。

数字孪生在运维阶段主要有以下几种应用：预防性维护、安全评估、资产管理以及灾害与应急管理等。数字孪生可以用于历史建筑的预防性维护，通过传感器获取的动态数据可以实时分析参数变化，当超过阈值可生成警报。此外，数字孪生可以用于结构安全评估，通过利用支持向量机等机器学习算法对结构历史数据进行训练得到预测模型，再根据实测数据预测结构的安全风险水平。数字孪生在资产管理中的应用主要有：空间管理、能源管理、设施管理、维修与维护管理、安全管理、设施异常检测等。通过利用数字孪生思想可以在灾害发生时及时获得态势感知，指导救援和人员疏散等。

3.3　智能建造的主要装备

3.3.1　智能工程设备

1. 传感器

传感器技术的发展大致可以分为三代：结构型传感器、固体传感器和智能型传感器。结构型传感器利用结构参量变化来感知和转化信号，如电阻应变式传感器。固体传感器由半导体、电介质、磁性材料等固体元件构成，是利用材料某些特性制成，如光敏传感器等。智能型传感器通过将微型计算机技术与检测技术相结合，具有检测、自诊断、数据处理、自适应等能力。

《传感器通用术语》（GB/T 7665—2005）将传感器定义为能够感受规定的被测量并按一定规律转换成可用输出信号的器件或装置的总称。传感器具有微型化、数字化、智能化、多功能化、系统化、网络化等特点，是工程实践中实现施工现场信息获取的重要手段。

传感器在现场施工中主要用于采集施工构件的应力、应变、温度等反映施工生产要素状态的数据。目前施工现场常用传感器类型及应用见表3-6。

表3-6　施工现场常用传感器类型及应用

传感器类型	应　用
位移传感器	监测结构构件、基础等位移变化，防止倾斜、沉降事故发生
运动传感器	监测施工人员运动及施工机械运行轨迹和效率
重量传感器	监控运输机械是否发生超载现象
幅度传感器	监控垂直运输机械运动状态，防止发生倾覆
高度传感器	监控垂直运输机械运动状态，防止发生碰撞事故
温度传感器	用于混凝土养护温度监测及冬期施工环境温度监测
粉尘传感器	监测施工现场PM2.5含量，打造绿色施工
烟雾传感器	施工现场火灾监测

（资料来源：王要武 等，《智慧工地理论与应用》）

2. RFID

RFID是一种自动识别技术，可以通过无线电信号识别特定目标并读写相关数据，具有读取性强、读取速度快、抗污染能力强、可重复使用、信息容量大、安全性强等优点，被认为是21世纪最具有发展潜力的信息技术之一。RFID技术由雷达技术衍生而来，1948年RFID的理论基础诞生。之后，人们对RFID相关理论进行了更加深入的探索，RFID技术和相关产品被开发并应用于多个领域。2000年后，人们逐渐认识到标准化的重要性，RFID产品的类型进一步得到丰富和发展，相关生产成本逐渐下降，应用领域逐渐增多。

RFID由应答器、读写器和应用软件三部分组成。其工作原理是物理读写器通过天线发射带有固定频率的射频信号，当磁场与应答器相遇时，应答器会发生反应。应答器通过感应电流而获取一定能量后，向读写器发送相应的编码，编码中含有预先存储好的产品信息。当读写器接收到编码后对编码进行解码翻译，将相应的信息及数据传输给计算机系统，并反映给决策者。

RFID技术目前已在多个领域得到应用，在施工中的应用主要体现在进度管理、物料管理、施工安全管理等。通过将RFID标签嵌入构件中，可以实时跟踪物料位置，了解物料使用情况，从而实现对物料和进度的管理。此外，利用RFID标签管理人员可以跟踪施工人员的位置、明确施工人员工种及进出场信息，实现科学管理。

3. 相机

相机是获取工程数据的重要设备之一。应用于建设工程数据采集的相机主要包括视觉相机、深度相机和红外热像仪等。视觉相机在工程建设过程中的应用最为普遍，用于采集RGB图像。深度相机不仅可以获取RGB图像，还可以同时获取图像的深度信息，在建设工程中可用于采集缺陷图像等以获取深度数据。根据工作原理的不同，深度相机主要可分为双目立体相机、基于结构光的深度相机、基于飞行时间的深度相机等，图3-10展示了两种常见的深度相机。红外热像仪是一种特殊的相机，其原理是利用红外热成像技术，将物体发出的不可见红外能量转变为可见的热图像。红外热像仪可用于混凝土内部缺陷检测的图像采集。

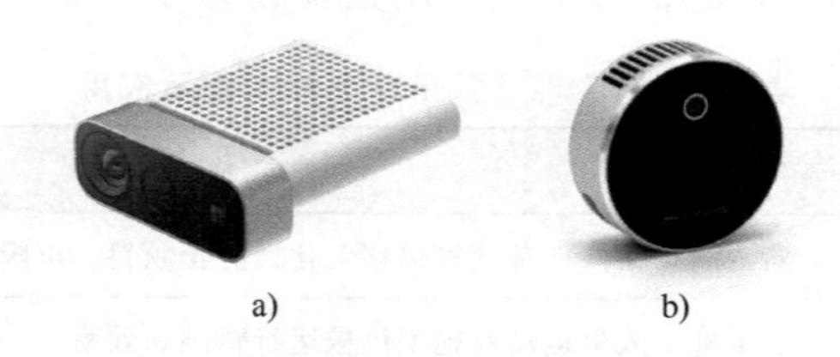

a)　　　b)

图3-10　深度相机

（图片来源：a）Microsoft Azure官网　b）Intel RealSense Technology官网）

4. 无人机

无人机全称为无人驾驶飞机（Unmanned Aerial Vehicle，UVA），是利用无线电遥控设备和自备的程序控制装置操纵的不载人飞机，或者可由车载计算机完全地或间歇地自主操作。依据应用领域的不同，无人机可分为军用无人机和民用无人机，其中民用无人机可为建设工程提供设备支持，常见的民用无人机如图3-11所示。在规划设计阶段，无人机可为建筑师和承包商提供细致、准确的大型工地测绘数据。基于无人机测绘构建的3D地图和BIM软件可帮助团队在设计期间全面了解工地情况，无人机收集到的详细精准的数据可全程为建筑师提供设计参考。在施工阶段，无人机可提供规范化、细节化的工地地图，为团队内部及外部利益相关方提供可靠数据，保证项目按时进行，节省预算。在巡检阶段，无人机可为巡检人员提供精准数据，提升巡检安全。

5. 三维激光扫描仪

三维激光扫描仪是三维激光扫描系统的主要组成部分，是建设工程领域的重要数据采集设备。三维激光扫描技术利用激光测距的原理，通过记录被测物体表面大量的密集点的三维坐标、反射率和纹理等信息，可快速复建出被测目标的三维模型及线、面、体等各种图件数据。相较于传统的单点测量方法，三维激光扫描技术取得了革命性的技术突破，实现了从单点测量到面测量的进化。三维激光扫描仪通常由激光发射器、接收器、时间计数器、电动机控制可旋转的滤光镜、控制电路板、微型计算机、CCD 机以及软件等组成。图 3-12 展示了常见的三维激光扫描仪。

图 3-11 无人机

（图片来源：DJI 大疆创新官网）

图 3-12 三维激光扫描仪

（图片来源：上海疆图科技有限公司官网）

三维激光扫描仪在建设工程领域的应用十分广泛。在建设工程施工阶段，三维激光扫描技术可以高效、完整地记录施工现场的复杂情况，通过与设计 BIM 模型的点、线、面进行对比，可为工程质量检查、进度监控、变形监测、工程验收、模型重建等提供帮助。此外，三维激光扫描可以将重建模型结果进行电子化存档，为后续的保护、修缮工作提供数字化查询档案。三维激光扫描技术在获取物体三维坐标方面具有高精度、高密度、高速率的特点，因此在建筑工程施工变形监测中也具有很高的应用价值。

6. 眼动仪

眼动仪是对眼睛进行相关研究的一种辅助工具，通过在处理视觉信息时拍摄并记录人的眼睛的尺寸以及眼动轨迹特征，再经过一系列的后续处理，即可为眼球相关的研究与分析提供定量分析证据。同时，眼动仪的研制也是一项涉及多项技术的综合性应用研究，对学科交叉研究具有促进作用。现阶段，眼动仪使用最广、研究最多的眼动测量方法是光学记录法，具体方法是瞳孔-角膜反射法。瞳孔跟踪是眼动仪装置中使用最广泛的技术，也是当前眼球跟踪的主要研究方向。

眼动仪的相关分类见表 3-7。

表 3-7 眼动仪的相关分类

分类依据	类型
使用的记录方式	侵入式（被淘汰）、非侵入式（使用最频繁）
测量目标的区别	测量眼睛相对于头部的运动情况、测量视线的方向（一般用于人机交互之中）
眼球跟踪定位的装置模型	穿戴式、遥测式
数据传输区别	有线传输型、无线传输型

（资料来源：李超，《无线视频眼动仪的装置设计和瞳孔跟踪算法的研究》）

其中，无线型是随着蓝牙、WiFi 等无线传输技术的发展而兴起的新型眼动仪，WiFi 是现阶段无线眼动仪的首要选择方案。在一系列已被使用的眼动仪和注意力追踪工具中，Tobii 眼动仪是研究人员使用较多的设备，如图 3-13 所示。

作为一种检测并记录人眼相关状态的装置，现阶段眼动仪在视觉系统、心理学和神经科学等众多领域都有广泛的应用与研究。在建筑领域，眼动仪的应用与研究也非常广泛，如辅助进行危害识别、辅助分析人为因素对设备工作风险的影响、确定工人的视觉注意力、检测潜在的安全隐患并在施工现场连续监测工人的健康状况等。

a) b)

图 3-13 眼动仪

a）Tobii Pro Glasses2 眼动仪 b）Tobii X2-30 眼动仪

（图片来源：Tobii Pro 官网）

7. 智能安全帽

安全帽是进入施工工地必不可少的装备，将数据采集、位置跟踪等技术应用于安全帽中可以大大提升施工管理的效率。例如装有体征监测设备的安全帽可以实时精准地反映施工人员的身体状况，并将数据及时反馈给管理人员，大大减少安全生产事故的发生。经过实名认证的智能安全帽，还能实现人员管控。通过所安装定位设备精准的定位功能，智能安全帽可以实时、高效、完整地展现佩戴者的运行轨迹。不同的工种工人进入不同的作业现场，电子围栏内采集到员工信息，符合该作业现场的工人放行，如有不符合该作业现场的会报警，同时记录该员工的身份信息，以杜绝事故的发生。智能安全帽还可以辅助施工人员到达施工现场或巡视现场，高精度定位采集地理信息是否与工作任务一致，不一致就会发出预警信息。在工人巡视过程中，偏离预定的巡视路线时可自动报警，预防在巡视过程中丢漏、抄近路等现象，提高巡视质量。此外，管理人员还可以通过安全帽上安装的摄像头监督施工现场的工作情况，及时发现和纠正工人的违规行为。图 3-14 为某品牌智能安全帽。

8. 虚拟现实设备

近年来，虚拟现实技术也逐渐进入建筑工程领域，越来越多的人将可穿戴的 VR 设备应

图 3-14 智能安全帽

（图片来源：大汇智安官网）

用于工程领域。可穿戴 VR 设备将用户带入高度逼真的虚拟环境中，用户可对虚拟环境中的物体进行操作并得到反馈。因 VR 具有沉浸性和交互性等特点，可穿戴 VR 设备在智能建造中有着很多的应用。例如可让工人佩戴 VR 设备在虚拟环境中进行安全培训，进行伤害体验模拟、安全互动教学和安全操作训练等。此外，工人还可以佩戴 VR 设备进入虚拟环境对施工中的细部节点、优秀做法进行学习，提高自身的技能。图 3-15 为市场上部分 VR 设备。

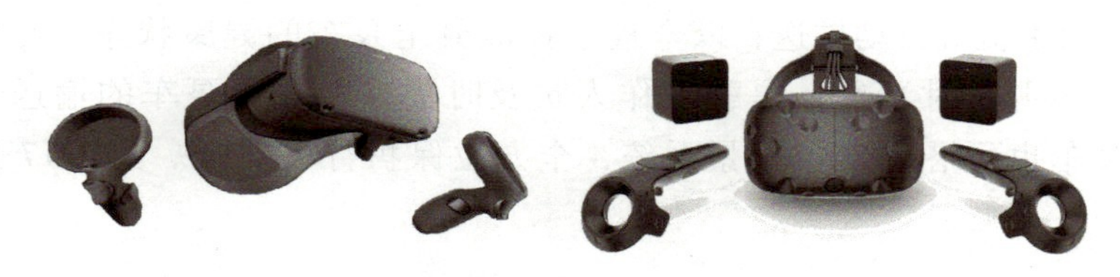

图 3-15 VR 设备

（图片来源：oculus 官网；vive 官网）

3.3.2 智能工程机械

近年来，我国工程机械行业迅速发展，取得了非常突出的成绩。当前我国的工程机械技术正处在由传统精密化、大型的工程机械向着轻量化、信息化以及智能化方向发展的转型阶段。建设工程领域的智能工程机械主要包括土方机械、起重机械、混凝土机械、路面机械、桩工机械等，本节将以旋挖钻机、搅拌车、泵车、挖掘机、起重机等为例对智能工程机械进行介绍。

1. 旋挖钻机

旋挖钻机是工程建设中重要的桩工机械之一。新型旋挖钻机采用了一系列先进的智能化技术，如使用极限载荷控制技术、多档动力头、双速加压油缸等，可有效提高施工效率；利用加压台显示功能，可精准显示并指导钻杆加压台加锁、解锁，减少钻杆磨损，消除卡杆事故；利用牙轮自动钻进功能，可设置动力头固定转速，实现自动切削钻进；使用钢丝绳预张紧技术，主卷扬钢丝绳始终保持一定的预张紧力，可避免乱绳、打扭，提升操作效率和便利性等。此外，通过为旋挖钻机配备智能独立风扇，可根据温度需求智能调温，节能降噪。利用手机端APP，可实现远程实时设备监控、机群管理。在安全配置方面，利用360°全景监控可实现盲区监测，通过故障深度诊断、大灯延迟关闭等措施可进一步提高旋挖钻机施工的安全性。

2. 混凝土机械

混凝土机械包括混凝土搅拌运输车、泵车、布料机、湿喷机等，本小节以搅拌车、泵车为例介绍混凝土机械在轻量化和智能化方面取得的显著成效。

在保证安全可靠的前提下，新型混凝土搅拌运输车通过结构优化和新材料的应用，最大限度上进行轻量化减重，给混凝土留出了更大的载重余量，提高了单次的运输效率和收益。此外，通过搭载多方位摄像头和前后雷达，新型混凝土搅拌运输车可进行360°全景摄像，从而消除驾驶视野盲区、实现盲区碰撞危险预警，降低碰撞风险。同时，利用摄像头实时抓拍、录像功能，并结合燃油传感器、车联网等相关设备和技术，可实现异常自动报警，防止偷油、偷料等行为；通过将车辆智能调度和监控、设备保养提醒、油耗等关键数据实时推送至手机端，可有效提升管理效率。图3-16展示了新型混凝土搅拌运输车。

在轻量化方面，混凝土泵车可通过拓扑优化镂空臂架、使用新型材料等方式有效减轻自重。新型混凝土泵车通过优化混凝土管支撑、采用自动减振技术等方式可增强结构稳定性。在智能互联方面，通过使用人机交互遥控器，可实时掌控混凝土泵车的设备状态；通过搭载智能原件，可实现混凝土泵车核心系统功能、行程异常、主油泵异常、油耗异常等智能诊断，诊断结果可向手机端自动推送，以全程掌控混凝土泵车的健康状态。此外，失效预警输送管的使用可实现实时预警，提醒工作人员及时更换混凝土泵车的输送管，保障施工安全。混凝土泵车也可搭载360°全景系统，全方位保护行车安全。图3-17展示了新型混凝土泵车。

图3-16 混凝土搅拌运输车

图3-17 混凝土泵车

（图片来源：中联重科股份有限公司官网）

3. 挖掘机

近年来，随着挖掘机施工领域的扩展、施工质量及能耗排放要求的提升，传统挖掘机在控制特性、环境适应能力、节能环保等方面的不足日趋凸显。进行液压挖掘机的智能化研究，研制具备精准控制特性、远程及自主作业能力、恶劣环境适应性、高效节能等特点的智能挖掘机是解决上述问题的有效途径之一。例如某公司开发的智能遥控挖掘机（图3-18）融合了智能化控制技术、传感器技术、无线通信技术、远程监控技术，实现了超视距挖掘机施工作业，可广泛应用于煤矿深井、抢险救援等特殊工作环境和国家重大项目。

图3-18　智能遥控挖掘机
（图片来源：山河智能装备集团官网）

4. 起重机

与通用起重机相比，智能起重机具有人工智能，在代替人的体力劳动基础上，代替或辅助人的脑力劳动，即通过将传感器与智能决策软件与起重机集成，实现感知、分析、推理、决策和控制功能，实现人机物的交互、融合，代替人工进行感知、决策和执行，使起重机能适应工作环境的变化。其工作流程与通用起重机相同，但增加的智能控制能够代替人的视觉等感知功能，代替操作员判断做出对应的动作，完成在起重机工作过程中的识别、感知、操作和管理等。例如某企业研发的5G智能塔式起重机，驾驶员可通过搭载在系统内部的吊钩高处路径规划及控制技术，在工控机操控界面上可以一键实现高处吊装的自动化，代替了传统塔式起重机施工过程中最耗时耗力部分的工作，实现自动吊装作业。

5. 其他工程机械

此外还有智能的无人驾驶压路机，可代替人工全天候连续作业，实现用户利益最大化；还可以搭配避障雷达，实时精确自动避障，自动规划路径，自动换道，密实度实时监测；并实现智能控制压实等。还有利用全球定位系统（GPS）和安装在工程机械上的传感器的自动推土机，可以实时掌握工程机械自身的位置、挖掘地面的铲刀和机械臂的状态以及地面情况等数据，将作业指示数据传送到工程机械配备的控制盒后，一边利用测量系统确认情况一边进行施工。

3.3.3　施工机器人

1. 施工机器人的概念及技术特征

施工机器人是指与建筑施工作业密切相关的机器人设备，通常是一个在建筑施工工艺中执行某个具体建造任务的装备系统。在执行施工任务的过程中，施工机器人不但能够辅助人类进行施工作业，甚至可以完全替代人类劳动，并超越传统人工的施工能力。早期施工机器人执行的任务和施工内容大多是相对专业化和具体的，但是随着机器人信息化水平的提升以及不同工种机器人之间的集成与协作，施工机器人的作业能力和工作范围正在迅速扩展，在建筑工程中承担越发复杂与精准的施工任务。

施工机器人的技术特征主要包括以下四点：

1）在施工过程中，施工机器人需要操作幕墙、混凝土砌块等建筑构件，因此需要具备较大的承载能力和作业空间。

2）在非结构化环境的工作中，施工机器人需具有较高的智能性及广泛的适应性，以实现导航、移动、避障等能力。其中基于传感器的智能感知技术是提高智能性及适应性的关键。

3）需要完备的实时监测与预警系统以应对安全性的挑战。

4）施工机器人编程以离线编程为基础，需要与高度智能化的现场建立实时连接并进行实时反馈，以适应复杂的现场施工。

2. 施工机器人的组成结构

施工机器人主要由三大部分、六个子系统组成。三大部包括感应器（传感器部分）、处理器（控制部分）和效应器（机械本体）。六个子系统包括驱动系统、机械结构系统、感知系统、机器人环境交互系统、人机交互系统以及控制系统，每个系统各司其职，共同完成机器人的运作。

3. 施工机器人的分类

自20世纪80年代起，工程建造机器人在工程施工阶段得以不断应用和发展，目前根据使用功能不同，主要包括墙体施工机器人、装修机器人及3D打印机器人等。

（1）墙体施工机器人

墙体施工机器人的典型代表包括Hadrian X墙体施工机器人等。该机器人由澳大利亚Fastbrick Robotics公司研发，如图3-19所示，它由运载装置、六轴工业机械臂、机械手三部分组成，可运用3D计算机辅助设计软件绘制出住宅模型，自动判断砖块放置的位置，利用吸盘抓取砖块，使用具有六个自由度的机械臂实现各个方向的砖块安装。

图3-19 Hadrian X墙体施工机器人

（图片来源：DigitalTrends网站）

（2）装修机器人

随着人们生活水平的提高，人们对室内外环境要求日趋严格，导致装修难度系数变大。为了有效解决这些问题，研究人员研制了多种装修机器人，典型代表如OutoBot外墙喷涂机器人。该机器人由南洋理工大学和亿立科技共同研制，由数控吊篮系统、与外墙真空吸附的吊篮稳定系统、轻型六轴机器臂、工业视觉相机和喷涂设备组成，如图3-20所示。数控吊篮系统可以将设备整体送至工位处；四个真空吸盘可以将设备固定于工位上，使机器人与喷涂面的相对位置保持稳定；机器臂携带工业相机对喷涂工作面进行扫描，从而识别喷涂面和回避面，然后进行路径规划。该系统减少了喷涂工作50%以上的人力需求，大大减少了工作的危险性，降低了对喷涂施工人员的作业要求。

（3）3D打印机器人

3D打印机器人集三维计算机辅助设计系统、机器人技术、材料工程等于一体。区别于传统“去材”技术，3D打印机器人打印技术体现“增材”特征，即在已有的三维模型，运用3D打印机逐步打印，最终实现三维实体。因此，该技术大大地简化了工艺流程，不仅省

图 3-20 OutoBot 外墙喷涂机器人

（图片来源：Phys. org 网站）

时省材，也提高了工作效率，典型代表如 3D 打印 AI 机器人。该机器人由英国伦敦 Ai Build 创业公司研发，集 3D 打印、AI 算法和工业机器人于一体，如图 3-21 所示。为了避免该机器人盲目地执行计算机的指令，在它原有控制系统中添加了基于 AI 算法的视觉控制技术，这样可将现实环境和数字环境构成一个有效反馈回路，实现机器人自动监测打印过程中出现的各种问题并进行自我调整。经测试，该机器人用 15 天时间完成长 5m、宽 5m、高 4.5m 的代达罗斯馆的打印，大大提高了 3D 打印效率。

图 3-21 3D 打印 AI 机器人

（图片来源：Ai Build 官网）

除了以上介绍这些常见的施工机器人外，还有两类较为特殊的施工机器人。

（4）可穿戴外骨骼机器人

可穿戴外骨骼机器人是一种人与机器人相互协作，将人的智慧和机器人的力量、速度、精确性和耐久性相结合的辅助性机器人。可穿戴外骨骼机器人包括关节外骨骼、上肢外骨骼、下肢外骨骼以及全身外骨骼机器人，它们不仅可以成为保护工人身体的外盔甲，也可以起到增强工人身体力量的作用。可穿戴外骨骼机器人结合脑机融合感知技术，直接建立人脑和外骨骼机器人控制端之间的信号连接和信息交换，从而使工人更加直接、快速、灵活地控制外骨骼。

（5）仿生群体机器人

仿生群体机器人结合仿生学和机器人技术，充分利用群体优势，表现出高组织性。单独的个体功能和群体进行协作，便能完成高度复杂的任务，具有较高的鲁棒性和灵活性，且成本相对较低。仿生群体机器人的发展不仅注重多个机器人的协同配合，同时也期望增强单个机器人承担不同工作的能力，即机器人变胞技术理念。该理念旨在让机器人的结构在瞬间发生变化，从而适应不同的任务场景。基于变胞技术理念，只需设计一种拥有变胞能力的智能机器人，就能利用多个这样的个体完成钢筋绑扎、砌块搬运、砌块堆砌、墙面处理等墙体砌筑的全部工作。

仿生群体机器人的最大特点是能通过“迭代学习”适应复杂多变的施工环境和作业类型，提升自主学习和环境适应的能力，保证各个个体的专业度和可靠性。美国哈佛大学韦斯研究所的工程师研发了 TERMES 小型群体建造机器人，如图 3-22 所示，它们可以感知周围环境，沿规定好的栅格搬砖移动。整个系统不会因一个机器人故障而瘫痪，并且如果工程规模扩大，只需要对机器人的数量进行增减即可。

图 3-22 TERMES 小型群体建造机器人

3.4 智慧工地管理系统

随着 BIM、RFID、传感器网络、IoT 等智能建造技术在建设工程领域的快速发展及广泛应用，建筑业已经进入大数据、信息化、智能化时代。建设工程项目中蕴藏着大量的数据资源，如何分析这些多源异构数据对建设工程项目的潜在影响，对表征建设工程技术、组织、资源、环境等异质要素的数据进行有效集成并提取出有价值的信息用于建设过程的决策与管理中，是建设项目管理者所面临的一个重要课题。

智慧工地理论为这一问题的解决提供了思路。智慧工地是将如云计算、大数据、物联网、移动互联网、人工智能、建筑信息模型等先进信息技术与建造技术融合，充分集成项目全生命周期信息，服务于施工建造，实现建造过程各利益相关方信息共享与协同的新型信息管理方式。与传统建设项目信息管理技术相比，智慧工地能够充分实现信息的有效利用与决策支持，为项目管理者与利益相关者创造价值，实现项目参与者的有效协作，对项目绩效具有显著提高作用，其发展前景巨大。

3.4.1 智慧工地的概念

虽然学术界对于智慧工地的定义尚未达成共识，但是通过对“智慧工地”概念的整理，可以认为智慧工地是建筑业从经验范式开始，经过理论范式、计算机模拟范式发展到第四范式的典型。它是以施工过程的现场管理为出发点，时间上贯穿工程项目全生命周期，空间上覆盖工程项目各情境，借助云计算、大数据、物联网、移动互联网、人工智能、建筑信息模型等各类信息技术，对“人、机、料、法、环”等关键因素控制管理，形成的互联协同、信息共享、安全监测及智能决策平台，共同构建而成的工程项目信息化系统。

智慧工地作为应用于施工阶段的重要工具，应实现施工现场管理的主要工作内容。在新时代、新要求的背景下，智慧工地通过三维可视化平台对工程项目进行施工模拟，围绕施工过程管理，建立互联协同、智能生产、科学管理的施工项目信息化生态圈，并将此数据在虚拟现实环境下与物联网采集到的工程信息进行数据挖掘分析，提供过程趋势预测及专家预案，实现工程施工可视化智能管理，从而提高工程管理水平，逐步实现绿色建造和生态建造。

随着建筑行业信息化、智能化的发展，已有多家建筑行业相关企业自主研发并推出了多种智慧工地硬件设备应用系统和与之配套的物联网应用平台，可实现远程实时数据采集并运用平台算法整合分析，输出可视化的数字化工地，大大提高了工地链条管理者的管理效率，有效监管劳务人员的规范作业。

3.4.2 智慧工地架构

实践中，智慧工地由特定硬件系统实现相应功能，主要由感知层、网络层和应用层组成，三者分别为实现更透彻的感知、更全面的互联互通、更深入的智能化提供保障和支撑（表 3-8 及图 3-23）。

表 3-8　智慧工地系统的层次与功能

层　次	功能说明	组成说明
感知层	全面采集人员、设备、材料等工程信息及施工活动信息；及时反馈系统处理结果，下达各类指令各种信息	采集与反馈设备，如 RFID 标签，压力、温度、变形等各类传感器，GPS/BDS 等定位装置，视频图像采集设备等，以及相应的软件
网络层	实现不同终端、子系统、应用主体之间的信息传输与交换	各类有线、无线信息传输系统、装置等，如光纤、WLAN、蓝牙等，以及相应的软件
应用层	对采集到的信息进行智能分析和处理，提供工程问题的解决方案	服务器、工作站、数据库、智能移动设备等各类硬件平台，以及相应的智能处理软件

（资料来源：韩豫，《智慧工地系统架构与实现》）

智慧工地中，感知层是基础，为整个系统提供全面的信息保障；网络层是桥梁，实现了信息传输和共享；应用层是核心，直接为不同工程任务和问题提供解决方案。设计开发中，智慧工地以上述共同特征和共通架构为基础，遵循“问题导向，创新驱动”的实施策略，先由总体设计团队开展工程问题分析，形成智慧工地或特定子系统及功能模块的整体解决方案；再以问题解决方案为核心，与相关支撑技术研发团队共同完成系统设计方案；最后，依据设计方案进行硬件选型、网络布设等，并由专业制造厂商完成技术硬件实现工作；最终，智慧工地将以相同系统架构下的不同子系统及功能模块的形式进行呈现。

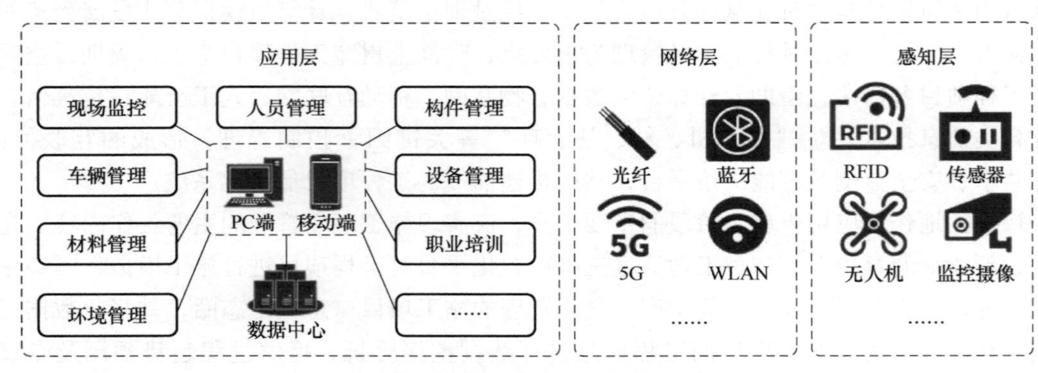

图 3-23 智慧工地架构图

3.4.3 智慧工地的实践应用

智慧工地思想已经在实践中得到了一些应用。各工程根据实际情况，制定了解决方案并实施。以某工程的实践应用为例，该项目运行中将传统的工地管理转化为通过科技手段进行实时监控，以可控化、数据化和可视化的智能系统对工地进行设计和管理，将施工过程涉及的人、机、料、法、环等要素进行实时、动态监控，将终端应用工具，替代手工化管理，形成一个以进度为主线，以成本为核心的智能化施工作业。该项目建立的智慧工地管理平台主要由劳务实名制、安全质量巡检、塔式起重机防碰撞、BIM 建造、远程监控、环境监控系统六大主要系统组成。

(1) 建立劳务实名制系统

项目部严格推行劳务实名制管理，对项目所有作业人员进行信息统计和用工分析，建立个人档案，通过劳务实名制的“云+端”产品形式，使用闸机硬件与管理软件结合的物联网技术，实时、准确收集人员的信息进行劳务管理。

该系统可为现场生产人员提供当前用工状态，实时了解每小时的在场人数，且可按照不同类型劳务队伍和工种的实际用工数据统计，为项目部提供人员生产要素用工分析。另外，还可分析项目所有作业人员的信息统计，自项目开工至今的进出场和持卡人数、个人信息、地域分布情况等，为项目决策层提供数据参考。

(2) 建立安全、质量巡检系统

可根据施工现场存在安全或质量隐患类别及紧急程度，对相关责任单位、责任人进行预警。此外，该系统还可与劳务系统组合对人员进行管理，为项目决策层监控项目风险、规避风险提供有力保障支持。

安全、质量巡检系统采用云端+手机 APP 的方式，将施工现场实时监控、信息采集的数据，系统自动进行归集整理和分类，根据隐患类别及紧急程度，对相关责任单位、责任人进行预警。

(3) 建立塔式起重机防碰撞系统

塔式起重机防碰撞系统可实现对施工现场群塔运行状况的实时远程监控，可以对施工现场群塔运行状况实现现场安全监控、运行记录、声光报警、实时动态的远程监控，使得塔式起重机安全监控成为开放的实时动态监控。

（4）建立基于BIM的建造系统

BIM建造管理平台是通过BIM技术，将项目在整个施工周期内不同阶段的工程信息、过程管控和资源统筹集成，并通过三维技术，为工程施工提供可视化、协调性、优化性等信息模型，使该模型达到设计、施工一体化和各专业相互协同工作，从而达到节约施工成本的目的。此外，BIM建造平台可实现BIM模型在线预览，联合生产、技术、质量、安全等关键数据，通过BIM模型展示进度、工艺、工法，将BIM技术应用的关键成果集中呈现，为工程施工奠定良好基础。

（5）建立远程监控系统，加强施工项目的日常管理

为加强施工项目日常管理，项目部建立了建筑工地远程监控系统，安装了15处视频远程监控探头，值班人员通过计算机屏幕实时监管，对施工现场进行动态控制，对突发情况及时上报、应对、沟通、协调、解决，既减轻了监管人员的工作强度，又加强了建设项目在公司及项目内部的调控监管力度，有效地提高了工作效率。

此外，“智慧工地”中的远程监控，不仅仅是对施工场地及周围装几个摄像头、然后在项目部成立一个监控室，对施工场地进行监控。而是通过互联网，使建设单位、施工单位、监理单位、建设主管部门通过手机APP和PC端，实时地了解施工现场的进展情况，做到透明施工。

（6）建立环境监控系统

施工现场东南西北共设置四处环境监控设备，24小时全天候实时在线监测，对风向、温度、风速、湿度、噪声、PM2.5、PM10等，设定报警值，超限后及时报警，与炮雾机、沿路喷淋、塔式起重机喷淋装置实现联动，以达到自动控制扬尘治理的目的。同时，环境监控系统还可与智慧平台进行对接，实现数据共享，动态监控。

3.4.4 智慧工地的发展

目前，人工智能、建筑信息模型、无线传感网络等在理论探索、技术创新、软硬件性能提升等方面迅速发展，并引发链式突破，推动经济社会各领域从数字化、网络化向智能化加速跃升。加之，建筑业转型升级迫在眉睫，智慧工地建设已成为建筑业发展的必然趋势，具有极其重要的先导意义。然而，目前智慧工地在发展中仍然存在一些不成熟和尚待突破之处，可归结为以下几个关键问题与挑战：

（1）人工智能等前沿技术与工程建造和管理的深度融合问题

目前，虽然智慧工地发展的顶层设计是由建筑业相关机构和人士推动，但在技术实现层面主要由计算机、通信、软件、网络等领域的专业人士和厂商实施研发。工程施工和设计企业的前期参与度不够，且更多的是被动接受并选择现有产品。由此带来的问题是研发人员对工程问题的了解和理解不够，所提出的解决方案及产品与问题的匹配性不足，有些成果并没有融入实际工程活动之中。因此，如何提高建筑业和人工智能等前沿技术领域的专业人士的深度交流与协作，加强研发团队对工程建造与管理领域问题的分析与理解，提高技术匹配性是需要重点关注的问题。

(2) 智慧工地的前瞻性与实用性之间的平衡问题

目前，智慧工地所依托的人工智能、无线传感网络、建筑信息模型等技术均属于前沿技术，对操作者的素质、使用环境等均有较高要求，前期投入也比较高。然而，建筑业本质上依然是粗放生产行业，工作环境、人员素养、企业利润等方面均与其他行业有明显差距。一些具有较好前瞻性的智慧工地解决方案及相关技术产品在推广中遇到了功能实用性、经济可行性等方面的矛盾冲突，不少成果仅停留在实验测试、示范展示等阶段，推广普及程度很低。因此，如何在技术前瞻性与功能实用性间取得平衡，同时做到操作简便、成本低廉、性能优越是影响智慧工地普及推广与可持续发展的关键问题。

(3) 工程信息的更全面、更透彻感知问题

目前，随着各类通信技术、信息分析和处理技术的迅猛发展，智慧工地内涵特征中的“更全面的互联互通”和“更深入的智能化”已经能够实现较好的支撑。然而，由于建筑施工主要采用户外、分散作业，环境复杂、干扰众多，导致工程信息繁杂，且模糊、异构、隐性信息较多，工程信息采集、特征提取等工作难度较大，智慧工地内涵特征中的“更透彻的感知”需要更有力的技术支撑。事实上，感知层是整个智慧工地系统的最底层，也是最重要的基础支撑层。如果无法实现更全面、更透彻的工程信息感知，那么整个智慧工地系统便是“无源之水，无本之木”。因此，如何提高工程信息感知的广度、深度和精度是智慧工地发展中的重要基础问题。

总之，智慧工地通过对先进信息技术的集成应用，并与工业化建造方式及机械化、自动化、智能化装备相结合，成为建筑业信息化与工业化深度融合的有效载体，实现工地的数字化、精细化、智慧化生产和管理，提升工程项目建设的技术和管理水平，对推进和实现建筑产业现代化具有十分重要的意义，将成为建筑施工领域改革的重要内容之一。

复习思考题

1. 智能建造强调的内容有哪些方面？
2. 智能建造的主要技术手段有哪些？
3. 建筑信息模型的定义是什么？
4. AR/VR/MR 的概念及其关系是什么？
5. 计算机视觉在建设工程领域的主要应用有哪些？
6. 自然语言处理技术对于智能建造的支持主要体现在哪些方面？
7. 数字孪生在施工和运维阶段有哪些典型应用？
8. 智能工程设备主要有哪些？其典型工程应用是什么？
9. 施工机器人的技术特征主要包括哪几点？
10. 智慧工地管理平台的主要系统组成包括哪些方面？

本章参考文献

[1] 丁烈云. 数字建造导论 [M]. 北京：中国建筑工业出版社. 2019.

[2] 毛超，彭窑胭. 智能建造的理论框架与核心逻辑构建 [J]. 工程管理学报，2020，34 (5)：1-6.

[3] EASTMAN C，TEICHOLZ P，SACKS R，et al. BIM Handbook：A Guide to Building Informa-

tion Modeling for Owners, Managers, Designers, Engineers, and Contractors [M]. 2th ed. New Jersey: John Wiley & Sons, Inc., 2011.

[4] 李建成，王广斌. BIM 应用导论 [M]. 上海：同济大学出版社，2015.

[5] 王要武. 智慧工地理论与应用 [M]. 北京：中国建筑工业出版社，2019.

[6] KIPPER. 增强现实技术导论 [M]. 郑毅，译. 北京：国防工业出版社，2014.

[7] 孙伟. 虚拟现实：理论、技术、开发和应用 [M]. 北京：清华大学出版社，2019.

[8] 工业和信息化部电信研究院. 物联网白皮书 [R/OL]. (2019-05-30) [2021-03-14]. http://www.caict.ac.cn/kxyj/qwfb/bps/201804/P020151211378876413933.pdf.

[9] 张春红，裘晓峰，夏海轮，等. 物联网关键技术及应用 [M]. 北京：人民邮电出版社，2017.

[10] 黄静. 物联网综述 [J]. 北京财贸职业学院学报，2016，32 (6)：21-26.

[11] TIWARY U S, SIDDIQUI T. Natural language processing and information retrieval [M]. New York: Oxford University Press, 2008.

[12] 王煜，邓晖，李晓瑶，等. 自然语言处理技术在建筑工程中的应用研究综述 [J]. 图学学报，2020，41 (4)：501-511.

[13] SHAFTO M, CONROY M, DOYLE R, et al. Modeling, simulation, information technology and processing roadmap. (2018-10-20) [2021-05-13]. https://www.nasa.gov/pdf/501321 main TA11-ID rev4 NRC-wTASR.pdf.

[14] QI Q L, TAO F, HU T L, et al. Enabling technologies and tools for digital twin [J]. Journal of Manufacturing Systems, 2019 (58): 3-21.

[15] 李朋昊，李朱锋，益田正，等. 建筑机器人应用与发展 [J]. 机械设计与研究，2018 (6)：25-29.

[16] 李成渊. 射频识别技术的应用与发展研究 [J]. 无线互联科技，2016 (20)：146-148.

[17] 张婷婷. 射频识别技术概述及发展历程初探 [J]. 山东工业技术，2017 (24)：122.

[18] 袁烽，门格斯. 建筑机器人：技术、工艺与方法 [M]. 中国建筑工业出版社，2020.

[19] TAO F, ZHANG H, LIU A, et al. Digital twin in industry: State-of-the-art [J]. IEEE Transactions on Industrial Informatics, 2019, 15 (4): 2405-2415.

[20] ZHANG C, CHANG C, JAMSHIDI M. Concrete bridge surface damage detection using a single-stage detector [J]. Computer-Aided Civil and Infrastructure Engineering, 2020, 35 (4): 389-409.

[21] 李超. 无线视频眼动仪的装置设计和瞳孔跟踪算法的研究 [D]. 重庆：重庆大学，2018.

[22] 韩豫，孙昊，李宇宏，等. 智慧工地系统架构与实现 [J]. 科技进步与对策，2018，35 (24)：107-111.

[23] 余京蕾. 浅谈计算机视觉技术进展及其新兴应用 [J]. 北京联合大学学报，2020，34 (1)：63-69.

[24] 高寒，骆汉宾，方伟立. 基于机器视觉的施工危险区域侵入行为识别方法 [J]. 土木工程与管理学报，2019，36 (1)：123-128.

[25] ALIZADEHSALEHI S, HADAVI A, HUANG J C. From BIM to extended reality in AEC industry [J]. Automation in Construction, 2020 (116): 103254.

第4章 精益建造

4.1 精益生产和精益思想

4.1.1 精益生产的概念及发展历程

精益生产（Lean Production，LP）是综合批量生产与单件生产的优点，最大限度地消除浪费、降低库存以及缩短生产周期，力求实现低成本准时生产的生产模式。其中“精”，表示没有多余的生产要素投入；“益”，在于要求所有的生产活动都产生效益。最终目的是通过流程的持续改进和优化，以最少的资源投入向顾客提供最大化的价值。精益生产孕育于20世纪资源价格持续上涨和市场需求趋于多样化的复杂背景下，充实了原有基于大规模生产方式的生产体系，为组织管理体系、工业生产结构乃至社会文化生活等方面带来了根本性变革。精益生产的发展历程主要包括以下三个阶段。

1. 丰田生产方式的形成阶段——精益生产的起源

自20世纪初，从美国福特公司创立第一条汽车生产流水线以来，这种显著提高生产效率、降低生产成本的大规模生产方式开始成为了制造业主导的生产方法和现代工业生产的主要特征，在生产技术以及生产管理史上具有极为重要的意义。然而第二次世界大战后，世界各国的市场趋于多样化、资源价格持续上涨，单品种、大批量的大规模生产方式的弱点日渐明显，工业生产要求向多品种、小批量的方向发展。此时日本的丰田汽车公司在市场上面临着美国汽车工业的冲击，因此以大野耐一等人为代表的精益生产的创始者们，在实践中摸索、创造出来了一套适合日本国情的、面向多品种小批量混合生产的丰田生产方式，如图4-1所示。这种生产方式将单件生产方式在产品质量和生产柔性方面所具有的优势与批量生产在产品的单位成本和时间方面所具有的优势进行了综合发挥，由此1950年丰田汽车年产量恢复到了12000辆，而1973年的石油危机使得日本汽车工业脱颖而出，到了1982年日本汽车工业的迅猛发展已经使美国汽车制造业遭受重创。

2. 丰田生产方式的系统化阶段——精益生产的总结完善

为揭示日本汽车工业成功之谜，1985年，美国麻省理工学院筹资500万美元开展了“国际汽车项目”，在丹尼尔·鲁斯教授的领导下，53名专家和学者历时近5年的时间对14

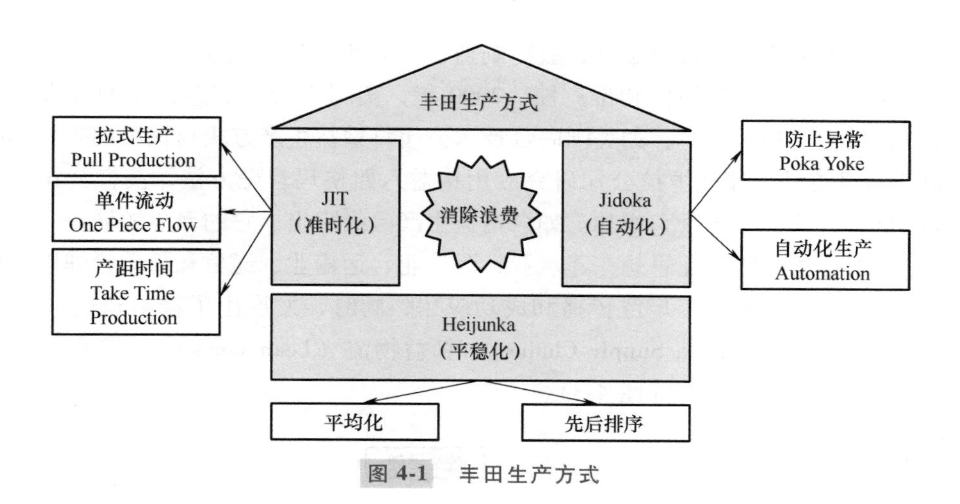

图 4-1　丰田生产方式

个国家的近 90 家汽车工厂进行了实地考察和对比分析，于 1992 年出版了《改造世界的机器》（*The Machine That Changed the World*）一书，第一次将丰田生产方式总结命名为精益生产，对其管理思想与特点进行了详细描述，如图 4-2 所示。接着在 1996 年进行了“国际汽车计划”的第二阶段研究，该书的作者出版了续篇《精益思想》，提出将精益生产扩大到制造业以外的所有领域，从理论的高度进一步完善了精益生产的理论体系，从此在全球刮起了学习精益生产的热潮。

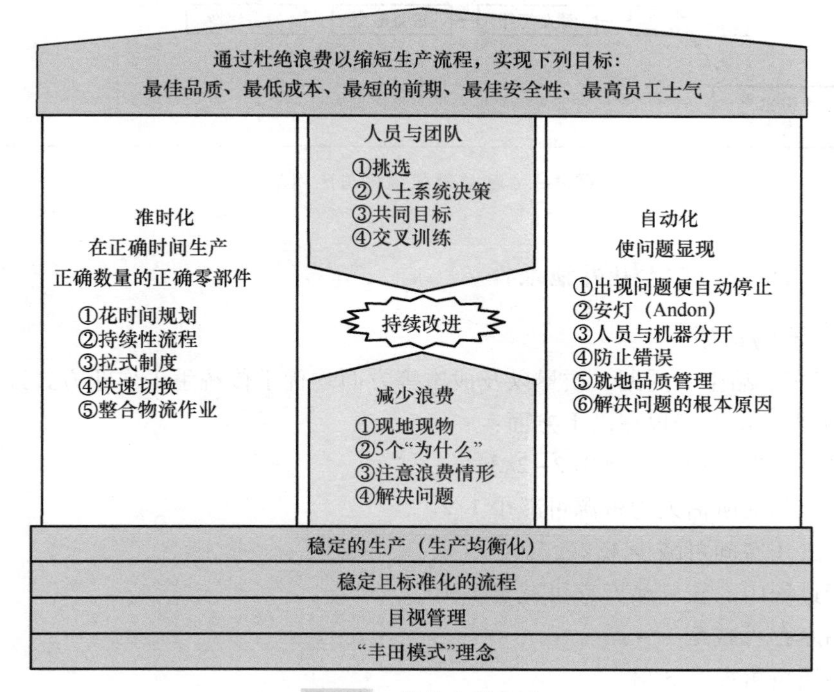

图 4-2　精益生产方式

3. 精益生产方式的新发展阶段——精益生产的成熟与推广

20 世纪 70~80 年代，美国的许多公司学习并采用了精益生产方式摆脱了经济困境，美国制造业得以复苏。之后大规模定制、敏捷制造、单元生产等不断为精益生产注入新内容，精益生产不断完善，更具适用性和推广性。2000 年，美国工会对制造企业的普查显示世界级的企业普遍采用了精益生产，如美国联合技术公司将精益生产方式与该公司实际相结合创造出了 ACE 管理方法，摩托罗拉公司研究应用精益六西格玛管理方法，波音公司研发群策群力的管理体系，均获得了巨大成功。如今精益生产已经跨出了它的诞生领域——汽车制造业，作为一种普遍适用的管理思想在建筑业、医疗业、运输业、通信和邮政管理以及软件开发与编程等行业或领域得到了广泛传播和成功应用，同时，发展出了精益建造（Lean Construction）、精益供应链（Lean Supply Chains）、精益物流（Lean Logistics）等理论概念，在各个领域得到了飞跃性的发展（图 4-3）。

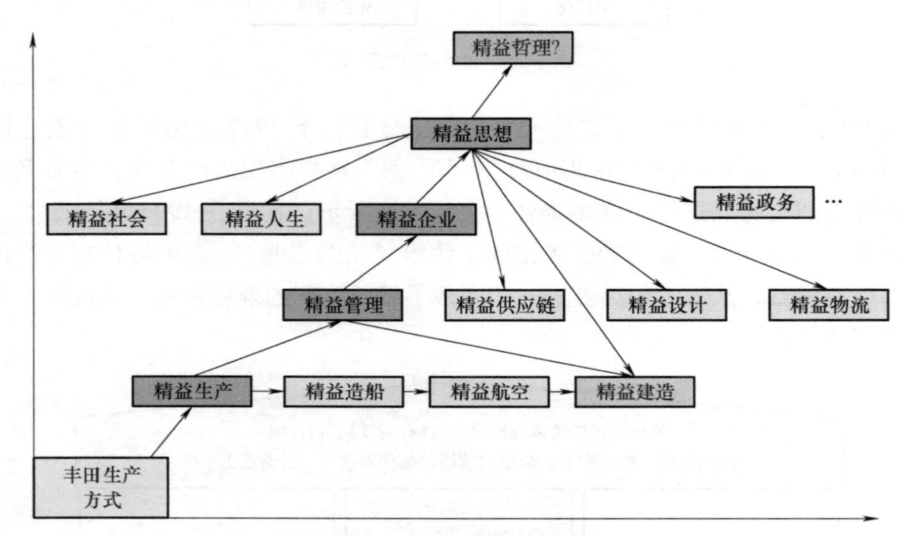

图 4-3　精益思想演化与应用趋势

4.1.2　精益生产的优势和实施条件

1. 精益生产的优势

精益生产在产品生产周期、质量以及成本等方面均优于传统手工作业方式或大批量生产方式的平均水平，主要表现在以下方面：

1）新产品开发周期可减至 1/2~2/3。

2）生产部门的所需人力资源可减少 1/2。

3）工厂占用空间可减少 1/2。

4）生产过程中的在制品库存可减至 1/10。

5）成品库存可减至 1/4。

6）产品质量可提高 3 倍。

7）生产成本可降低 1/2。

2. 精益生产的实施条件

从现阶段广泛应用的大规模生产方式转变为精益生产，其实施必须具备一定的条件，如

图 4-4 所示。首先，精益生产对员工个人素质和团队工作协同水平提出了更高的要求；其次，企业也需要对精益生产的实施具有坚定的信心；最后，精益生产的实施必须建立在高效、节约观念深入人心的良好社会氛围基础之上。

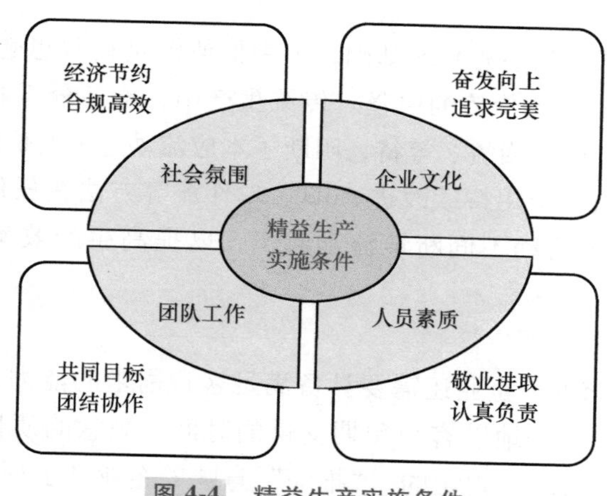

图 4-4　精益生产实施条件

4.1.3　精益思想及其原则

精益思想（Lean Thinking）是指从理论的高度归纳精益生产的管理思维，以整体优化的观点，合理配备和利用拥有的生产要素，消除生产全过程中的一切浪费，实现以最少的投入为顾客创造出尽可能多的价值。精益思想从定义价值、持续改善价值流入手，不单纯地追求企业最低成本，而是以用户和企业都满意的产品质量和价格的最优比为目标。

《精益思想》一书还提炼了精益思想的价值（Value）、价值流（Value Stream）、流动（Flow）、拉动（Pull）、尽善尽美（Perfection）五项原则，如图 4-5 所示，对后续精益思想的演化与应用起到了重要作用。

1. 从客户角度识别和定义价值

从客户角度去思考，以识别对其有益的活动和其关注的活动，由此确定产品价值以及从设计到生产到交付的全部过程。这意味着企业的一切生产经营过程都要关注客户的需求，实现客户需求的最大满足，而不是从某个部门或个人的角度主观臆断而做出决策。

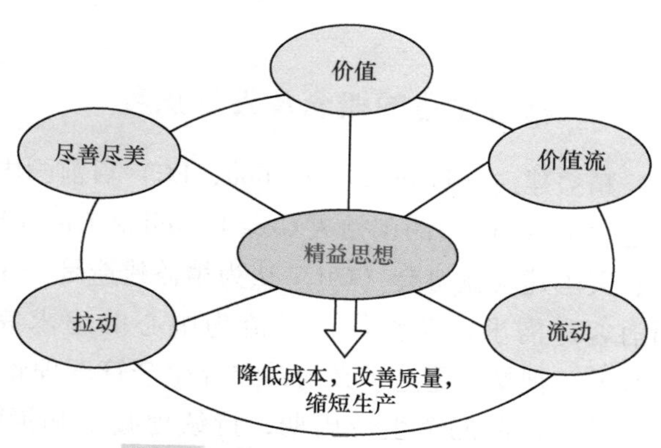

图 4-5　精益思想的五项基本原则

2. 识别产品的价值流

价值流是指从最初的订单、原材料一直到成品交付的全过程，及支持和服务过程中为产品或服务赋予价值的全部活动。这些活动包括从概念设计到实际投产的技术过程，从接收客户订单到产品交付的信息过程，从原材料到成品的物质转换过程，从人力资源调度到生产系统运行的组织过程，以及产品全生命周期的支持和服务过程。通过价值流分析能够明确其中的增值和非增值活动，从而消除不必要的非增值活动。将价值流画成一张流程图，称为价值流图。价值流图分析是精益生产的重要而有效的工具。

3. 使价值不间断地流动

如果正确地定义价值是精益思想的基础，识别价值流是精益思想的准备的话，“流动”和“拉动”则是实现精益思想价值的中坚。传统生产中，部门分工和大批量生产带来了生产过程中大量的中断、迂回、回流、等待，阻断了本应流动起来的价值流，而精益将以上所有的停滞视为浪费，并致力于用持续改进、JIT、单件流等方法在任何批量生产条件下消除浪费，使创造价值的各个活动不间断地流动起来，以提高生产效率、加快价值流的增值过程。

4. 以客户需求为导向拉动价值

只有“流动”是不够的，企业还需要具备满足客户需求的能力，紧紧围绕客户需求来“拉动”生产经营过程，精确地以客户预期交付的时间、满意的质量和所需的数量提供产品。“拉动”是对应于“推动”提出的，“推动”意味着企业基于预计的需求假设进行生产的计划与控制，而“拉动”直接精准对接客户需求，能消除过早、过量的资源投入，从而减少现场在制品、控制产品库存、压缩生产提前期，使企业有能力在相应的时间完成最重要的增值活动。

5. 永远追求尽善尽美

精益思想认为，企业的目标是追求尽善尽美，虽然完美总是达不到的，但却代表了一种理想的未来状态，所以企业要持续跟踪客户需求的变化，更新价值的定义，监控价值流的状态，由表及里地发现和消除浪费，在客户需求的导向下促进价值不间断地流动，不断趋近尽善尽美的价值流状态，精益思想促进着企业形成不断精进、追求完美的组织氛围。

4.2 精益建造概述

4.2.1 精益建造的概念及发展历程

精益建造（Lean Construction，LC）目前国内外尚未对其形成统一的定义，如美国精益建造协会（LCI）的创始人 Greg Howell 和 Glenn Ballard 将精益建造视为一种新的建设管理方式；美国建筑业协会（CII）认为精益建造是一个在项目执行过程中消除浪费，满足或超越所有客户需求，以整体价值流为中心的追求完美的连续过程；中国精益建造技术中心（LCTC）把精益建造定义为：综合生产管理理论、建筑管理理论以及建筑生产的特殊性，面向建筑产品的全生命周期，持续地减少和消除浪费，最大限度地满足顾客要求的系统性的方法。众多定义的共识在于：精益建造的实质是精益生产在建筑业的应用，是基于生产管理方法实现项目交付的新方式，而且特别适用于复杂、不确定和快速项目。本书将精益建造定义为：精益建造是从建筑和建筑生产的基本特征出发，基于生产管理理论、建筑管理理论以及建筑生产的特殊性，理解和管理建筑生产全过程，面向建筑产品全生命周期，尽量地减少和消除浪费，最大限度地为顾客创造价值，最终实现项目成功交付的项目交付体系。精益建造作为一个完善的建筑生产理论，包含了一系列精益工具和技术，对于现阶段我国建筑生产过程的重新审视、建筑产品建造缺陷的解决、建筑生产和管理水平的提高具有重要价值。

精益建造的研究最早源于1992年Lauri Koskela的一篇名为*Application of the New Production Philosophy to Construction*的研究报告。Lauri Koskela将建设工作描述为一种生产活动，希望通过寻找制造业和建筑业相似之处以启发建设管理的新思路，首次提出了将“精益思想”运用于建筑业中的设想。他认为如要突破传统建筑业生产效率的瓶颈，不能仅依靠技术的提升，而是要以生产理念为基础解决建造流程碎片化，通过借鉴精益生产的原理、技术和手段，建筑业能够取得实质性的进步和发展。之后在1993年，Lauri Koskela在芬兰主持了精益建筑国际研究小组（International Group for Lean Construction，IGLC）的首次会议，首次正式提出“Lean Construction”一词。

随后，世界上许多学者纷纷投入这一领域的研究，智利、丹麦、英国等国成立了许多致力于研究精益建造的组织，为精益建造后续大规模的研究与应用奠定了基础。其中，Glenn Ballard受Lauri Koskela启发，与Greg Howell在美国创建了非营利性组织——精益建造协会（Lean Construction Institute，LCI），研究和开发了以末位计划者系统（Last Planner System，LPS）为核心的精益项目交付体系（Lean Project Delivery System，LPDS）。该系统致力于施工过程中的流程管理，以期从计划上降低流程变动。

IGLC和LCI的学者们对精益建造中的项目定义、精益设计、精益供应链、精益施工等进行了广泛的理论研究，被全世界成百上千的公司邀请进行精益建造的培训、指导和诊断，为推动精益建造在学术和工业界的推广做出了巨大贡献。到目前为止，精益建造的管理思想与技术工具已经在英国、美国、芬兰、丹麦、新加坡、韩国、澳大利亚、巴西、智利、秘鲁等国得到广泛的研究与实践。实施精益建造的建筑企业已经在建筑质量提高、建造时间缩短、项目成本下降等方面取得了显著的效益。与此同时，这些企业在精益建造的实践中积累的数据与经验又为学术研究注入了新的源泉。基于这些实践数据的分析讨论，又促进了精益建造理论体系的完善和发展。

4.2.2 精益建造的特点

1. 客户导向

建筑产品的最终客户是拥有、使用房屋的业主，而精益建造的最终目的是满足客户的需求，因此精益建造要求将客户前置到设计阶段，洞悉客户的偏好和愿望，以其需求定义产品价值，围绕此开展一切建设活动，从而设计和建造出客户满意的、适应市场需求的建筑物，真正体现用户是“上帝”的精神，避免建设方闭门造车和对客户意愿的主观臆测。

2. 减少或消除浪费

建造过程中的浪费包括设计变更、库存堆积、重复搬运、待料窝工等带来的时间、空间和成本的浪费，而精益建造认为逐一改善单个活动的效率不一定能提高项目整体的建造效率，还应力求在建造过程中系统化地减少或消除浪费，使价值在增值活动间连续不断地流动起来，从而实现总体建造效率的提升。

3. 持续改善

在建筑行业中“零缺陷”可能无法完美实现，但却代表了一种理想的未来状态，即满足客户需求、最少的建造成本、最优的建筑质量和最及时的交付。只要建设项目中的所有工作人员都贯彻精益建造原则，力行精益建造实施战略，面向此目标进行持续改善，便会不断趋近尽善尽美的状态，使得企业永远保持进步。

4. 准时化拉动式

准时化是指在恰当的地点和时间完成所需的活动，为拉动式生产方式奠定了实现基础。拉动式生产方式是指以最终建筑产品为导向，根据后一道工序对前一道工序的要求完成前一道工序，拉动建造活动进行。不同于传统的推动式建造方式，准时化拉动式这种管理模式能够及时启动上游的物流运输活动，也可以消除施工现场窝工待料等浪费现象，从而有效提高建造过程的工作效率，按期保质完成下道工序所要求的工作，最终达到提高整个施工管理水平的目的。

4.2.3 精益建造与传统建造方式的比较

精益建造与传统建造方式在业务控制、工作方式、用户关系等理论和实践方面有很大的区别，表 4-1 具体对比了两者的不同之处。

表 4-1 精益建造方式与传统建造方式对比分析

比较项目	传统建造方式	精益建造方式
生产方式	推动式，根据公司自身的需要，造成大量库存	拉动式，根据市场需求，库存较少
优化范围	分包商的局部优化	项目整体绩效优化
业务控制	被动事后监督	主动动态监控
质量观	消极、被动的事后检验	零缺陷，全面质量管理
对人的态度	“机械式”工作	强调人的主观能动性和相互协调
设计方式	串行设计方式	并行设计方式
生产组织	组织层级繁杂	柔性组织、相互协作
用户关系	不能结合用户要求	以用户需求定义产品价值
决策权限	中央集权，上层决策，基层执行	适当分权，基层人员参与决策
计划制订	从上到下	从下到上
管理目标	完成合同规定的工作	满足客户需求、最小化浪费、最大化价值
管理思想	转换	转换、流动和价值
协作方式	被动协作	主动协作
设计顺序	先产品设计，后过程设计	产品设计和过程设计集成在一起

（续）

比较项目	传统建造方式	精益建造方式
学习程度	学习只是偶然现象，遇到问题才改进	注重持续的培训与学习，将学习融合在企业管理和供应链管理之中
缓冲设置	仅使局部得以优化	旨在降低系统的不确定性
与供应商关系	无长期合作计划	战略联盟，长期合作
与员工关系	可随时解雇，工作无保障	文化认同、工作保障

精益建造在项目目标、计划工作和控制系统三个方面具有突出优势。

1. 项目目标

精益建造与传统建造方式突出的不同在于：传统建造方式的参与方以各自利益最大化为目标，而精益建造以实现客户的价值最大化为项目的根本目标，在项目起始阶段就将对客户有益的活动和其关注的活动定义为价值，并围绕价值展开建造活动，使得客户的价值得到更好的理解、肯定、传递和实现。精益建造在设计阶段就将客户的需求融入设计中，并使其全程监督项目的实施，精益建造采取的拉动式生产本质就是以客户期待的时间、数量和质量提供产品，因此，精益建造对于实现客户价值具有重要意义。

2. 计划工作

传统建造方式的计划体系和决策活动是自上而下的，而精益建造采取自下而上的末位计划者系统进行计划的制订与分解，并将决策权力下放，赋予直接参与工作的员工计划和安排具体任务的权力。鉴于此计划是根据其自身的能力与资源等因素的限制而制订的，与实际情况结合紧密，因此具备较强的可执行性，可为项目计划的顺利完成提供坚实的基础。

3. 控制系统

由于建造过程的唯一性、复杂性和不确定性，传统建造方式建造过程的控制措施往往与现实情况存在脱节的现象，而精益建造根据现场的实际情况，对项目的全生命周期进行动态循环的控制，尤其适用于复杂的、不确定的、工期短的项目，即使在瞬息变幻的情况下也能够保证工作流程的稳定性和可靠性，从而确保项目计划的成功实施。

4.3 精益建造的理论体系及实施方法

4.3.1 精益建造的理论体系

Koskela 提出的 TFV（Transformation-Flow-Value）生产管理理论，也称为转换价值流理论，是精益建造的基础理论，是应用于建筑生产活动管理的重要思想。该理论指出建造过程与一般生产过程存在共性，是在特定地点进行的特定生产过程，精益生产原则是可以应用到建筑业的，并以此为基础构建了精益建造的整个项目交付体系（图 4-6），其中主要包括生产转换理论、生产流程理论和价值生成理论三个基础生产管理理论。

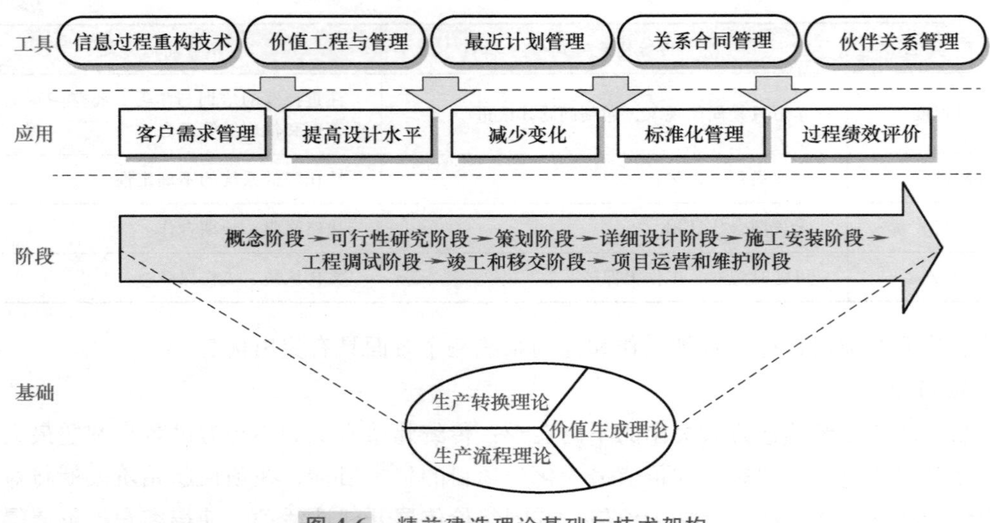

图 4-6 精益建造理论基础与技术架构

1. 生产转换理论

生产转换理论认为生产过程是一系列的输入到输出的转换，而对于建造过程则是输入人、材、机等一系列资源，通过一定方式的消耗，输出了客户需求的建筑产品，从而完成了生产的转换，实现价值的不断增加。此过程包括输入、转换（生产）、输出和反馈四个环节，其中生产过程可以向下逐级细分，直达最后一层的子过程（即活动），其运行程序如图 4-7 所示。

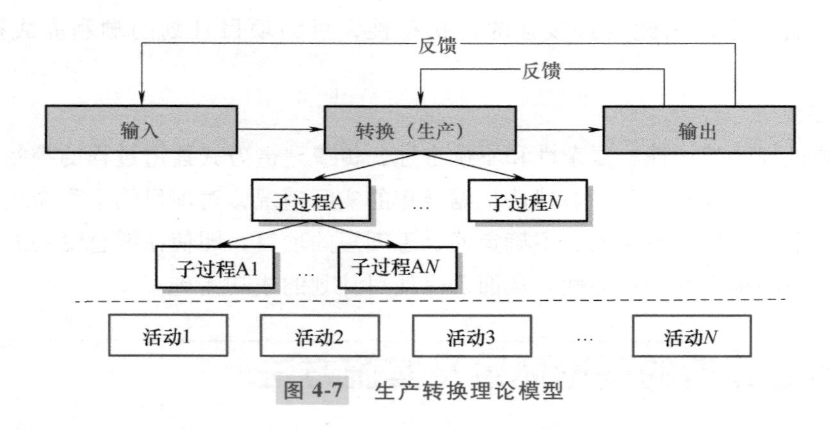

图 4-7 生产转换理论模型

输入是生产系统运行的第一个环节，也是将生产诸要素以及信息投入生产的过程，生产系统的输出是转换的必然结果，因此它必然也包括产品和信息两方面的内容。在转换过程中，上级子过程的输出即下级子过程的输入，因此该理论认为可以通过提高各个子过程生产效率来提高总的建造效率。反馈是将输出的信息回收到生产系统的输入或转换活动中，通过比较差异、查明原因、实施纠正等活动行使控制职能，对于保证项目目标的实现十分重要。但其不足之处在于过分强调子过程最优，精益思想认为局部最优并不等于整体最优，因此以下两个理论对此进行了补充。

2. 生产流程理论

生产流程理论认为生产过程是一个不断流动的过程，包含一系列物质流和信息流的流动，以此将价值传递给客户。流动模型由四部分组成：过程、检测、等待和移动（图 4-8），其中，只有过程是参与转化的增值活动，其他的检查、等待和移动被认为是生产过程中的浪费。

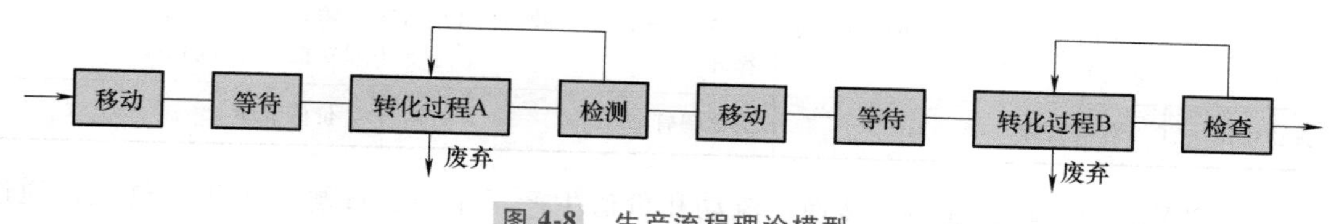

图 4-8　生产流程理论模型

生产流程理论认为在建造过程中存在三种活动：增值活动，如基坑开挖、钢筋绑扎、混凝土浇筑、门窗安装等构成工程实体的活动；必要的非增值活动（第一类浪费），这类活动尽管不直接创造价值，但却是增值活动的辅助活动，如脚手架搭接、模板安装等；没有必要的非增值活动（第二类浪费），这类活动是生产流程理论认为的应该尽力消除的活动，如库存积压、重复操作等。鉴于生产总效率取决于转换的速率、流动的数量和流速，因此为了提高建造效率，必须减少无效流动。

3. 价值生成理论

价值生成理论认为建造产品是一个为客户（业主）增值的过程，而产品的价值是客户赋予的，所以满足客户需求的产品才有价值。因此该理论强调以客户为中心，要求及时发现项目各参与方与客户之间的矛盾关系并予以解决，价值生成理论模型包括需求获得、需求流动传递和价值实现三个部分（图 4-9）。

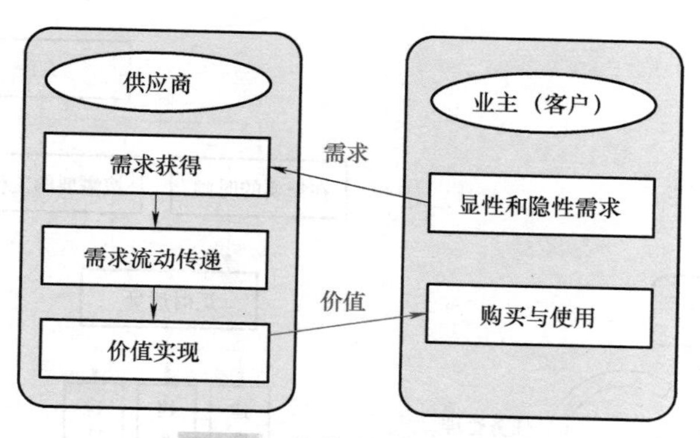

图 4-9　价值生成理论模型

首先作为价值生产的第一步，在设计之初识别业主所有的显性和隐性的需求，确保建造产品符合业主要求；其次识别出来的需求能够在参与方间顺畅地传递，没有被忽略和误解，而是在每个建造阶段都能够实现相关的客户需求；最后确保生产系统的生产能力能够满足需要，给客户创造的价值能够测量，从而保证客户的需求能够得到最大化的满足，实现价值最大化。以上三个理论并不是竞争和替换的关系，而是相互补充的，具体对比分析见表 4-2。

表 4-2　三种生产理论的对比分析

生产理论	生产转换理论	生产流程理论	价值生成理论
生产概念	建筑生产是资源输入到产品输出的转化过程	输入到输出中含有一条流	最大化满足客户需求以增加价值
主要原则	有效生产	消除浪费（非增值活动）	消除价值流失（追求价值最大）
实施方法	WBS 工作分解、MRP 物资需求计划	连续流，生产拉动，PDCA 循环	需求分析法，价值工程，质量功能配置（QFD）
理论应用	任务管理	流程管理	价值管理

基于 TFV 理论，精益建造从转换、流动和价值生产三个角度理解建筑生产过程，通过实施任务管理、过程管理和价值管理，在交付项目的同时，实现最小化浪费、最大化价值。基于 TFV 的建筑管理模型如图 4-10 所示。具体说来，任务管理也可以看作为合同管理，此阶段主要是建立项目所需的生产系统，运用合同、工作指令、组织运作等管理工具，以保证各项任务的顺利完成；流程管理以高效率为主要目标，侧重减少或消除浪费，以促进增值活动在价值流中的连续流动；价值管理最主要的目的在于确保最终的建筑产品符合客户的价值需求。

4. 3. 2　精益建造的实施方法

1. 准时化

准时化（Just In Time，JIT）是以现场为中心，对建设单位、施工单位、设计单位和材料供应商的关系进行合理协调，既不延迟也不提早地开展原材料和成品的采购、生产、验收、仓储、运输等活动，做到在需要的时候、按需要的工作量、完成需要的工作，强调零库存，消除无效的劳动和浪费，实现最大化库存效率，最终达到用最少投入实现最大产出的目的，如图 4-11 所示。

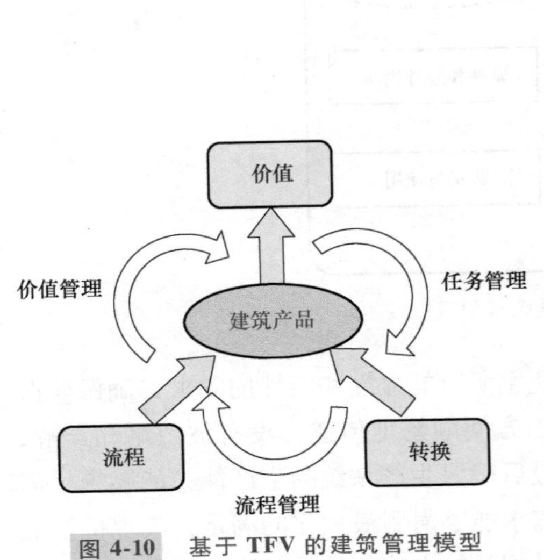

图 4-10　基于 TFV 的建筑管理模型

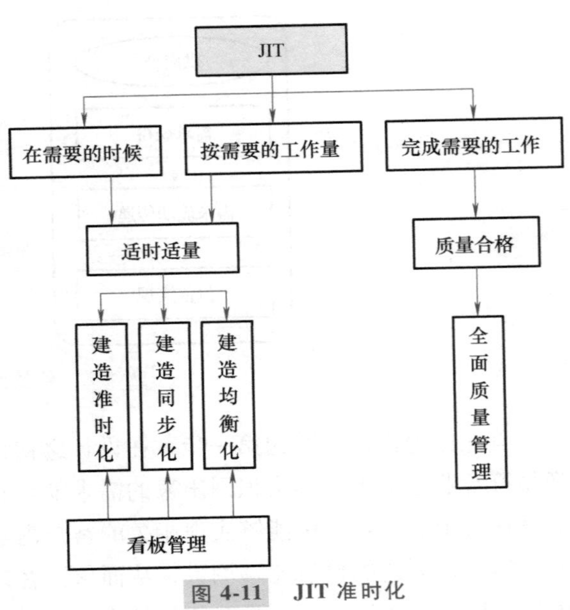

图 4-11　JIT 准时化

2. 看板管理

看板（Kanban）是传递信号控制生产的工具，包括产品名称、数量、生产工艺、生产时间、来源地、运送地等信息和指令，其形式可以是卡片、揭示牌、电子显示屏、信号灯或其他表示信息的工具。随着科学技术的发展，二维码等信息工具逐渐代替了传统看板形式。

看板管理作为拉动材料、信息流的有效手段，是协调管理全公司的一个生产信息系统，是利用看板在各工序、各车间、各工厂以及与协作单位之间传送作业命令，使各工序都按照看板所传递的信息执行，包括以往信息和未来计划，能够有效提醒工人何时、何地、如何进行工作，从而使上道工序可以很快地做出响应，完成要求的工作，反映了“拉式”工作原理，能够有效避免窝工、怠工等活动造成的浪费。按照看板指示的数量进行生产和搬运是看板的基本功能，此外，看板也具有作业指导的功能，有助于现场管理人员对工序顺序一目了然。

3. 末位计划者系统

末位计划者系统（Last Planner System，LPS）是一种由下至上的“拉动式”计划与控制工具，核心思想认为传统的建设管理中，项目经理总是倾向于编排超出员工能力范围内的进度计划，反而影响了正常的项目进度，而处于末位的计划者能够最准确地分配劳动力与物料资源，因此应将决策权力下放，授予直接参与工作的员工（末位计划者）计划和安排具体任务的权力，从而保证计划的可靠性与可实施性，确保工作流的连续性，提升项目控制水平。末位计划者系统共有四个级别的计划（图 4-12）：拉动式综合计划（Master Pulling Schedule）、阶段式计划（Phase Schedule）、未来工作计划（Look Ahead Plan）和每周工作计划（Week Work Plan）。

在计划进行中，末位计划者系统还要求利用“计划完成百分比（Percent Plan Complete，PPC）”这一指标对计划的执行效果进行绩效测量、实时反馈和活动纠偏，从而确保计划的高效完成。PPC 的计算公式如下：

$$PPC=\frac{实际完成的工作量}{计划完成的工作量}\times 100\%$$

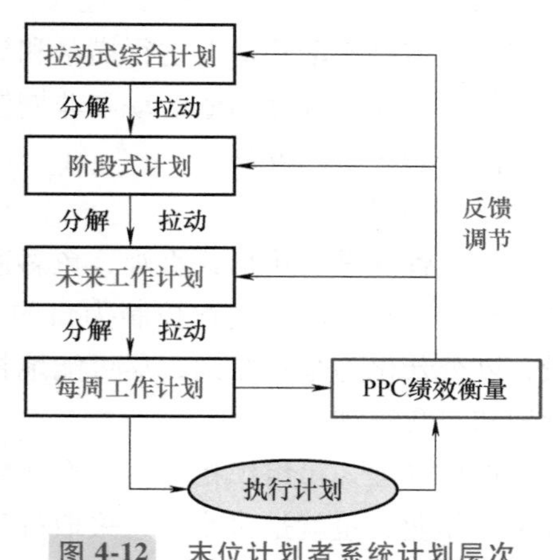

图 4-12　末位计划者系统计划层次

4. 5S 现场管理

5S 现场管理源于日本的制造业，是一种针对施工现场的人、材、机等生产要素的管理方法。5S 是日文 SEIRI（整理）、SEITION（整顿）、SEISO（清扫）、SEIKETSU（清洁）、SHITSUKE（素养）这五个单词的统称，其具体特点描述见表 4-3。5S 现场管理的目的是对施工现场的时间、空间、资源等方面的合理利用，减少库存、降低设备故障发生率、提高安全系数，创造出高效、整洁、物尽其用的工作场所，并提高企业优良的社会形象和员工积极向上的精神面貌。随着精益建造理论的不断丰富，5S 现场理论也逐步得到应用。需要注意的是，5 个 S 并不是各自独立、互不相关的，而是相辅相成、缺一不可的。整理、整顿、清扫是进行日常 5S 活动的具体内容；清洁是对整理、整顿、清扫工作的规范化和制度化管理，以便能使整理、整顿、清扫工作得以持续开展，并保持较好水平；素养是要求员工建立自律精神，养成自觉进行 5S 活动的良好习惯。

表 4-3 5S 现场管理的特点描述

中文	日文	特点描述
整理	SEIRI	①区分要与不要的东西，只保留必需的物品；②将混乱状态收拾成井然有序的状态
整顿	SEITION	①必需品依规定科学摆放，明确标示；②能迅速取出，能立即使用；③物品摆放目视化
清扫	SEISO	①谁使用谁负责清洁整理场内的脏污和垃圾；②对设备的清扫，着重于对设备的维护保养
清洁	SEIKETSU	①将整理、整顿、清扫实施的做法制度化、规范化，维持其成果；②不将整齐的物品弄脏、弄乱；③现场人员也要求形体和精神上清洁
素养	SHITSUKE	①人人严格按照规章标准行事；②强调相互协作的团队精神；③养成良好的 5S 管理习惯，成为有教养、认真、有品质的人

5. 价值流图

价值流图（Value Stream Mapping，VSM）是生产系统框架下的一种用来描述物流和信息流的形象化工具，主旨在于发现和暴露浪费、寻找浪费根源的起点，由此才能解决问题精简流程，从而为建造过程节省时间和资金成本。VSM 往往被用作战略工具、变革管理工具，从原材料购进的那一刻起，VSM 就开始工作了，它贯穿于生产制造的所有流程、步骤，直到终端产品离开仓储。VSM 通过对这些过程中的周期时间、当机时间、在制品库存、原材料流动、信息流动等情况进行描摹和记录，能够形象化地产生当前状态图、未来状态图和实时计划，并通过区分增值活动和非增值活动，改善并设计出未来计划蓝图，由此指导生产流程朝向理想化方向发展。

6. 目视管理

目视管理是利用形象直观、色彩适宜的各种视觉感知信息来组织现场生产活动，以提高生产效率、实施质量过程控制为目的的一种管理方式。目视管理以视觉信号显示为基本手段，以公开化为基本原则，尽可能地将管理者的要求和意图让大家看得见，以此来推动自主管理和自我管理。

现场管理人员组织指挥生产作业活动，实质是发布各种指令和信息，操作工人有序地进行生产作业，也就是接收信息采取行动的过程，那么生产效率提高就要求操作指令和信息的传递和处理既快又准。对于人员密集、专业不同的施工现场而言，管理人员的数量不可能无限制地增加，将目视管理作为辅助可有效地组织作业活动。此外，目视管理手段的透明度高，有利于发挥激励和协调作用，干什么、怎样干、干多少、何时干、何处干等事项一目了然，有利于工人默契配合、互相监督。随着信息技术发展，集成 BIM 信息模型的移动端项目管理工具逐渐推广和应用，起到了目视管理的作用。

7. 团队协作

团队协作是精益建造成功的重要保证。首先，针对不同人员优势和不同的项目工程，需建立不同的团队，避免一成不变；而且组织团队的原则不应完全按照行政组织来划分，还需要根据业务的关系来划分。其次，在团队工作中的每位工人要积极参与到团队事务中来，较熟悉团队内其他人员的工作，做到一专多能，起到辅助决策的作用，而不仅是执行命令。此外，精益建造的团队工作是建立在相互信任基础上的，以人为本，强调提高团队人员的主观能动性。最后，建设项目的各参与方之间也要建立长期合作关系，风险共担，利益共享，从而可以提高合作效率，减少相互推诿责任造成的损失和浪费。

8. 全面质量管理

全面质量管理（Total Quality Management，TQM）是以建筑产品的质量管理为核心，包括全员质量管理和建筑产品全生命周期质量管理，基本观点是：质量是建造出来的而非检查出来的，强调事前控制。

首先，全面质量管理重在培养每位员工的质量意识，以保证在全员参与中能及时发现质量问题，在发现问题后，组织质量研讨小组，运用排列图法、因果分析图法等对原因进行分析，及时纠错。其次，全面质量管理要求从设计阶段开始，到竣工的整个建造过程中的每一道工序都必须进行严格的质量管理，在本道工序检验合格之后才能进入下面的施工工作，直到质量问题处理完毕才可以进入下道工序，实现建筑产品质量全面提升，最终为业主创造出高质量的、满意的建筑产品。

9. 并行工程

并行工程（Concurrent Engineering，CE）是将建筑产品的规划、设计、准备、施工、验收等过程进行部分时间维度的“搭接”，使每个过程的所有阶段都协调交融起来，并行地开展工作，形成一种互补、匹配的整体系统。并行工程面向建筑产品的全生命周期，要求各专业人员提前参与到其他专业的工作中相互协作，从整体上更为准确地了解建筑产品，提前发现问题并及时调整，并在满足各参与方要求和利益的前提下，以最优途径、最快速度完成建筑工程。建设企业运用并行工程进行项目活动的情况如图 4-13 所示。

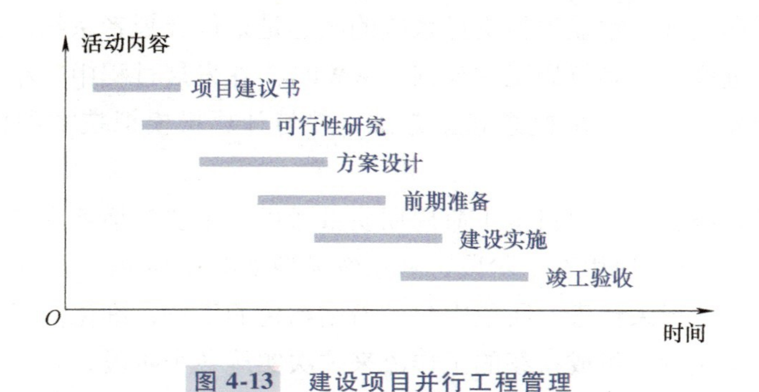

图 4-13　建设项目并行工程管理

4.4 精益项目交付

由于传统建造过程中设计和施工流程存在缺陷，项目参与者之间相对独立，缺乏真正有效的协同合作，传统项目交付的总体表现较差，项目超支、延期、返工等问题屡见不鲜。对此，不少业主、设计方和承包商意识到了精益建造的优势并将之应用到项目中，精益项目交付得到应用和发展，如集成项目交付（IPD）就是一种符合精益项目交付原则和实践要求的模式。精益项目交付通过优化建造流程、改善参与者关系，为项目参与方搭建紧密集成的平台环境，努力消除由项目参与方角色和专业分工以及项目流程所导致的对立和分裂。

4.4.1 精益项目交付系统

为解决传统项目交付问题，2000 年 Glenn Ballard 对传统设计和施工流程进行改进，提出了精益项目交付系统™（LPDS），并在随后的实践中不断发展和完善。传统的建筑惯例将设计者和建造者两个角色相分离，而精益项目交付系统将两者视为实现项目三大目标，即交付产品、价值最大化和浪费最小化的统一集体。

精益建造的五大理念是精益项目交付系统的基础，包括：

1）合作。真正有效且紧密高效的协作，能克服设计和施工工作的分割，从而共同克服传统项目中的不可预见性，确保最佳决策和结果。

2）加强项目参与者之间的关联性，积极主动地培养团队成员间的关系，促进成员间的彼此信任、信息开放和相互学习，使项目组织成为一个生产系统。

3）将项目视作一个承诺网络，项目各专业之间履行承诺才能保证工作流的可预见性，将参与方连接在一起，对项目进行实时管理和指挥，从而实现项目目标。

4）着眼于项目的整体优化，以整体统筹局部，局部优化为整体服务，可以避免各专业间的冲突，减少下游工作的可预见性。

5）将学习和实践紧密结合，工作方式应遵循已有的活动观察和总结成果，通过经常性的工作评估和总结，将经验教训及时应用，对工作问题进行改正，同时激发创造力，促进项目整体价值的持续改善。

精益项目交付系统从流程和关系上发力，要求整合项目各参与方及其所需资源，充分交互进行恰当的计划和设计。精益项目交付系统的核心是末位计划者系统，主要包括拉动式总进度计划、前瞻性进度计划和每周工作计划（WWP）。在发展过程中，精益项目交付系统也引进了丰田产品开发系统中的新概念和新方法，并与计算机模拟技术和新型合同形式整合在一起。

精益项目交付系统从提升项目全生命周期质量考虑，主要包括项目定义、精益设计、精益供应、精益施工、完成/使用五个阶段，其系统模型如图 4-14 所示。在模型中系统的不同阶段用多个交叉的三角形来代表，阶段内包含着结构化的工作，细化而互不相同的工作按生产控制所优化的顺序执行，组成持续的工作流来依次实施各个阶段，各个阶段之间又存在着相互影响，其中穿插着利益相关方之间的沟通协调配合。精益项目交付系统与传统项目交付主要监控结果的思想不同，根据计划制订工作流，并依据实际情况不断调整计划，以积极主动而非被动的方式制订项目计划并不断更新。

具体而言，精益项目交付系统通过以下特征来改进项目交付：

1）前期策划和设计需由包括项目下游利益相关方在内的跨职能团队共同完成。

2）项目控制包含实时监督控制，而不是依赖于事后差异检测。

3）通过专业协作网络，运用拉动式技术管理物料和信息流动。

4）运用产能缓冲和库存缓存技术以调节可变性。

5）在每一层级中应用反馈环，对系统进行快速调整。

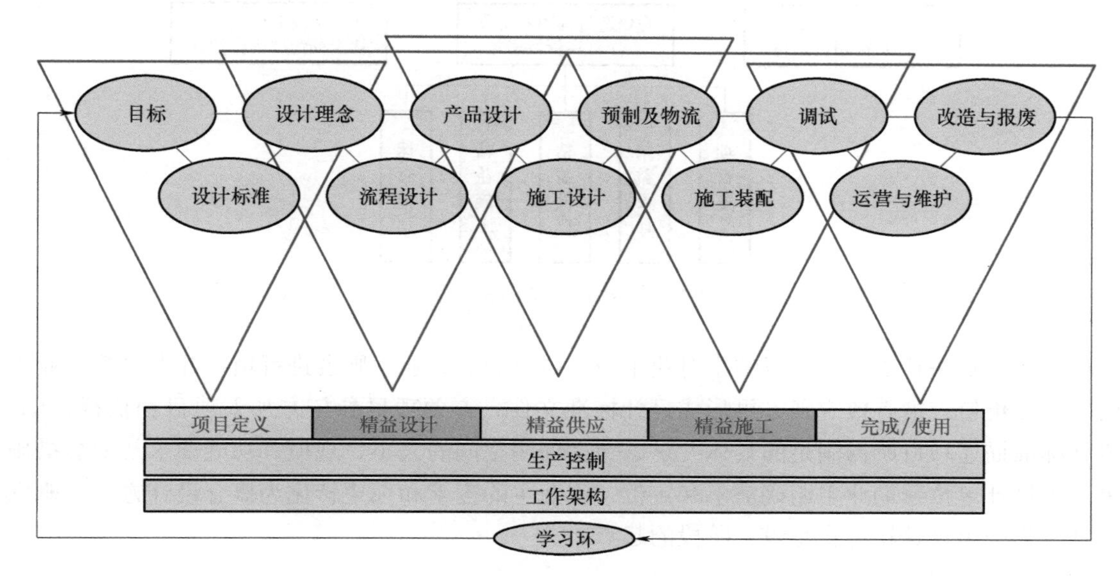

图 4-14　精益项目交付系统模型

（图片来源：林肯·H·福布斯，赛义德·M·艾哈迈德，《现代工程建设精益项目交付与集成实践》）

4.4.2　精益项目交付实施内容

精益项目交付以降低项目成本、缩短项目移交周期、提高项目价值为目标，在所有项目参与方中包括业主、设计单位、承包商和供应商等积极倡导精益理论和实践，通过优化建造流程和改善关系管理，提高项目组织的管理水平，促进项目整体价值的提升。

精益建造的理念需要从三个方面落实，如图 4-15 所示。在精益项目交付的实施过程中，各参与方首先需要将传统项目管理理念转变为精益建造理念。倡导精益建造理念的工作由业主来做较为合适，有助于在参与方中推广应用精益建造实践。各参与方也应积极贯彻精益思想，在项目团队组织中树立精益的建设文化，并渗透到每一项工作之中。在建造过程中应落实精益理念和方法，每个阶段都实现精益化，业主的价值定位和需求能被设计有效满足，承包商和设计单位充分交流配合，将设计工作转化为施工工作，项目的执行也应充分利用先进建造和管理技术及最佳实践做法，保证质量，减少返工和浪费。项目各参与方组成一个有机组织，以项目整体目标为导向，通过项目合作实现项目整体利益最大化。团队成员间增加内部沟通，努力创造合作环境，减少矛盾对立，在整体目标导向下共享资源，提升行为绩效，并持续改进，不断提高项目质量水平。

1. 项目定义

项目定义阶段的工作包括定义需求与价值、指定设计标准以及概念设计。项目定义首先需要设计多个可替代的概念设计方案，评估项目的可行性，对项目的风险和收益进行计算和

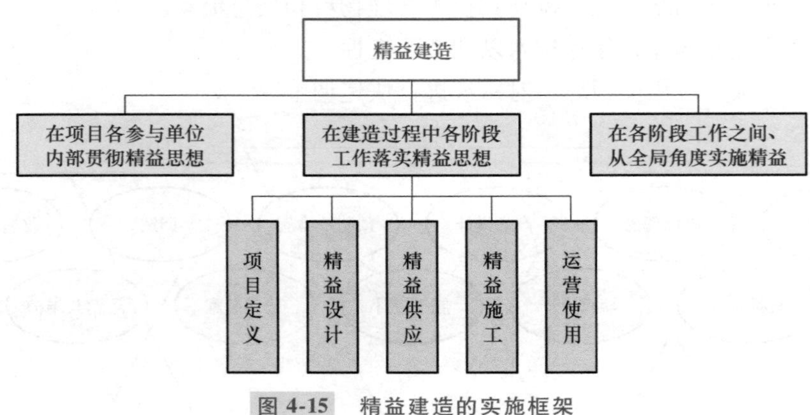

图 4-15　精益建造的实施框架

分析，制订财务计划。若分析结果对业主而言是有利的，业主则会进行项目开发决策。业主的需求和价值应被有效定义，可形成设计标准文件，方便项目参与方加入项目和执行行动。设计标准描述项目所需满足的具体要求，包括使用空间的大小、规模、功能要求及配套措施等。由设计单位帮助业主明确需求和定位，将业主的需求和期望转化为概念设计方案，概念设计作为一个设计轮廓也是设计阶段的起点。

2. 精益设计

精益设计阶段紧接着项目定义阶段，内容包括概念设计、流程设计和产品设计。

精益设计与传统设计做法具有根本差异。传统项目交付过程中，设计工作主要针对建筑产品，而设计流程是线性的、非互动的和叠加的，各专业的设计一般在初步设计图完成后才参与进来。尽管采用二维或三维的 CAD 技术可以辅助设计提升效率，但遇到因范围变更或预算问题等导致的设计变更也可能会打断线性的设计流程。除设计流程外，在传统项目交付过程中，业主与设计单位的信任关系不高，设计单位与施工单位、供应商的互动也较少，设计决策没有得到有效协作的支持，对项目后续工作可能造成巨大影响，比如产生高昂费用的返工。传统设计是基于专业分工理念的，设计与供应和施工间的联系被分割开来，这是传统项目交付问题产生的根源之一。设计时未全面考虑设计方案的施工可行性、施工难易性，那么在设计阶段结束后，若在施工阶段发现问题而进行变更，获得施工单位专业支持并提出低成本解决方案的难度会更大，设计审查的费用和复杂性也是很大的困扰。相应地，如果设计方案缺少了施工单位的参与，新型建造技术体系和方法的应用将会受到极大限制。当然，对于住宅项目而言，内装和运营部分在设计阶段的介入也是不可缺少的，内装部品供应商参与设计并提供信息支持，有利于设计方案的落地转化（图 4-16）。

精益设计则倡导同步的产品设计和流程设计，在考虑建筑产品的同时也兼顾设计流程的优化，不只是应用先进的设计理念、技术和手段，也需要各专业的专家有效协作，能共同对产品和流程做出最优决策。从建筑产品的角度而言，随着时代发展，建筑设计需要在有限资金的约束下满足业主或客户的需求，以及越来越多且越来越严格的规范要求，因此极有必要组建一个跨职能的团队来统筹平衡各项要求，建造更高性能的建筑产品。从建造流程的角度而言，供应商和施工方等的专业人员在早期介入，通力合作并提供技术支持，在设计阶段考

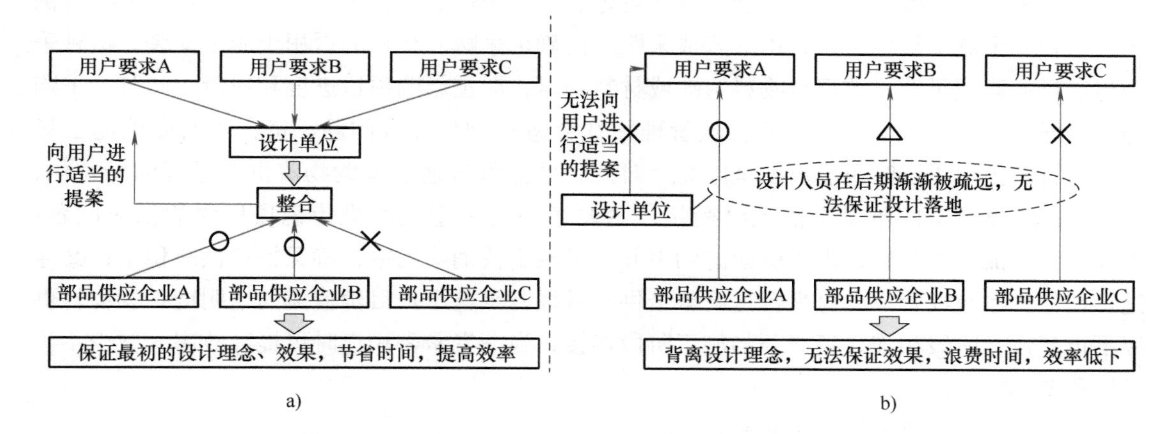

图 4-16　部品供应企业前置介入与未前置介入的设计流程

a）部品供应企业前置介入　b）部品供应企业未前置介入

（图片来源：《内装工业化对日本住宅设计流程的影响——与中国住宅设计现状对比》）

虑到后期可能出现的问题及其解决方法，有助于形成更合理全面的设计方案，增加设计方案的可施工性，减少返工问题的产生，能降低成本和节约工期。

精益设计的实施方法或工具有：

1）设计时要针对业主或客户需求的价值定位，确定有效价值的范围，可采用目标价值设计方法，结合质量功能配置（QFD）方法，确保设计决策的有效性。

2）明确设计、建设阶段各自的设计任务，打通设计阶段与下游阶段的设计接口，避免重复设计或设计返工，进一步地可以融入全生命周期的设计要求，组建跨职能的团队。

3）提升设计效率，如使用建筑信息模型（BIM），通过 3D、实时、动态的建模软件来实现设计可视化，避免专业间的设计冲突，也可模拟施工安装过程。

4）采取基于集合的设计战略，同时进行多个方案或方案系列的设计，再挑选最佳方案。

5）采用无浪费设计评审。

6）执行标准化的设计变更程序。

7）寻找设计方案的公共的、可复用的平台，如基于 BIM 的信息平台可作为连通不同参与方的设计平台，也可连接不同建造阶段甚至是运营使用阶段。

8）不同项目的设计方案不可能相同，出于节约成本和工期的考虑，可依据过往经验与案例以及标准化的设计范式进行方案设计，需要把握标准化和定制化之间的平衡，可以把个性的东西放在共性的后端。

9）积极推广设计和建设的总承包模式。

3. 精益供应

精益供应主要是依据前述项目设计方案来确定所需物料，确定物料的生产、供应计划、供应时间和运输方式等。

工程项目涉及的资源材料种类多、数量大，通常会占用大量工程建设资金，并且物料供应计划容易受外部因素影响如交通、存储场地、突发事件等。在传统项目交付过程中物料供应经常独立于施工流程之外，由买方或采购部门确定采购的材料能否用于施工安装，这种采购与现场的割裂可能导致现场物料短缺或材料错误，严重影响项目进度和质量。同时，采购的物料通常堆放于现场，传统的粗放管理往往会忽视物料存放问题，挤占了有限的施工场地，当材料出现积压时也会有安全隐患。对此，精益供应通过采购物流供应过程的精益化，实现时间维度和空间维度上的无缝衔接，主要通过三个途径解决传统项目中的供应问题：①改善工作流的可靠性，识别供应的约束并尽量减少或消除约束，确保物料供应稳定；②通过管理信息系统或管理信息平台提高整个供应过程乃至整个项目价值流的透明度；③物料供应不止与设计阶段相连，还必须与施工阶段连接，当三者紧密相连时可提高效率、减少不确定性和节约成本。

精益供应的实施方法或工具有：

1）采购遵循 5R 原则，即企业在采购过程中应做到物料供应的适时（Right Time）、适质（Right Quality）、适量（Right Quantity）、适价（Right Price）和适地（Right Place）。

2）确定物料的采购种类，将需要外购的物料和内部可提供的物料分别处理，即把部分外部交易内部化，使价值链达到最优化。

3）和生产供应商建立伙伴关系，通过合作树立信任，共享信息，实现成本透明化，也要与潜在供应商保持联络。

4）在必要时或定期对供应体系进行审查，定期对供应商进行评比，促进供应商之间形成良性的竞争机制。

5）建立需求拉动的物流流动方式，通过生产计划控制和库存管理技术，对供应进行优化，尽量实现准时交付，必须注意在变化的环境下生产供应商、运输单位和施工单位需要协调机制来保证准时交付，防止计划外的交货延迟和提前交货。

6）建立节点最短的供应链，压缩中间供应环节，并对定点生产供应商实行动态管理，做到优胜劣汰。

7）加强对运输环节的重视和管理，考虑不同种类物料的特征特性来决定装载方式、运输方式和运输时间，并对交通路线规划进行优化，此外，物料的实时运输信息应能被生产供应商和施工单位等参与方便捷获取和共享。

8）对构件部品等物料在现场的堆放布局和库存水平进行设计和优化，保证进度的同时能节约成本。

4. 精益施工

精益施工阶段主要是现场的施工装配活动等。

传统现场作业存在许多不确定性，如天气条件、工人操作水平、物料供应与库存等，因此施工质量和进度易受影响。精益施工则要求采用先进的建造技术，特别是预制技术，配以先进的管理方法，改善施工流程。相比传统现场湿作业，采用预制技术在工厂进行构件部品的标准化、规模化生产，生产过程可控，生产质量和生产效率有保障；同时将现场施工装配工作合理安排，提高了现场安装速度，进而有力地改善了施工作业的面貌。当然，国内不少项目开始采用现场工业化建造技术，减少现场的无效工作，通过爬架、铝模板等技术优化现场施工环境，加强现场工作的可控性并提升施工效率，这也是精益施工的一条实施路径。在建筑完工交付给业主之前，需要调试工作来确保所有系统按照设计计划和规定的要求安装完成，建筑产品能满足业主要求。

精益施工的实施方法或工具有：

1）精益思想要求产品质量零缺陷，这是持续改进工作的目标。

2）在制造业由最终产品的缺陷倒推寻找工艺和流程问题并加以改善是合理的，但建筑产品的一次性、独特性、高成本和不可逆性决定了这种做法在建筑业内是行不通的，需要将质量管理的思想和方法渗入到整体流程的每一项工序中，严控质量，发现问题及时处理和反馈，不把质量缺陷传入到下一步工序。

3）通过工作结构化将工作细化为不同的单位以提高连续流和生产能力，采用末位计划者系统来提升项目控制水平，结合物料资源制订均衡化的工作量计划，保证施工工作流的稳定。

4）施工过程中的各项工作需要进行完备的记录，对过程中新应用的技术方法进行评估和挑选，逐渐积累最佳实践做法，进一步地加以提炼和发展，最后形成标准化的工艺和配套的精细化管理方法，这也是一个不断循环的过程。

5）通过精益方法与信息平台加强施工阶段的管理效率，提升各方之间的沟通和协作水平。

5. 运营使用

运营使用阶段的对象是已完成的建筑产品，调试后交付给业主或客户开始使用，进入长期的运营和维护过程。在未来经过长时间使用后，建筑设施可能被修缮、翻新，或因不能再使用而被处置。

在运营使用过程中会出现一些导致运营成本增加的问题，比如建筑设施内部布局不善、功能区域配置不全、局部设施维修不便等，造成此类问题的原因很大程度上在于建筑设计考虑不周。因此在设计阶段也需要运营相关方参与设计工作，提前考虑建筑运营的相关问题并运用精益运营设计予以避免或解决，如采用目标价值设计方法，明确业务需求，优化设计布局，找寻预算框架内最合适的设计方案。

4.4.3　实施精益项目交付的前提条件

在了解精益项目交付及其实施内容后，参考、关联业界已有的实例项目，可以发现能顺利实施精益项目交付并能取得相应成效需要满足一定的前提条件，这里总结部分内容如下：

1）精益文化和变革意愿是基础。精益项目交付与传统项目交付差异明显，精益思想和方法的成功应用是建立在配套的组织基础之上的，组织需要从适于传统项目交付的架构转向适于精益项目交付的架构，因此需要在各项目参与方内部树立精益的建设文化和变革意愿，促使员工参与到精益建造的变革之中。

2）接受培训和持续学习。参与项目的相关方各层级管理人员都应接受精益思想和方法的培训，并且不断学习先进的建造技术和管理方法，在建造过程中也应对已完成的工作进行检查和总结，形成经验和最佳实践做法。

3）强调共同愿景。在项目参与方内部员工需求能与上级指引达成一致，各参与方之间为实现共同愿景而减少利益对立，激发组织和人员的主动性，当然激励措施也必不可少。

4）保持项目整体目标导向，局部优化为整体优化服务，同时创造一个互相信任的、沟通和协作便利的环境，为准时化和供应链管理等技术的成功应用提供保障。

5）在各阶段落实精益思想和方法，做到降低或消除浪费、成本控制和绩效测量，在设计阶段确保可获得所需的项目资源和信息。

6）运用信息技术加强项目参与方之间的信息共享，提高信息集成能力，促进整体管理水平的提升。

4.5 精益建造的计划和控制

为实现工程项目的目标，必须采取计划和控制两类手段进行工程项目的管理，计划是对预期目标的制订与规划，控制是执行计划并保障项目进展不偏离项目预期目标。精益建造从工厂和施工现场两个角度，在计划和控制两方面同时发力，运用精益思想和方法减少建设过程出现的不确定性和浪费，尤其是精益思想中的准时化生产、均衡化生产、流程化生产、准时化物流和标准作业等理念和方法，对预制构件和部品的生产活动以及施工现场作业活动都具有重要意义。准时化生产是实现精益目标的必要方法，均衡化生产、流程化生产和准时化物流又是实现准时化生产的有力支撑，标准作业更是准时化生产的基础。

4.5.1 准时化生产

准时化生产（JIT）是指在必需的时刻按必需的数量生产必需的产品，简而言之就是适时适量生产，即保证要什么就及时给什么，需要时就及时送到，减少大批量生产可能出现的库存积压问题。

准时化生产与鼓励尽量多干、提前干和超额完成任务的传统生产观念截然不同，因而采用准时化生产的阻力较大。第一，各环节生产计划的影响因素纷繁复杂，对这些因素进行统筹规划是十分困难的；第二，各生产环节并不是独立的，而是环环相扣的，一旦某一环节的某一工序出现问题，会出现一连串的连锁反应，对环节间联系的谋划也相当重要；第三，在现场较难判断生产状态是否异常，对异常状态的处理也需要及时有效。

支持准时化生产的主要技术手段是拉动式生产，以供应链终端需求决定产品需求，进而决定零部件的需求和生产流程，即以最后组装线为起点由后向前推进，后一道工序的人员按照必需的数量，在必需的时刻去前一道工序领取所必需的零部件，而前一道工序则只生产被领取数量的零部件，这样就不用出现中间库存。相应地，每道工序或每个车间都按照当时的需要向前一道工序或上游车间提出需求，发出工作指令。拉动式生产将物流和信息流相结合（图 4-17），使得生产计划的制订更加简单，但增加了操作过程中生产单元之间的协调难度，这时也需要其他精益手段方法的支持。

制造业的研究显示，产品和零部件的制造过程包括产品的加工时间和停滞时间，一般停滞时间占整个生产时间的 80%~90%，因此要缩短产品生产过程中的停滞时间，从而减少浪

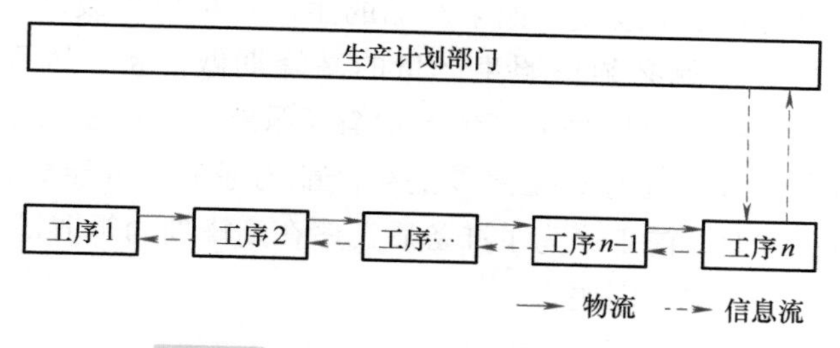

图 4-17 拉动式生产的物流和信息流

费。产生停滞的原因通常包括流程复杂、生产批量大、以销定产差和物流水平低等原因，可以从流程化、按生产节拍组织生产和提高物流效率等方面着手解决。

准时化对建筑构件生产有重要意义，特别是对于大批量生产方式下的预制构件生产。预制构件受建筑设计与深化设计的尺寸限制，很难做到广泛通用，大多是按订单生产，有时构件生产企业的人员、设备和流水线可能在停工待料，生产线不运行造成等待浪费；而物料到位后则会启动大批量生产，有可能导致预制构件库存积压，尤其是对体量较大的构件如预制墙板、楼梯等，库存较大时会占用构件生产企业的堆场空间，并导致生产计划出现调整。此外由于施工现场的存放空间比生产企业的堆场还小，大量库存构件也很难一下子运送到施工现场，无论是停工等待还是库存积压都会造成严重的资源浪费。因此，需要采用准时化生产及其技术手段，按施工进度计划和物料资源管理计划明确构件生产需求，减少生产准备时间，优化构件生产流程，提高多方沟通效率和物流效率，从而减少甚至消除非增值的等待时间、搬运时间或其他原因的延误时间及其所导致的浪费，降低生产成本。

4.5.2 均衡化生产

均衡化生产也称平准化生产，是指使产品稳定地平均流动避免在作业过程中产生不均衡的状态。在制造业中所谓“均衡”，是与“不均衡”相对应的，与“浪费”和“负荷过重”有关。浪费（日语 Muda，下同）是指未能创造价值、不增值的活动，负荷过重（Muri）是指员工或设备的负荷过重，不均衡（Mura）则可视为浪费和负荷过重的波动结果。生产作业的工作量有时会超过人员或机器设备的负荷，有时又会出现工作量不足的情况，造成不均衡问题的原因可能是不合理的生产计划、停工、原材料或零部件缺失等。

工厂中生产线各工位和设备的生产能力不平衡是一个典型的例子，不同工位的生产能力不平衡可能引起库存问题或生产能力瓶颈问题，进而导致资源与能力的浪费。如图 4-18 所示，工位③的生产能力最低，容易造成生产瓶颈，而工位④的生产能力最高又容易产生库存，生产能力的不均衡即过低或过高都可能引起浪费，进而提高生产成本。此外，不均衡现象也阻碍了准时化目标的实现。因此，实现生产的均衡化是极为必要的。同时，均衡化生产又是一种理想状态，可采取的实现手段包括缩短作业转换时间、一个流生产、全面质量管理等方法。

均衡化生产包括总量均衡和品种均衡两方面。

（1）总量均衡

总量均衡就是将一个单位期间内的总订单量平均化，即将连续两个单位期间的总生产量的波动控制到合理范围内的最小限度。如果产品的生产总量出现波动，工厂的必要生产要素如人员、原材料、库存等就必须依照生产量的高峰期做准备，因而在产量减少时容易产生人员、库存等浪费。除生产时期的产量不均衡问题外，还存在工序之间的不均衡浪费，若将图 4-18 中的工位视为不同工序，工序③的生产能力最低，可能导致后面工序有部分时间处于停工等待；另一方面，前工序为了准备后工序在高峰期的领取量，需将生产要素按高峰期配置，由此产生一系列浪费问题。

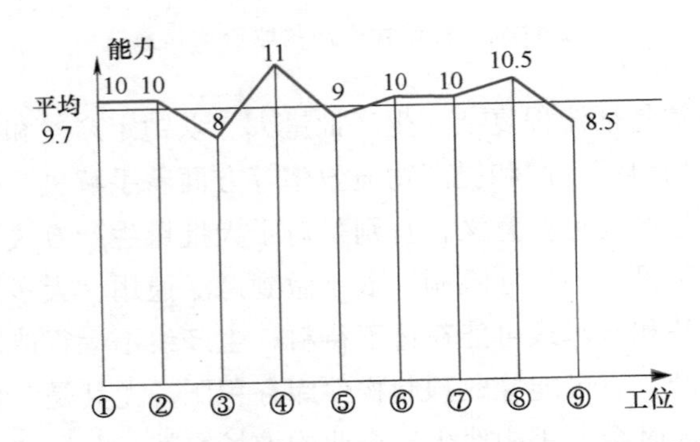

图 4-18 生产线工位和生产能力的不平均现象与均衡化

（图片来源：刘树华，鲁建厦，王家尧，《精益生产》）

（2）品种均衡

品种均衡就是在一个单位期间内生产的产品种类组合平均化，在一定周期内各种品种的产品出现的比率是均衡的，并且时间周期尽量缩短，即令产品瞬时生产数量波动尽可能控制到最小限度。如图 4-19 所示以某产品的多品种少批量生产过程为例分析，图 4-19a 中作为后道工序的组装工序是不均衡的，在后道工序内不同品种分别集中批量生产，当后道工序组装 A 产品时，生产 A 零件的前道工序很繁忙；但当后道工序组装 C 产品时，生产 A 零件的前道工序又极为空闲，这种忙闲不均很容易造成生产资源和时间的浪费。因此，应在某一单位时间内按各品种出现的比率均等的顺序进行组装（图 4-19b），也就是采用混流生产的方法实现品种均衡。

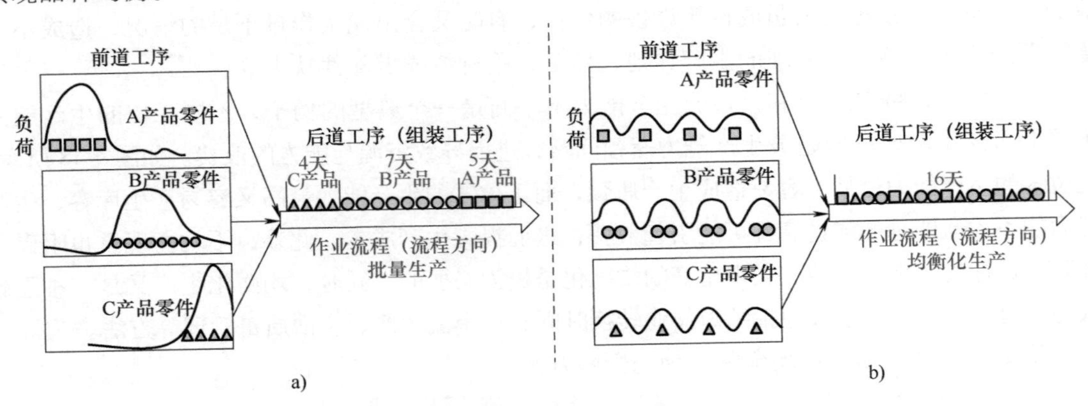

图 4-19 多品种批量生产的均衡化

（图片来源：刘树华，鲁建厦，王家尧，《精益生产》）

建筑预制构件通常包括外墙、板、楼梯等种类，每种构件也有不同的细分品种或构件深化设计方案，通过混流生产方法进行预制构件的小批量多品种生产，有利于构件生产企业达到生产负荷稳定化和库存减少的目标，也提高了企业对市场或项目要求的反应速度，对建筑业实现准时化目标具有重要意义。

除建筑构件生产需要向均衡化目标迈进外，现场施工工作也应朝向均衡化改变，具体体现在现场工序工时和专业工人的安排。以传统现浇体系建造的高层住宅标准层为例进行分析，对住宅建筑主体标准层工期影响较大的工序为梁板模板拼装、墙柱模板拼装和墙柱钢筋绑扎（图 4-20），这三个工序的时间耗费甚大且对工人数量需求较大，非关键工作的时间浪费也多，并易受天气等现场条件影响，生产能力波动较大。对此，采用预制装配技术就是一种解决方案，将现场浇筑活动转移到工厂进行构件预制，使生产活动可控且更易实现均衡。

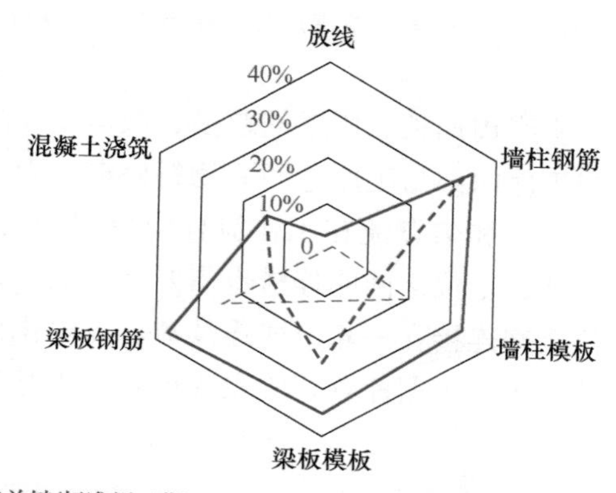

图 4-20　传统现浇体系高层住宅标准层工期分析

沿着均衡化的思路，现场混凝土浇筑作业还可以从现场工作本身入手，优化现场工艺和工序，提升工业化水平，比如使用预制钢筋笼来减少现场钢筋绑扎作业、应用铝模板来代替木模板、采用叠合板代替现浇楼板等措施，都是符合精益思想的。如图 4-21 所示，与图 4-20 相似建筑规模和面积的高层住宅项目，在采用“爬架+铝模”的现场工业化建造体系建造时，标准层工序工期和关键工序的工期分布合理，非关键工作的时间被减少和压缩，施工效率明显提高，现场作业情况得到明显改善。通过将现场工作均衡化，控制生产作业波动，节约人力物力，这是近年来现场工业化建造方式探索出的一条新路径。相比较而言，当前与预制装配式技术相配套的现场作业管理还未有效实现均衡化，这也造成预制装配式技术未能最大化发挥其优势。

4.5.3　流程化生产

流程化生产旨在建立一种无间断的流程，即前道工序加工一结束就立即转到下一个工序进行加工。传统批量生产方式多采用机群集中布置，而流程化生产是根据产品的类别将机器设备依照工序加工顺序依次排列，即按产品原则进行布置，各个工序紧密衔接，解决传统大

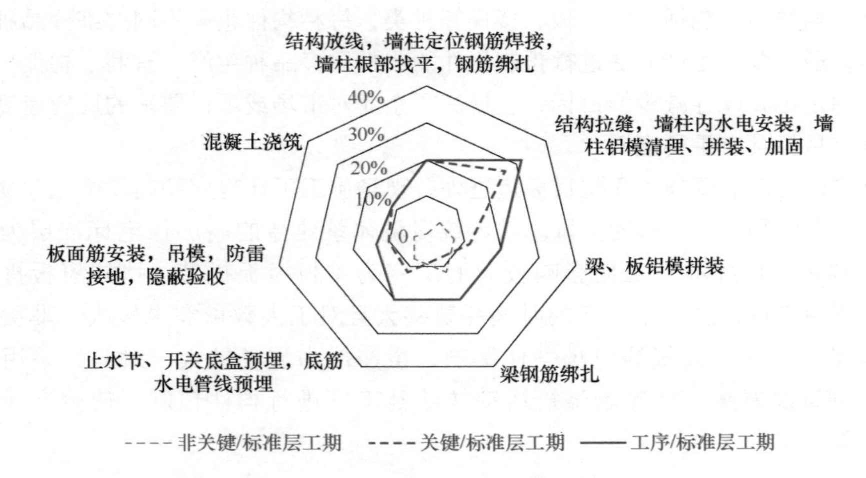

图 4-21　传统现浇体系高层住宅标准层工期分析

批量生产所引起的在制品多、生产周期长、质量问题多、搬运多等问题。

流程化生产针对的是生产工序内部与工序之间的物料停滞，为此应尽量缩小产品加工批量，优化工序间的衔接，使材料流和信息流在工作流程中更加顺畅。图 4-22 所示为利用流程化消除车间之间的停滞。此外，工位之间的停滞也需要予以消除，工位之间的不连续会产生库存和搬运时间，应将工位紧密连接在一起形成连续流。流程化生产对计划提出了新的要求，要求车间要与主生产计划同步，不留库存，除主生产计划外其他车间不要调度员，管理扁平化，消除中间层。

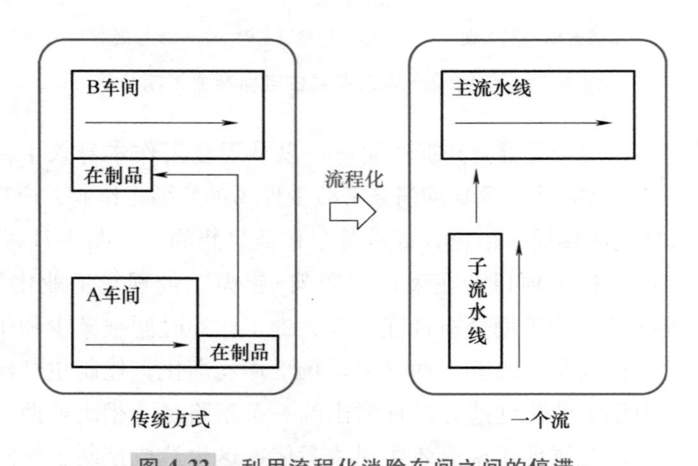

图 4-22　利用流程化消除车间之间的停滞

（图片来源：刘树华，鲁建厦，王家尧，《精益生产》）

在制造业内，流程化的理想状态是加工一件，移动一件，即一个流生产。一个流生产方式应尽可能朝着多工序作业的方式来安排，相应的操作人员为多能工，通过多能工和多工序作业可以实现少人化。在一个流生产中，若采用多工序作业，多个工序及其设备必须合理布置，以免影响工人的生产效率。设备的设计和选用也应符合要求，什么都能做的泛用型大设备也可能造成在制品积压，进而使生产流动不顺畅。加之空间占用大，逐渐不符合多品种少批量的市场变化趋势，应当采用小型化、生产效率高且稳定的设备。

现场工业化建造的穿插施工具有流程化生产的特点，其理念是从时间与空间两个维度对施工工序进行合理穿插和精细管理，采用新技术减少施工工序，或将部分无增值的关键线路工序变为非关键线路工序，去除了无增值活动与不必要的等待时间，兼具流程化和并行的特点。碧桂园的SSGF建造体系和万科的“5+2+X”建造体系，都应用了穿插施工实现增质提效。SSGF体系采用铝模、爬架、全混凝土外墙、预制内墙板等技术可实现标准层5天一层的流水施工，在主体结构施工阶段合理穿插了户内精装修等分部分项工程，以“*N*”层表示主体结构施工作业层，在“*N*-1”层进行铝模拆除，“*N*-2”层进行快拆体系支撑的拆除、窗框栏杆的安装，“*N*-3”层进行墙板安装等，最后在“*N*-10”层进行顶棚、墙面腻子的打磨与验收，而“*N*-10层装修完成”则表示当主体结构施工至11层时首层标准层的装修湿作业完成。因此，穿插施工可通过施工前合理策划，实现包括市政、主体、外墙、地下室、机电、装修、部品和园林在内的全专业、全工序的紧密衔接，打破传统施工过程中密集施工、集中安排、节拍流水的模式，在保证施工安全与提高工程质量的前提下，科学合理地提升建造效率，减少对各专业施工劳动力集中使用的需求。

近年来逐渐得到发展和应用的空中造楼机是现场工业化建造的另一条路径，模拟一座移动式造楼工厂，将工厂搬到施工现场，采用机械操作、智能控制手段与现有商品混凝土供应链、混凝土高处泵送技术相配合，逐层进行地面以上结构主体和保温饰面一体化板材同步施工的现浇建造技术，实现高层及超高层钢筋混凝土的整体现浇施工。自动化、智能化的空中造楼机相当于一条流程化的生产线，在其平台区域实现建筑产品的一个流生产和多工序作业，建筑产品由下到上、竖直完成。当然，这对空中造楼机的工序设计和机械设备的布置提出了很高要求。

4.5.4 准时化物流

准时化物流是指以最小的总费用，按用户要求，在规定时间内将包括原材料、在制品和产成品等在内的物质资料准确及时地从供给地向需要地转移，涵盖运输、储存、包装、装卸、配送、流通加工和信息处理等活动。准时化物流是准时化生产的基础，其原则包括：①通过小批量、多频次的供应可以有效地减少在制品的数量，提供对生产变化的应变能力；②等间隔时间供货，通过制定物流时刻表，做到每次供货间隔时间相同；③可采用混载和中继物流形式提高运输车辆积载率；④缩短作业循环时间；⑤车辆安全行驶；⑥运输车辆规格标准化。

依据空间位置的不同，准时化物流分为厂外物流和厂内物流。厂外物流是指供应商或工厂与工厂之间的物流，进一步分为采购物流（外制品）和工厂之间物流（内制品）；厂内物流则可分为车间之间的物流、生产线之间的物流和受入物流（生产线物流、配货场物流和集货场物流）。相应地，对于预制构件厂而言，其物流方式和管理与制造业相近，但对施工现场而言与制造业有不少差异。施工现场的物流活动包括平面运输物流（物资进场、堆场分发和现场搬运）、垂直运输物流（吊装和货梯）以及废弃物清运。准时化物流是实现施工作业活动均衡化和流程化的支撑，物料物资必须准确及时运至施工作业区域。施工物料在施工现场的堆放场地需要仔细谋划，运载卸货、堆放存储、分发搬运等所需的空间必须留有余裕，需要考虑运输车辆的通行方便和堆场的存储条件，运筹计划现场物资搬运的最小路径，尤其是对于大体量的建筑构件更需要仔细谋划。

4.5.5 标准作业

标准作业是为实现作业人员、作业顺序、工序设备布置和物流过程等的最优化组合而设立的作业方法，是以较低成本产出优质产品的一个作业基准。标准作业是精益思想中制造、改善和管理的基本内容，与作业标准的概念截然不同。作业标准是指以各道工序的各项作业为对象的标准，规定各工序的作业方法，可以说是为实现标准作业而制定的各项标准的总称，如图 4-23 所示。

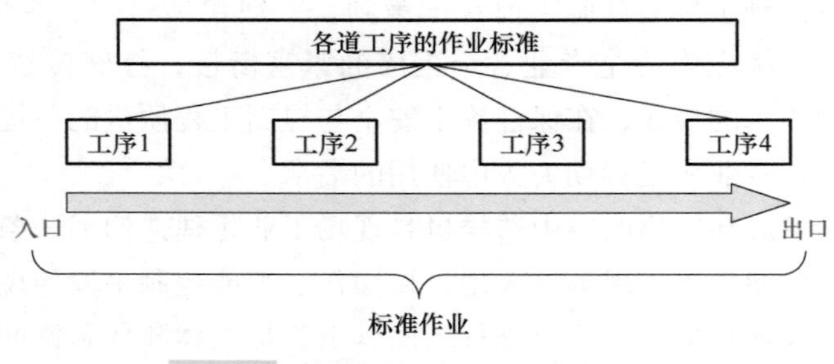

图 4-23　标准作业和作业标准的差异

通过执行标准作业可以提高作业精度和效率，减少不必要的投入；同时标准作业也是提高作业质量的工具，对照标准检查生产作业来发现和改善无效劳动和不均衡等现象，因此标准作业是实现准时化和均衡化的基础。实施标准作业需要满足内部和外部的前提条件，内部条件包括生产设备可靠，稳定和质量问题减至最少，外部条件主要是物流供应能满足需要且稳定，然后才能对可重复的、具有相应作业标准的作业活动实施标准作业。

标准作业不只是工序操作的标准化，而是为实现施工工艺流程整体最优化所形成的做法集合。正是因为各个施工工序得到标准的规范和指导，不同工序集合形成标准作业，大大降低了施工作业活动的不均衡问题，对施工组织的控制和管理也变得更为便捷可靠。当前业界对工业化建造的探索已有所收获，不少施工工艺流程经过学习和总结得到归纳和优化，形成工业化建造的最佳实践做法，这些最佳实践做法的组合其实就是标准作业。最佳实践做法可作为下一阶段新技术新工艺研究发展的基础，促进工业化建造活动的持续发展，这也是精益思想中持续改善的要求。需要注意的是，标准作业是“人机料法环”组合的优化结果，只实现部分是难以形成真正的标准作业。以预制装配技术为例，预制外墙的现场施工要想达到理想的质量水平，需要工人操作技能和经验达到要求、吊装等设备操作精准、预制外墙的出筋位置和长度准确、灌浆套筒工艺和做法合格等因素来共同实现，这些都需要标准作业来进行作业活动的检查和改善。

4.6 案例——精益建造“才良模式”

4.6.1 精益建造“才良模式”简介

精益建造的理念自引入我国后有不少企业在项目中实践应用，也产生了不少研究成果，其中受到广泛认可的是江苏省常州才良建筑科技有限公司（以下简称才良科技公司）推出的精益建造“才良模式”。才良科技公司经过多年的实践探索，分析了国际上精益建造的相关理论、技术体系，结合几十年的工作经验和有关施工方法及工具应用，总结创新形成了我国建筑业的精益建造“才良模式”（以下简称为“才良模式”），并发展成为一套比较完整的管理体系。

“才良模式”依据精益建造的基本原理，采用逆向工程，利用工作分解结构（WBS）这一基础工具先将建筑整体分解，拆解成为各类构件、部品，甚至是工序、工作包；而后建立规则，即依据精益建造思想及相关方法建立各环节的精益标准；充分考虑时间、空间、资源、深化设计、信息化、管理等因素，再将各部分有序整合成为整体。这套先还原后整体的工作流程是“才良模式”的基础。目前，才良科技公司推出了以才良精益WBS为基础框架的“才良模式”2.0版本，其主要是基于常州市九州花园三期58号楼这一“零投诉”示范项目的经验总结而成，更加注重施工现场的实际运用，体现了模块化、标准化、流程化的管理理念。

4.6.2 “才良模式”的体系构成

作为一种经实践检验的精益建造模式，“才良模式”有着相应的理论体系支撑（图4-24）。“才良模式”的基础理论毫无疑问是建筑管理理论，在核心上则沿袭了精益建造的基础理论——转换价值流理论（TFV理论），包括生产转换理论、生产流程理论及价值生成理论，将转换价值流理论置于建筑管理理论的范畴内，并与建筑生产实践和项目团队组织的活性系统理论相结合，应用精益技术和方法，对从准备到交付、保修的建设全过程进行有效控制，从而交付“零投诉”高品质的住宅产品。

1. 基础理论层

“才良模式”的基础理论层包括建筑管理理论、TFV理论和活性系统理论，为“才良模式”在工作结构分解、组建施工现场流水线、编制企业定额、编制工作标准等方面提供了理论依据。

在建筑管理理论方面，“才良模式”强调在施工过程中控制住宅的安全、质量、进度、绿色施工等目标，具体体现在末位的操作标准与管理人员的工作标准上，将任务的资源分配、工作安排与生产控制视为管理重心，在任务层面实施PDCA循环，现场解决问题，提高管理效率，消除内部损失成本。

在TFV理论中，“才良模式”通过生产转换理论将建造过程看作是由一个个被分解出来的模块的组合，如将某一住宅工程项目的土建部分逐层拆分为29个一级工作模块，地下室

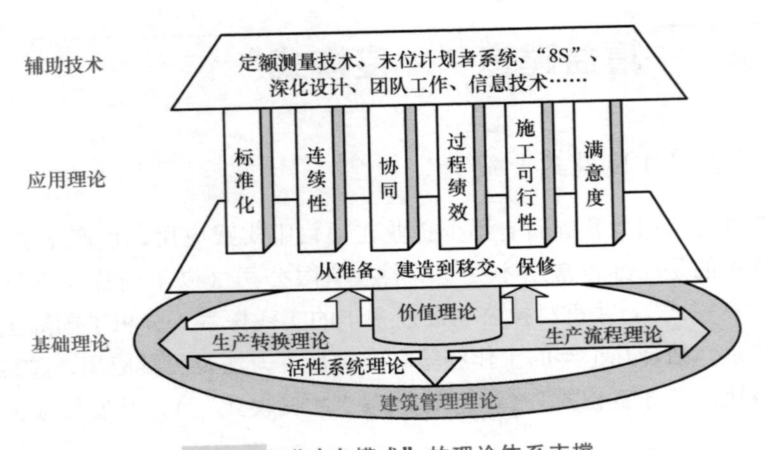

图 4-24 "才良模式"的理论体系支撑

（图片来源：张锦华，《精益建造"才良模式"的构成》）

及标准层 81 个二级工作模块、268 个三级工作模块、1255 个四级工作模块，通常以三级模块（或工作包）作为分解出来的最小控制单元。整个建造过程就是由 268 个工作包的 1255 个任务在各层之间转换形成的，重视在分解出来的最小控制单元上平衡安全、质量、进度与成本之间的关系。从建筑生产的角度去看模块是"转换"，通过生产流程理论从管理的角度去看模块则是"流"，整个建造的过程是物流与信息流形成持续的工作流的过程。通过对流程的监控和分析，查找出等待、检查、处理的时间并予以优化，从而形成不间断的"流"，减少浪费。最后通过价值理论将建造价值效用以"满意度"来衡量，将住宅价值、建造商的价值和用户的价值相协同。

与前两个针对建造工作或流程的理论不同，活性系统理论瞄准的是系统中各利益相关方的角色、组织利益相关方之间的沟通工作，通过系统内部、系统与环境的反馈控制及协同机制来控制问题的解决过程，促进项目目标的实现。其基本思想是多样性平衡与递归分解，将一个有生存能力的组织结构等同于一个有生存能力的人类生物大脑的基本结构模式，把人类大脑的功能引入活性系统中，对应于活性系统的操作、管理和外部环境三部分，用于组织的设计和诊断。活性系统理论的核心内容是活性系统模型（图 4-25），包含了五个相辅相成又相互制约的系统以及当前和未来的环境层。利用活性系统模型，"才良模式"管理团队按住宅建造管理全流程建立了项目各利益相关方与住宅结构的递归层，在每一层建立操作、管理与环境的关系，形成各结构阶段的活性模型、末位计划系统运行的活性系统模型、质量安全管理模型等模型。

2. 应用理论层

基于施工总承包的模式和精益实践，"才良模式"在建筑建造的全过程应用有关理论方法，包括标准化、连续流、协同、过程绩效、施工可行性、满意度等内容。

这里着重介绍标准化的应用。标准化是"才良模式"的核心，标准化体系推进了精益有关技术方法的实施，也促进了项目管理目标和整体精益目标的实现。"才良模式"建设了较为完善的标准化系统（图 4-26）。一方面细化和深化了流程标准化和产品标准化的内容，

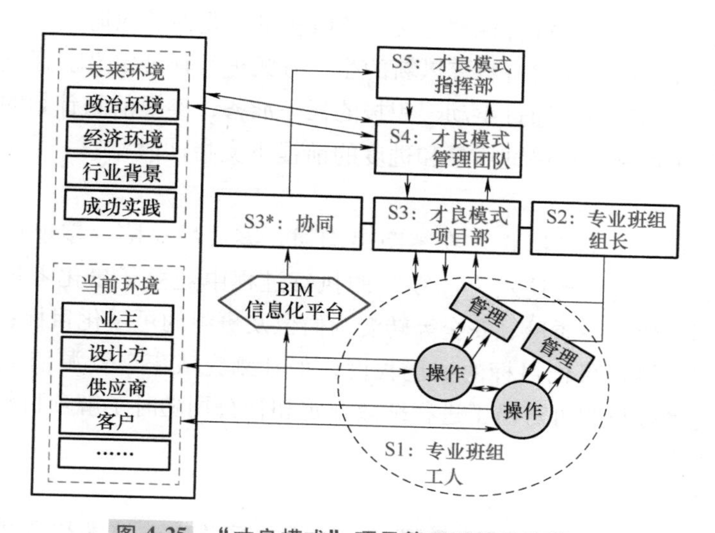

图 4-25　"才良模式"项目管理活性系统模型

（图片来源：刘宏伟，创新活性系统，攻克管理难题）

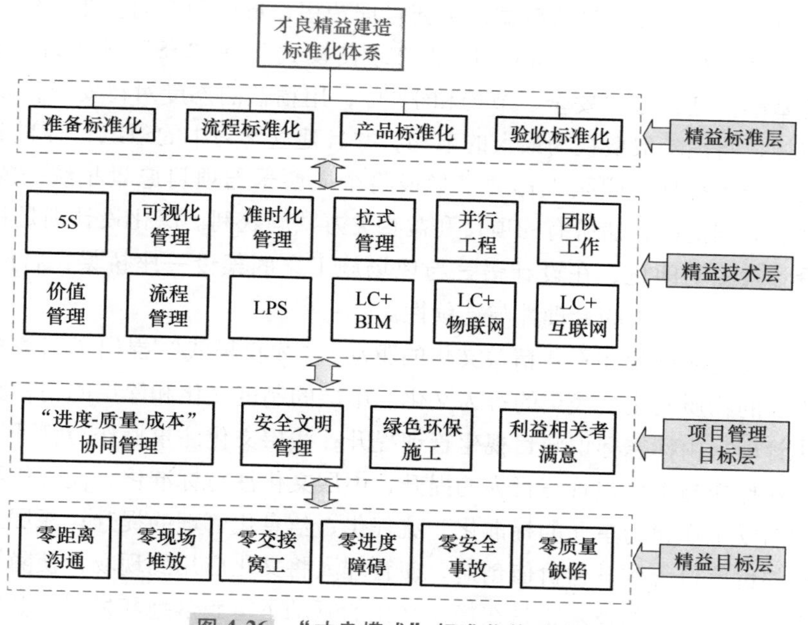

图 4-26　"才良模式"标准化体系功能

流程标准化包括对任务分配、网络计划、流水组织、工序交接、质量管理、安全管理等进行标准定义，产品标准化是对作业消耗、产品质量、产品交付等进行标准定义，从而实现技术与行为的协同，在技术上解决落实施工工艺、产品质量等标准化工作问题，在行为上解决作业人员如何工作、如何协作等标准化执行问题，在工作内容、管理内容、管理程序方面实现了标准化管理，提高施工连续性。另一方面，将准备标准化和验收标准化纳入标准化体系，大大拓展和丰富了标准化的内涵，准备标准化包括对施工人员、机械设备、工程材料、环境条件、测量绩效、安全文明等进行标准定义，验收标准化是对验收时间、验收过程、验收内容、验收方法、验收责任、验收资料等以新的生产方式进行详细定义。通过准备标准化来建立与前瞻计划的承接和呼应，通过主动、积极的任务准备，实现前瞻计划的拉动机制；将验收标准化纳入标准化体系，在保证质量和进度的前提下支持即时结算，实现“进度-质量-成本”的协同控制。

就精益目标而言，“才良模式”在零距离沟通、零质量缺陷、零现场堆放、零安全事故、零交接窝工、零进度障碍这六个“零”的执行过程中建立了量化考核机制，项目目标由上往下进行层层分解，将质量、安全等转变为岗位及班组的可量化目标；在项目实施过程中，再由下往上层层测量量化目标的实现程度，如计划完成率、资源消耗率、验收通过率等，同时通过量化考核机制可对员工进行绩效评定和让公司随时了解项目状况，这些都需要标准化体系的有力支撑。

3. 辅助技术层

辅助技术层是“才良模式”结合我国实际采用的精益建造技术和方法，主要包括定额测量技术、末位计划者系统、“8S”、深化设计、团队工作、信息技术等。

定额测量技术是以任务管理为中心，收集和分析数据并利用成本管理系统，形成人工、材料、机械设备消耗与损耗的最新数据，更新管理费用，形成动态的企业定额，提高清单报价的准确性、合理性和竞争性。“8S”则是“才良模式”在“5S”即整理、整顿、清扫、清洁、素养的基础上延伸至“安全、节约和学习”，用精益的态度对待安全，以标准化的操作实现安全目标，将消除浪费视为最大的节约，并且建立学习中的组织，有利于项目组织适应管理的复杂性与多样性。团队工作要求形成将个人愿景与项目愿景相统一的团队工作方式，相互协调、共同提高，使所有的项目利益相关方共同获利。深化设计则是将住宅结构进行分解，使设计意图明朗化，在设计语言与现场施工之间架设一座桥梁，将原设计图单元化、流程化，大大增加施工的合理性与连续性。

此外，精益建造的推行离不开精益文化的驱动，“才良模式”提出了精益文化的四个层次，分别是表层的物质文化、浅层的行为文化、中层的制度文化和深层的精神文化。表层文化注重目视化管理，由标志标识向目视化管理提升；浅层文化注重操作与管理行为，由一般管理行为向具体操作与工作包管理行为的提升；中层文化注重标准化、流程化和信息化，由整体管理制度向以工作包为单元的标准化、流程化、信息化管理的提升；深层文化注重价值管理，由模糊的价值概念到具体价值创造，使管理人将文化应用到现场，使隐性的文化转换成显性的规则。精益建造的技术正是在精益文化的驱动下得到落地和发展，获得了有力和高效的执行。

4.6.3 “才良模式”的 WBS 应用

在项目管理实践中，工作分解结构（WBS）把一个项目细化为更小的、更易于管理的组成部分及层级结构，每向下一个层级，就是对项目工作更详细的定义，因此 WBS 被认为是项目管理的有力工具。但 WBS 只是对项目的可交付成果和范围的详细描述，并不对流程和计划进行描述，与国内通常编制进度计划和成本预算来管理项目的习惯并不相符。

对此，“才良模式”通过 WBS-LPS 集成技术，实现任务管理与流程管理的衔接，一方面使工作结构化落到实处，将工作细化为内容互不相同的单元并配备专业人员、确定单元的顺序、确定单元间交接工作的规则、确定工作的性质、确定缓冲的位置和规模等。另一方面，“才良模式”的 WBS 任务分解工作融入了大量经验知识，运用流程管理技术搭建 WBS 与 LPS 计划体系的对应关系，保证了计划体系与动态控制的可靠性，真正意义上实现了 WBS 对成本、资源、质量、安全、组织安排等的统领。

“才良模式”的 WBS 工作分解结构共分为四个层次：①第一层为细化的多专业分部工程层，通常分为 29 个子项，对应于总控及阶段性计划，可以实现里程碑计划、各专业交叉计划、各分部节点计划、单位工程报价、资源总计划、质量安全总计划，执行层面对应的是项目经理和各职能部门经理层；②第二层是细化的分项工程层，涉及百数级的子项，对应于前瞻计划，可汇总实现分部工程报价，结合前瞻计划进行分部分项资源组织以及质量安全部署，执行层面对应的是工作组层；③第三层是工序层或工作包层，对应于周计划，可以实现分项级结算、分层资源组织，将质量安全落实到标准学习体验，执行层面对应的是班组层；④第四层是任务层，涉及千数级的子项，对应于日计划，细化到末端任务，可以实现工序级结算，资源直接落实到工作面，要求操作人员经过三级安全培训后上岗、质量验收情况实时上传，从而实现动态控制，执行层面对应的是操作员层。

“才良模式”在采用 WBS 展示可交付成果层级的同时，也使用了组织分解结构（OBS）展示关系人和小组的层级，描述工作包的报告关系和命令链条，形成责任分配矩阵。“才良模式”也联合了进度计划、资源分解结构（RBS）、成本分解结构（CBS）及物料清单（BOM）标定 WBS 交付的可靠性。“才良模式”2.0 版本通过对建筑物进行逐层分解，形成不同层次可交付的工作包，并对各工作包采用 WBS 词典进行更为详细的描述，从而建立工作包可交付相关的管理标准。这些标准与进度和生产不可分离，以作业工序为切入点，推行作业环节及过程的全面管理，实现目标的控制，达到安全、准时向下一道工序提供符合标准产品的准备条件。依据精益建造拉动式管理的思想，“才良模式”用 WBS 工具将整个建造过程结构化，可以形成以工作包为可交付单元的控制模块，并将 OBS 嵌入其中，通过生产末位计划触发末端管理控制流程，以促进各管理模块的目标控制。

当然，工程千差万别，项目类型、业主喜好、自然人文条件、工人素质等也各不相同，差异化的环境使得相应的施工要求也有所不同。若“才良模式”能够提供更为开放的平台，让优秀建筑企业参与体验，在各自的特色工程案例中遵循“才良模式”编制专用的工作包，则每个企业就变成一个较大的工艺应用包，根据实际需要提供其工作包的成熟经验指导施工，并可在实践中优化工作包，对接更广泛的标准，进而将专用工作包推向通用工作包的方向发展，那么将大大推动建筑工业化和精益建造的进程。

复习思考题

1. 精益思想的原则有哪些？
2. 精益生产、精益思想和精益建造的关系如何？
3. 对比传统建造方式，精益建造的优势有哪些？

4. 精益建造的理论基础有哪些？
5. 如何在精益项目交付过程中落实精益建造理念？
6. 精益项目交付的实施内容有哪些？
7. 准时化生产的主要技术手段是如何实施的？
8. 为解决传统现浇作业的生产波动，实现均衡化，可采取哪些手段？

本章参考文献

[1] KOSKELA L. Application of the new production philosophy to construction [M]. Stanford：Stanford university，1992.

[2] BALLARD G，HOWELL G. Implementing lean construction：stabilizing work flow [J]. Lean construction，1994 (2)：105-114.

[3] BALLARD G. Lean project delivery system [J]. White paper，2000 (8)：1-6.

[4] KOSKELA L. An exploration towards a production theory and its application to construction [M]. Espoo：VTT Technical Research Centre of Finland，2000.

[5] KOSKELA L，HOWELL G. The theory of project management：Explanation to novel methods [C] //Proceedings of IGLC-10th. Gramado：IGLC，2002.

[6] BALLARD G，HOWELL G. Lean project management [J]. Building Research & Information，2003，31 (2)：119-133.

[7] ARBULU R，KOERCKEL A，Espana F. Linking production-level workflow with materials supply [C] // Proceedings 13th IGLC. Sydney：IGLC，2005.

[8] WOMACK J P，JONES D T，Roos D. The machine that changed the world：The story of lean production—Toyota's secret weapon in the global car wars that is now revolutionizing world industry [M]. New York：Simon and Schuster，2007.

[9] BALLARD G. The lean project delivery system：An update [J]. Lean Construction Journal，2008：1-19.

[10] JASTI N V K，KODALI R. Lean production：literature review and trends [J]. International Journal of Production Research，2015，53 (3)：867-885.

[11] LI X，LI Z，WU G. Lean precast production system based on the CONWIP Method [J]. KSCE Journal of Civil Engineering，2018，22 (7)：2167-2177.

[12] LI L，LI Z，LI X，et al. A new framework of industrialized construction method in China：Towards on-site industrialization [J]. Journal of Cleaner Production，2020 (244)：118469.

[13] XING W，HAO J L，QIAN L，et al. Implementing lean construction techniques and management methods in Chinese projects：A case study in Suzhou，China [J]. Journal of Cleaner Production，2021 (286)：124944.

[14] 闵永慧，苏振民. 精益建造体系的建筑管理模式研究 [J]. 建筑经济，2007 (1)：52-55.

[15] 沃麦克. 精益思想 [M]. 北京：机械工业出版社，2008.

[16] 冯仕章，刘伊生. 精益建造的理论体系研究 [J]. 项目管理技术，2008 (3)：18-23.

[17] 刘树华，鲁建厦，王家尧. 精益生产 [M]. 北京：机械工业出版社，2010.

[18] 胡适，蔡厚清. 精益生产成本管理模式在我国汽车企业的运用及优化 [J]. 科技进步与对策，2010，27 (16)：78-81.

[19] 徐奇升，苏振民，金少军. IPD 模式下精益建造关键技术与 BIM 的集成应用 [J]. 建筑经济，2012 (5)：90-93.

[20] 韩美贵，王卓甫，金德智. 面向精益建造的最后计划者系统研究综述 [J]. 系统工程理论与实践，2012，32 (4)：721-730.

[21] 福布斯，艾哈迈. 现代工程建设精益项目交付与集成实践 [M]. 北京：中国建筑工业出版社，2015.

[22] 孟子博，牛占文，刘超超. 预制构件厂精益设计方案评价研究 [J]. 工业工程，2020，23 (5)：140-148.

[23] 张锦华. 精益建造 "才良模式" 的构成 [J]. 施工企业管理，2018 (05)：100-103.

[24] 窦建. 精益建造 "才良模式" 应用概述及 WBS 主要图解 [N]. 中国建设报，2018-12-06 (5).

[25] 黄才良，张锦华. 精益建造 "才良模式" 2.0 应用版本：全面提升建筑产品的过程与整体价值 [N/OL]. 中国建设报，(2019-05-30) [2021-05-23]. http://www.chinajsb.cn/html/201906/17/3667.html.

第5章 可持续建造

5.1 可持续发展概述

20 世纪 70 年代以后，伴随全球性环境问题的日益显现、能源匮乏的冲击，以及人们对代内公平和代际公平的深刻认识，全球范围内爆发了一场围绕“环境危机”与“能源危机”的争论。这场争论涉及全球性人口、能源、资源、环境、食品等问题，给人们的思想带来了强烈的冲击，由此催生了当代可持续发展（Sustainable Development）思想的产生。

可持续发展的概念国内外有多种不同的说法。表 5-1 总结了可持续发展的几种主要定义。

表 5-1 可持续发展的定义

时间	定义者	定义出处	定义
1987 年	世界环境与发展委员会	《我们共同的未来》	既能满足当代人的需求又不危害后代人需要的发展
1991 年	联合国环境署、世界自然与自然资源保护同盟和世界野生生物基金会	《保护地球——可持续性生存战略》	在生存于不超出维持生态系统涵容能力的情况下，改善人类的生活品质
1992 年	美国世界资源研究所	《世界资源报告》	建立极少产生废料和污染物的工艺和技术系统
1992 年	世界银行	《世界发展报告》	建立在成本效益比较和审慎的经济分析基础上的发展政策和环境政策，加强环境保护，从而导致福利的增加和可持续水平的提高
1992 年	联合国环境与发展大会	《里约环境与发展宣言》	人类就享有以自然和谐的方式过健康而富有成果的生活的权利，并公平地满足今世后代在发展与环境方面的需求。求取发展的权利必须实现
1993 年	皮尔斯和沃福德	《世界无末日》	当发展能够保证当代人的福利增加时，也不应使后代人的福利减少

可持续发展思想产生后立刻引起了世界各地人们的广泛关注与一致认可，因为实质上可持续发展是为人类的未来发展选择了一条合适的道路。对人口、环境、资源持有悲观态度的人们认为应该“停止增长”，要维持人类环境，就只能放弃经济发展与技术进步。反之，持有乐观态度的人认为应该“继续发展”，提出了经济发展是人类实现美好生活的决定性条件，同时市场经济和技术进步对资源的稀缺具有缓冲作用，因此经济的发展与技术的进步将为改善环境提供巨大潜能，作为发展中国家应该把经济发展放在首位，环境次之。实际上，两者观点都描述得过于极端，基于长期的研究可以发现，人们对世界经济发展中存在的问题慢慢有了清晰的认知与共识，发展往往与环境问题息息相关，环境资源与社会经济是一体的。人们越来越倾向于“生态的发展”“连续的或持续的发展”“合乎环境的发展”，并最终确定了“可持续发展”。

2020 年中央经济工作会议将“碳达峰、碳中和”列为今后重点任务之一，提出我国力争二氧化碳排放于 2030 年前达到峰值，力争 2060 年前实现碳中和。随着 2021 年全国两会的召开，实现“碳达峰、碳中和”成为推进我国能源转型、持续改善生态环境，促进社会经济可持续发展的新目标。

综合来看，可持续发展涉及可持续经济、可持续生态、可持续社会的协调发展，这要求在发展中要寻求经济效益、环境效益和社会效益的统一。可持续经济发展应保持在自然与生态的承载范围之内，在保护自然资源质量前提下，使经济利益增加到最大限度。可持续生态要求自然资源的开发利用应与人类的发展与地球承载能力相平衡，使人类生存环境得以持续。可持续社会包括生活质量的提高与改善，资源在代内和代际的公平合理的分配。可持续发展理论既是对人类中心广义的否定，也是对主体性原则的否定，人类只有成为“自然界普通的一员”，才能实现生态保护和可持续发展。可持续发展是一种以人的发展为中心，以包括自然、经济、社会内的系统整体的全面、协调、持续性发展为宗旨的新发展观。

5.2　可持续建造的产生与发展

5.2.1　可持续建造的基本思想

建筑业在拉动国民经济增长、促进就业、带动相关产业发展和改善人民工作生活环境等方面发挥着巨大作用。然而，从环境的角度看，建筑业在温室效应、臭氧层破坏、资源枯竭等各种环境问题上也承担着不可推卸的责任。相关研究表明，1995~2016 年间，我国建筑业的 CO_2 排放量占各行业总排放量的 27.9%~34.3%，已成为碳排放的主要来源。根据中国建筑能耗研究报告显示，2018 年我国建筑全过程能耗占全国能源消费量的 46.50%，碳排放量占全国碳排放总量的 51.3%（图 5-1），我国建筑能耗和碳排放量目前仍保持增加的趋势。可见，建筑业在为国民经济做出巨大贡献的同时，造成的环境污染和不可再生资源的大量使用等现象也日益显著，如何实现建筑与环境的可持续发展，并将这种可持续思想应用到工程建设中，已经成为全世界建筑行业共同关注的问题。

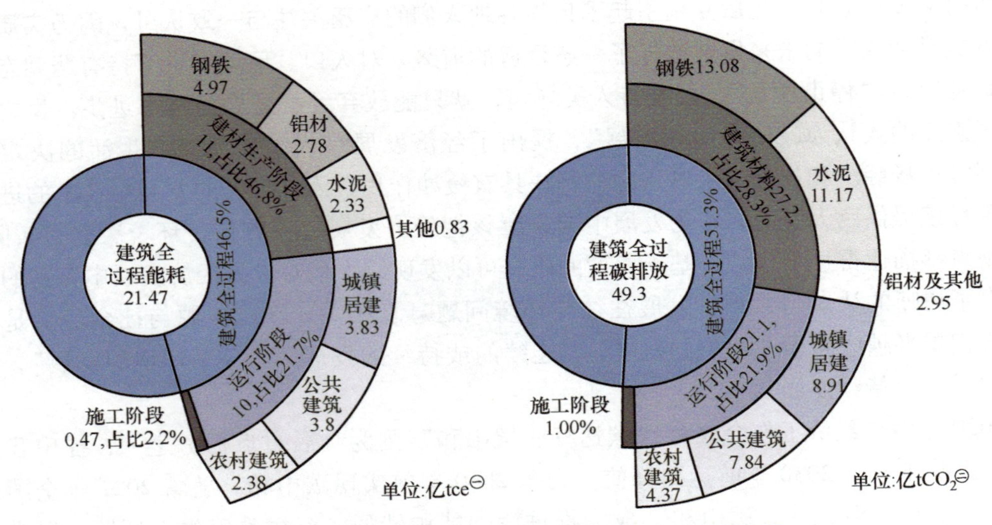

图 5-1　2018 年我国建筑业全过程能耗和碳排放数据

1993 年召开的世界建筑师大会的宣言中指出，建筑和建筑环境在人类对自然环境的影响中扮演了十分重要的角色。如何实现建筑业的可持续发展，如何将可持续发展的思想与工程项目建设相结合，从而实现工程项目的可持续建造，已经成为世界各国建筑界所关注的问题。在 1994 年召开的第一届可持续建造国际会议上，提出了可持续建造（Sustainable Construction）的基本思想：在建筑物的设计、建造、运营与维护、更新改造、拆除等整个生命周期中，用可持续发展的思想来指导工程项目的建设和使用，力求最大限度地实现不可再生资源的有效利用，减少污染物的排放、降低对人类健康的影响，从而营造一个有利于人类生存和发展的绿色环境。

5.2.2　可持续建造的发展现状

1. 国外可持续建造的发展现状

20 世纪 30 年代，美国建筑师富勒就提出应关注如何将人类的发展目标、需求与全球资源、科技结合起来，用逐渐减少的资源来满足不断增长的人口的生存需要，实现“少费而多用”，将有限的物质资源进行最充分和最适宜的设计和利用。

20 世纪 70 年代，随着石油危机的到来，人们意识到以牺牲环境为代价的发展是不可持续的。对于资源消耗巨大的建筑业，必须转变发展方式，走可持续发展之路。在这一理念的指导下，以太阳能、地热能、风能为代表的可再生能源替代利用技术的出现，以及以提高围护结构性能为代表的建筑技术的发展，建筑节能在建筑行业得到了广泛的应用。

20 世纪 80 年代，世界环境与发展委员会在《我们共同的未来》报告中，首次详细阐述了可持续发展的概念，并被国际社会广泛接受。可持续发展作为解决环境与发展问题的必由

㊀ tce 表示 1kg 煤当量热值；

㊁ tCO_2 表示二氧化碳总量。

之路，已成为当今世界各国的共识。

1998 年 10 月，在温哥华召开了以美国、加拿大、英国等多个西方发达国家参加的绿色建筑国际会议，总结了各国的建筑研究者在绿色建筑及住区方面的研究成果和实践。

2000 年 10 月，在荷兰的马斯特里赫特召开了可持续建筑 2000（GBC 2000）国际会议，提出了促进建筑物环境特性评价方法技术发展的问题，并对多国研制绿色建筑评价体系的使用性进行了讨论。

当前，世界各国都把发展绿色建筑作为一项重要的国策，积极探索可持续建造的途径和方法，使工程项目的建设能够最大限度地节约资源，保护生态环境，为人们提供一个健康舒适的生活环境。

2. 我国可持续建造的发展现状

20 世纪 90 年代，可持续建造的概念逐渐引入我国。1994 年，我国政府在联合国环境与发展大会之后做出了履行《21 世纪议程》等文件的庄严承诺，出版了《中国 21 世纪议程》，以可持续发展的基本原则为依据，启动了 2000 年小康城乡住房科技产业项目。1996 年，《中华人民共和国人类住区发展报告》对进一步改善和提高人居环境质量提出了更高的要求。

2001 年 5 月，我国出台了《绿色生态住宅小区建设要点和技术导则》。2002 年 7 月，建设部先后出台了《关于推进住宅产业现代化和提高住宅质量的若干意见》和《中国生态住宅技术评价手册》。同年 10 月底，我国颁布了《中华人民共和国环境影响评价法》，为工程建设项目的环境保护提供法律依据。

2006 年，我国颁布了《绿色建筑评价标准》，成为我国第一部从住宅和公共建筑全生命周期出发，多目标多层次地对绿色建筑进行综合性评价的推荐性国家标准。后经多次修订，新版《绿色建筑评价标准》已于 2015 年开始实施。该标准的颁布为我国可持续建造在法规层面奠定了坚实的基础。

2011 年，住房和城乡建设部印发了《关于落实〈国务院关于印发“十二五”节能减排综合性工作方案的通知〉的实施方案》，明确提出建设领域节能减排的工作目标和总体要求。同年，财政部与住房和城乡建设部发布《建筑工程可持续性评价标准》为行业标准的公告，该标准为建筑工程物化阶段、运行维护阶段、拆除阶段的环境影响提供了定量测算准则。

2013 年初，我国颁布了《绿色建筑行动方案》，提出了“切实抓好新建建筑节能工作，大力推进既有建筑节能改造，同时严格管控建筑拆除管理程序”的重点任务。使得我国城市“大拆大建”的建设模式受到了明确限制，推动了我国建设模式的转变，对可持续建造发展具有重要意义。

2017 年，由中国工程建设标准化协会联合中国城市规划设计研究院、住房和城乡建设部标准定额研究所、清华大学建筑学院等单位共同编撰的《可持续建筑与城区标准化》蓝皮书正式出版。

为了在建造中突出工业化、绿色低碳化和可持续等主题理念，实现住宅建设的标准化与技术集成，2018 年，中国建筑标准设计研究院联合业界优秀专家和 60 余家单位共同编制

《百年住宅建筑设计与评价标准》。该标准定义了我国百年住宅基本理念、确定了我国百年住宅技术体系，为建设高品质建筑和住房可持续建造提供了理论和技术支撑的同时，也为我国可持续建造开辟了新的视野。

在工程项目建设的实践领域，我国也开展了大量的工作。以“上海生态博览会”“北京绿色奥运”为背景，“上海生态建筑示范楼”“清华超低能耗示范楼”等绿色建筑示范工程已建成并向世界开放，成为我国绿色建筑技术的科研和教育基地。

改革开放40多年来，我国工程建设可持续建造的发展取得了巨大成就，但从高品质住宅建造与人居环境的可持续发展来看，总体仍不尽如人意，尤其是当前我国城镇住区建设发展环境正在发生深刻变化，长期积累的深层次矛盾日益突出，粗放开发建设模式已难以为继。在建设规模不断增长的同时，我国工程建设依然存在着诸多问题，如存在大拆大建与反复拆改，住宅低寿化、低品质、低性能以及高能耗、高污染、高废物等一系列亟待解决的问题。

5.3 可持续建造的理论体系

5.3.1 可持续建造的基础理论

可持续建造的基础理论主要包括以下几个方面的内容。

1. 建筑节能理论

建筑节能是一种全面的、长效的、系统的工程，既是工程项目可持续建造的目标之一，也是可持续建造的重要指导理论。建筑节能理论包括两个层面、三个环节。

1）两个层面：一是通过有效的规划设计，降低项目建设和运营过程的能源消耗；二是利用新能源、清洁能源和可再生能源，降低不可再生能源消耗。两者相辅相成，缺一不可。

2）三个环节包括：节约使用、能源保持与维护、提高能源综合利用效率。这三个环节的难度逐渐加大，节能的相关理论也围绕这三个环节逐步拓展和深化。

2. 环境管理理论

环境管理是指在工程建设过程中，通过有效的规划和控制，在建设项目的建造、运营乃至拆除过程中，最大限度地保护生态环境，控制各种粉尘、废水、固体废物、噪声和振动等对环境的污染和危害，并考虑建设项目的生命周期范围，避免资源浪费。环境管理既是工程项目可持续建造的重要内容之一，也是建设项目管理领域日益重要的内容之一。传统项目管理领域所说的“三控两管一协调”，包括投资控制、进度控制、质量控制、合同管理、信息管理和组织协调，但没有提到环境管理。事实上，环境管理在国际建筑业中一直被视为一个非常重要的研究课题，还制定了环境管理体系来规范环境管理行为，引导各行各业做好环境管理工作。

3. 价值工程理论

如果只谈可持续建造而不谈经济问题，很难有效地推进可持续建造，同时也会带来一系列其他推广问题。因此，对于工程项目的可持续建造，可以以价值工程理论为指导，分析工程项目可持续建造的效果，同时分析成本，从而以最低的成本实现最有效的功能，才能真正实现工程项目的可持续建造。

4. LCA 理论

LCA（Life Cycle Assessment）理论又称生命周期评价。国际标准化组织（ISO）于 1997 年制定并颁布了 ISO14040 系列产品生命周期评价标准，并给出了生命周期评价的定义：生命周期评价是对产品系统在整个生命周期内的能量输入、物质投入、产出和潜在环境影响的总结和评价。生命周期评价作为产品环境特性分析和支持决策的工具，在清洁生产、产品生态设计、废物管理、生态工业等方面发挥着重要作用。工程项目的生命周期包括项目的启动和规划、项目的规划设计、项目建设、项目验收、项目的运行维护、项目的最终报废、拆除和再利用。工程项目的可持续建造应贯穿于各个阶段，因此，LCA 方法可以作为分析工程项目全生命周期的可持续建造性能的重要理论依据。

5. 多目标优化理论

工程项目可持续建造系统是一个多属性、多目标的复杂系统。工程项目的可持续建造不仅包括节能，还包括环境保护、建筑设计、结构设计和设备系统设计。因此，仅从一个方面考虑工程项目的可持续建造是不可取的。建设项目规划设计方案的选择和施工方案的优化，必须运用多目标优化理论来完成。

5.3.2　可持续建造的系统框架

1. 工程项目可持续建造框架

在可持续建造的理论基础上，学术界对可持续建造的框架进行了深入研究。LCA 理论作为最常用的一种理解、评价和减轻人类活动对环境影响的理论方法，被广泛用于可持续建造框架时间维度的分析。同时，系统工程理论也为可持续建造的框架提供了分析范式。借鉴霍尔三维模型，学者们将时间、影响因素和可持续目标集成为可持续建造的概念框架，较为系统科学的是同济大学施骞教授在《工程项目可持续建设与管理》一书中构建的工程项目可持续建造系统框架，如图 5-2 所示。

2. 可持续建造系统目标分解

可持续建造系统是一个复杂的多属性多目标系统，根据专业属性不同，可持续建造涉及建筑、规划、结构、设备等不同的专业体系；根据工程项目的生命周期，可持续建造涉及前期规划、工程规划设计、施工及工程项目的验收、运营等环节，这些环节联系紧密，每一个环节都不可忽视；另外，从客观属性的角度，可持续建造需要考虑资源和能源的利用率、环境保护、人体健康和舒适度等。

（1）按生命周期分解

工程项目可持续建造系统按生命周期分解可分为可持续策划、可持续设计、可持续采购、可持续施工、可持续运营、最终处置等子系统，如图 5-3 所示。

（2）按照专业属性分解

按照专业属性的不同进行分解，工程项目可持续建造系统可以分为可持续规划、可持续建筑设计、可持续结构设计、可持续设备系统设计子系统，如图 5-4 所示。

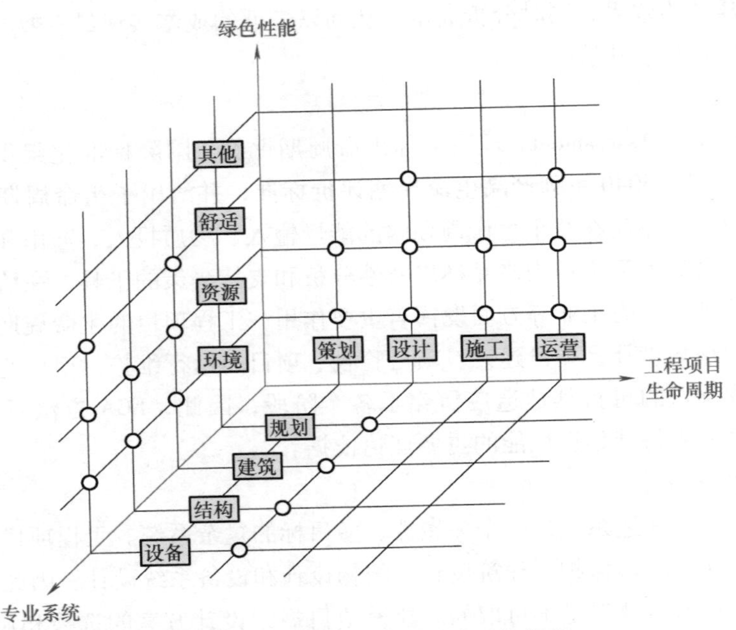

图 5-2 工程项目可持续建造系统框架

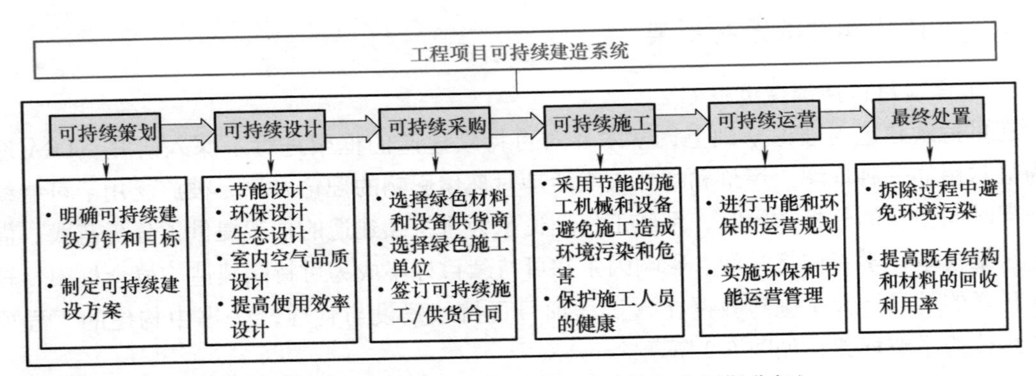

图 5-3 工程项目可持续建造系统（按生命周期分解）

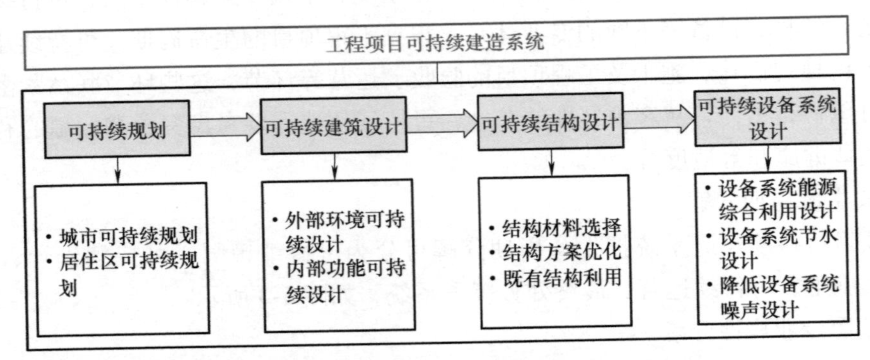

图 5-4 工程项目可持续建造系统（按专业属性分解）

（3）按可持续性能属性分解

按照可持续性能属性的不同进行分解，工程项目可持续建造系统可以分为资源的有效利用、环境保护、生产者与使用者健康子系统，如图 5-5 所示。资源的有效利用包括提高能源的利用效率、实现材料资源、土地资源、水资源的有效利用等。提高能源的利用效率包括节能、提高可再生能源的利用率等。

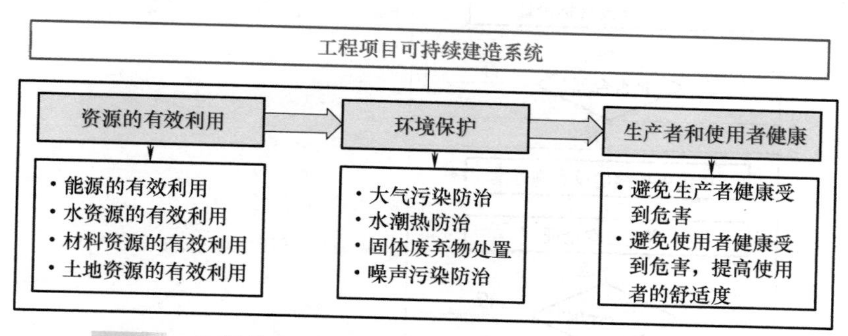

图 5-5　工程项目可持续建造系统（按可持续性能属性分解）

5.4　可持续建造内容

5.4.1　可持续建造规划

工程项目可持续建造规划属于业主项目管理的范畴。工程项目可持续建造的首要任务是做好可持续建造的规划，以便在项目实施阶段更好地进行可持续设计和建设，为项目建成后的运营管理提供更有效的保障。

1. 可持续建造规划的分类

工程项目可持续建造规划可分为目标规划、实施规划等，目标规划一般包括节能目标规划和环保目标规划，实施规划可分为组织规划和实施计划规划。根据项目可持续建造规划的性质，可分为组织规划、技术方案规划等。另外，根据规划对象的不同性质，工程项目的可持续建造规划可分为新建工程规划和既有建筑改造规划；根据规划对象用途的不同，可分为居住建筑、办公建筑等可持续建造规划；公共基础设施建设项目等按规划主体不同，可分为建设单位可持续建造规划、设计单位可持续建造规划等；按规划内容不同，可分为建筑节能规划、建筑环境保护规划等。

2. 可持续建造规划的程序

项目可持续建造的规划必须立足于项目特点，充分分析项目周边环境，工程项目可持续建造策划的程序如图 5-6 所示。

（1）项目环境调查与项目特点分析

项目环境调查应综合反映项目所在地的自然和社会环境条件。调查内容主要包括项目所在地水资源现状、项目所在地土地资源现状、项目所在地可再生资源利用情况、项目所在地气候条件、项目所在地清洁能源利用情况、项目现场条件、项目现场的社会和环境条件、项

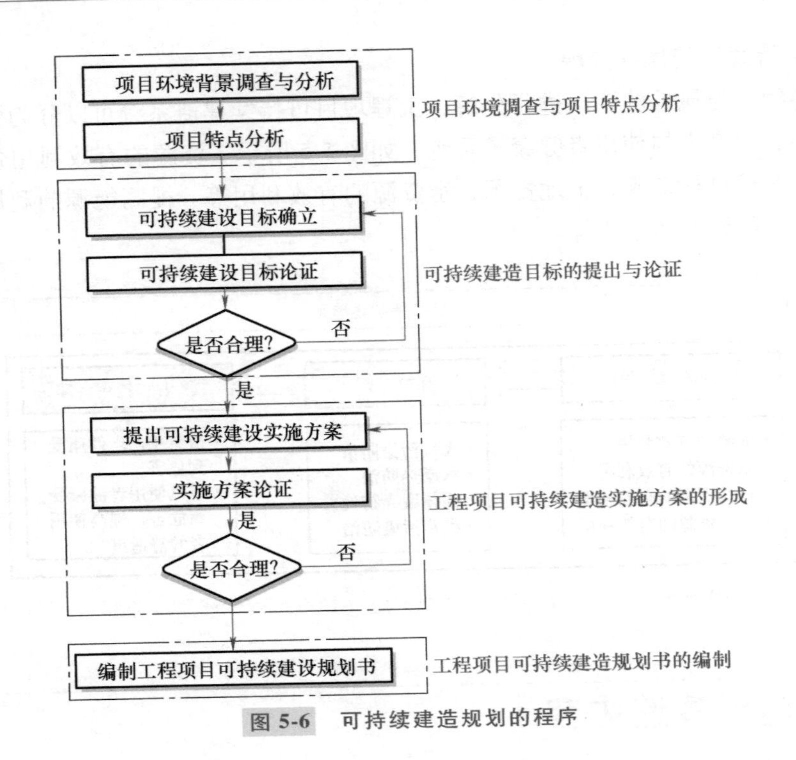

图 5-6　可持续建造规划的程序

目现场的环境治理等。项目特征分析包括项目性质、项目建设阶段的资源（包括能源）需求分析，项目建设阶段对环境的影响，项目运营阶段的资源（含能源）消耗分析，项目运营阶段对环境的影响。

（2）工程项目可持续建造目标的提出与论证

在详细的项目环境调查和项目特征分析的基础上，提出项目可持续建造的总体目标。工程项目可持续建造的目标应是技术可行、经济合理、内容具体。工程项目可持续建造的总体目标可以从以下几个方面来确定：节能效果；清洁能源利用率；土地、水等资源的有效利用；建设和运营过程中有毒有害物质的排放和处理；运营期结束后项目的再利用要求。目标的制定可以采取定量和定性相结合的方式进行。在建立工程项目可持续建造总体目标的基础上，通过目标分解进一步确定具体目标。由于工程项目的可持续建造是一个循序渐进的过程，工程项目目标的设定可以分为不同的层次，根据我国绿色建筑评价标准，从项目生命周期出发对项目可持续建造目标进行分解。

（3）工程项目可持续建造实施方案的形成

工程项目可持续建造的实施方案应以工程项目可持续建造为目标，从工程项目的生命周期出发，围绕工程项目实施的各个方面展开。工程项目可持续建造实施方案的核心工作是建立工程项目可持续建造实施的组织机构，对工程项目可持续建造进行分解和深化，明确今后工程项目建设的重点前期规划、工程设计、招标投标、施工、运营等阶段工作。

（4）《工程项目可持续建造规划书》的编制

工程项目可持续建造规划的最后一步是编制《工程项目可持续建造规划书》。《工程项目可持续建造规划书》是对项目可持续建造规划工作的总结，也是项目可持续建造的指导性文件。工程项目可持续建造规划的主要内容一般包括分析工程项目的概况和特点；工程项目可持续建造的方针和目标；工程项目可持续建造环境调查与分析；工程项目可持续建造方案论证；工程项目可持续建造难点与风险分析；工程项目可持续建造技术导则。其中，工程项目可持续建造技术导则包括工程项目可持续建造的组织体系，工程项目可持续建造的职能划分，工程项目可持续建造的任务分解和重点，工程项目可持续建造的监督管理方案，工程项目可持续建造实施效果验收评价方法、附录等。

5.4.2　可持续设计

1. 基于建筑节能思想的设计

（1）空调系统节能设计

制冷系统能耗占整个系统总能耗的 40%～50%。因此，制冷系统的节能设计是空调系统节能的关键。制冷系统的节能设计可以通过选择合理的制冷剂和制冷循环、合适的压缩机和设计参数以及有效的制冷控制装置来实现。

（2）供热系统节能设计

建筑供热系统的能源消耗占我国总消耗量的 1/3。目前，锅炉供热是我国许多地区供热的主要方式。在锅炉供热节能设计中，应注意避免锅炉启停过程中燃料资源的浪费和环境污染。另外，由于锅炉供热系统风量和水量在平时的调节方式下，电动机负荷基本保持不变，会消耗大量电能，考虑变频调速技术，锅炉供热系统的设计可以大大节约能源消耗。在供热系统的节能设计中，应根据不同情况采用节能供热方式。

（3）自然通风设计

通过合理地使用自然通风，可以使建筑物在热压、风压的作用下进行自然通风，从而有效地节约能源消耗，为用户提供更加健康舒适的生活和工作环境。自然通风有两种形式，一种是热压作用下的自然通风，另一种是风压作用下的自然通风。在建筑设计中，应尽量利用热压和风压差形成自然通风，通过建筑形态设计和不同建筑之间的空间组合设计，创造有效的通风环境，达到自然通风的目的。

（4）自然采光与遮阳设计

建筑照明能耗是建筑能耗的重要组成部分。据统计，建筑照明能耗占建筑总能耗的 40%～50%。此外，照明引起的附加冷负荷也会增加建筑物的冷却能耗。目前，采取有效措施提高自然采光比例，不仅可以降低建筑能耗，而且可以改善室内光环境和舒适性。为了提高自然采光的效率，可以从几个方面考虑：一是通过建筑设计提高采光度，如合理确定窗地面积比；二是提高采光材料的性能，如采用一些新型的采光玻璃，如光敏、热反射玻璃；三是合理调整建筑物朝向，提高照明效率。

（5）建筑围护结构的设计

建筑围护结构设计也是建筑能耗的一个重要方面。在围护系统的设计中，首先要选择满足热容、保温和气密性要求的围护材料；其次，在围护结构设计中，应减少气候因素对围护结构的影响，合理布置建筑物的位置和朝向，合理确定建筑物的体型系数；此外，建筑围护结构还可以与屋顶、外墙绿化等绿色设计相结合，达到保温、隔热、隔声的最佳效果。

2. 基于可再生能源综合利用的设计

（1）太阳能的综合利用

太阳能作为建筑能源是可再生能源利用的重要组成部分。我国太阳能资源丰富，约2/3的地区具备良好的太阳能综合利用条件，可以考虑利用太阳能供热系统设计和日光温室设计替代不可再生能源（图5-7）。

图5-7 太阳能在住宅中的综合利用

（2）风能的综合利用

风能是一种清洁能源，我国风能资源丰富，风能资源总储量约32.26亿kW，可开发和利用的陆地上风能储量有2.53亿kW，近海可开发和利用的风能储量有7.5亿kW，共计约10亿kW。2002年，我国率先开始了新型垂直轴风力发电机的研究。国内首个风力发电建筑一体化项目——上海天山路新元昌青年公寓3kW垂直轴风力发电机项目，采用垂直轴风力发电机作为建筑供电设备，使得我国在风力发电建筑一体化设计领域走在世界前列。

3. 基于建筑生态环境绿化思想的设计

根据生态绿化设计所涉及建筑空间的不同部位，生态绿化设计可分为室内绿化设计、室外绿化设计、外围护绿化设计。根据绿化部位的不同，外围防护结构可分为外墙绿化设计、屋顶绿化设计、停机坪绿化设计、窗台阳台绿化设计等。

4. 基于资源集约化利用思想的设计

首先，在我国北方水资源严重短缺的情况下，节水尤为重要；其次，实现土地资源集约利用是项目建设过程中必须认真考虑的问题；第三，项目的集约化设计还体现在可再生材料的使用上。在工程设计中，通过设计有效的节水设备和节水系统，最大限度地节约水资源，实现水资源的合理循环利用；采用有效的节地设计，最大限度地节约土地资源，实现土地资源的集约利用。在建筑、结构、设备等专业的设计中要贯彻资源集约利用的思想，各专业的设计要相互协调，达到工程综合集约设计的最优目标。

5. 基于环保与健康思想的设计

环保设计有两层含义。

1）一方面，在工程项目的设计中要融入环保设计的理念。选择环保型建筑材料和建筑结构。同时，降低室内有毒物质含量，控制各种污染源，确保工程能为用户提供一个健康舒适的环境。

2）另一方面，在工程项目设计中应采用环保技术，减少工程项目建设和运营中对环境的污染和危害。比如，在污染工厂的设计中要做好废气、废水处理系统的设计。

5.4.3 可持续建筑材料

1. 可持续建筑材料的定义

可持续建筑材料（Sustainable Building Materials）又称绿色建材。绿色建材不是指单独的建材产品，而是对建材“健康、环保、安全”的综合评价，它注重建材对人体健康和环保所造成的影响，在原料采用、产品制造、使用以及废物处理和再利用等各个环节造成的环境载荷最小并且对人体安全的材料。根据绿色材料的概念，可持续建筑材料可以定义为在产品生命周期的各个环节，具有低能耗、低环境污染、对人体无害、有利于回收和再生利用的建筑材料。

2. 建筑材料资源的再利用

材料的可持续发展不仅是对良好性能的追求，而且材料从制造、使用、废弃到回收利用的整个生命周期中，必须与生态环境共存和相适应，减少资源和能源的消耗，减少对生态环境的影响。统计显示，我国单位产品数量能耗和资源消耗远高于工业发达国家，资源循环利用率低。最终产品重量仅占原材料投入量的 30%，大部分原材料成为废品。建筑垃圾的种类、组成和数量差异较大，分类方法也不统一。表 5-2 给出了建筑垃圾的组成、主要来源及现场施工管理人员根据两两比较产生的垃圾横向重量比整理出的垃圾重量权重系数，据此可给出一些建筑材料资源的再利用建议。

表 5-2 建筑废料的构成及产生的主要来源表

废料构成	废料权重排序	主要来源	占该项废料比重	说明
混凝土和砂浆	0.21	落地灰	约 85%	该五项废料合计占废料问题的 60%~70%
		凿毛、打掉的桩头		
		混凝土、砂浆余料		
		开洞和凿平		
		模板漏浆		
砖和其他砌块	0.19	施工中的损坏	约 80%	
		运输中的损坏		
		变更、质量不符合标准的拆除		
木材和模板	0.16	已到周转期的模板	约 90%	
		产生的边角料		
		复杂设计需要的异形模板		
面砖和瓦片	0.13	截下的余料	约 90%	
		运输和卸货过程中的损坏		
		变更、质量不合格部分的拆除		
钢筋和其他金属	0.13	下料产生的余料和桩头截筋	约 95%	
		地下室穿墙螺栓、钢筋的烧断		
		钢筋截断等		

（1）传统旧建筑材料的再利用

传统的建筑材料主要有烧制制品、灰、砂石、混凝土、木材等，拆除时，不仅会产生大量的木材、砖混、金属等废弃物，而且无论是新建还是拆除，都会留下建筑垃圾。如果它们大部分能作为建筑材料，成为一种可循环利用的建筑资源，将是对建筑保护和可持续发展认识的一次飞跃。80%以上的建筑垃圾是废弃的砖、混凝土、砂浆等建筑材料，可以回收利用，成为建筑业的第二资源。

（2）一般废弃物在建筑中的再利用（图 5-8）

1）用于建筑结构构件。建筑垃圾的再利用作为一种可持续发展的理念，已被人们广泛接受。虽然有不同的标准，但不同国家的建筑师已经开始探索和实践一般废弃物的再利用。例如，商品运输最常用的集装箱经常被丢弃在港口，最近，一些外国建筑师尝试用这些大箱子来建造建筑物。此外，废旧轮胎可利用作为围护结构，铝罐、玻璃瓶和水泥可利用作为非结构构件。

2）用作建筑装饰材料。利用废旧材料作为室内外装饰材料的做法在国外建筑界已悄然兴起。例如，在宾夕法尼亚州一个活动中心的设计中，建筑师创造性地使用回收的废橡胶轮胎作为建筑北立面的墙板。通过对形式、材料和能源的合理利用，体现了建筑环境意识的重要性。

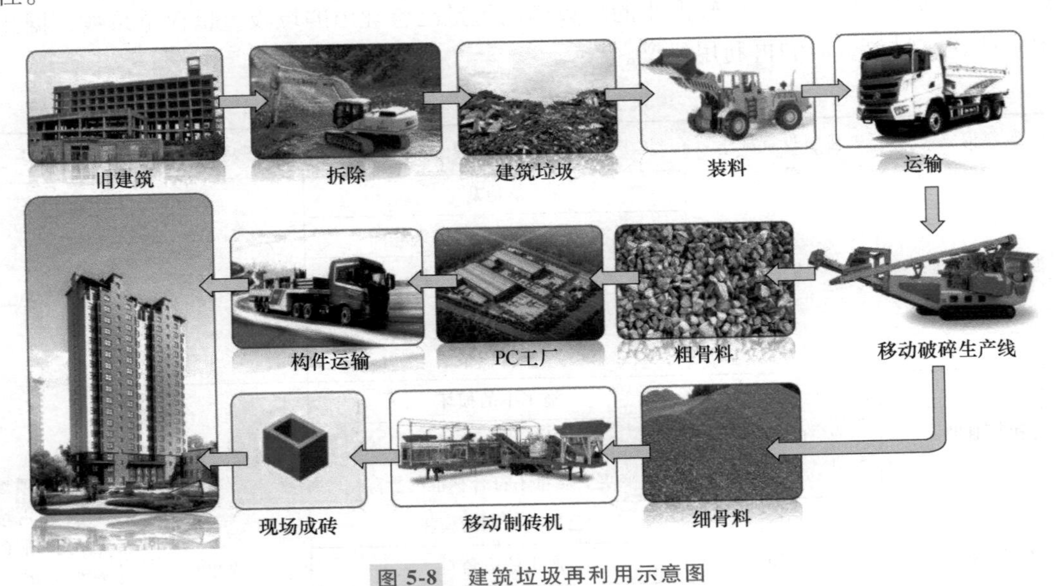

图 5-8　建筑垃圾再利用示意图

（3）新型可循环建筑材料

随着地球环境的恶化和资源的减少，作为建筑材料，不仅要具有高强度和装饰功能，还要考虑到回收利用的问题，使建筑材料行业走上可持续发展的道路。“回收”是指物品可以作为产品重复使用或作为其他产品替代品重复使用的可能性。一般来说，低能耗、高可回收性或显著环境效益的产品是可持续设计的较好选择。

1）可循环纸材。纸张的再利用可节省 35%的能源消耗。建筑用纸大多来自木材工业的残留物，包括纸板隔墙、废纸等。

2）可循环建筑钢、铝材料。我国建筑用钢总量占钢材总产量的 20%～25%，而工业发达国家占 30%以上。钢结构等可拆卸材料作为一种新型的可回收建筑材料，在一些发达国家得到了广泛的应用。随着我国经济建设的发展，大力发展钢结构已成为我国工程建设的一项重大技术政策。

3）预制装配式建筑。装配式建筑是一种在工厂等可控环境下的施工模式。由于装配式建筑具有施工速度快、经济、可回收利用、不受场地条件限制等优点，逐渐被人们所认识。而且，在保护建筑材料资源方面，装配式建筑的施工过程极大减少了现场材料的加工作业，从而最大限度地减少材料和废料的浪费（图 5-9）。

图 5-9　预制装配式建筑施工

（4）工农业废弃物在建筑产业的再生利用

粉煤灰在我国已经发展多年，得到了国家的高度重视，并取得了巨大的成功。在许多粉煤灰的综合利用中，应用最广泛的是其在建材和建筑中的应用。它可以制成各种建筑材料，包括砌块、粉煤灰砖、水泥和混凝土基础材料。

煤矸石粉是一种尚未转化为煤的石头。它是煤炭生产过程中的废物。在建筑领域，煤矸石主要用于生产水泥、煤矸石砖、轻骨料等建筑材料。

SMC 轻质墙板是以农业稻草和小麦秸秆为原料生产的。以稻草和稻草纤维为增韧填料，加入镁水泥、无机可溶盐和高分子聚合物改性剂，开发了以稻草为原料的 SMC 轻质墙板的工艺。SMC 轻质墙板主要用于各种低、中、高层建筑，特别是框架结构建筑的内隔墙板。利用稻草生产 SMC 轻质墙板是建筑材料的创新，也是在循环经济理论指导下探索农业与建筑业可持续发展道路的有益尝试。

5.4.4　可持续施工

可持续施工又称绿色施工，是指以节约资源为核心，以保护环境为准则，在施工过程中最大限度地避免环境污染，减少不可再生资源的消耗，保护施工现场人员的健康和安全，并使其高质量完成工程建设任务。

1. 工程项目可持续施工的内容

可持续建造的核心内容包括三个方面：一是避免对环境的污染，在施工过程中最大限度地保护生态环境，包括防治水污染、空气污染、固体废物和噪声污染；二是在建设过程中最大限度地有效利用资源，包括有效利用水资源、能源、可再生材料和既有构筑物；三是保护施工人员的身体健康，避免发生工伤事故或职业病。

可持续施工的总体框架由六个方面组成：施工管理、环境保护、节材与材料资源利用、节水与水资源利用、节能与能源利用、节约用地与建设用地保护（图 5-10，简称“四节一环保一管理”）。这六个方面涵盖了可持续施工的基本指标，还包括了施工规划、物资采购、现场施工、工程验收等阶段的指标子集。

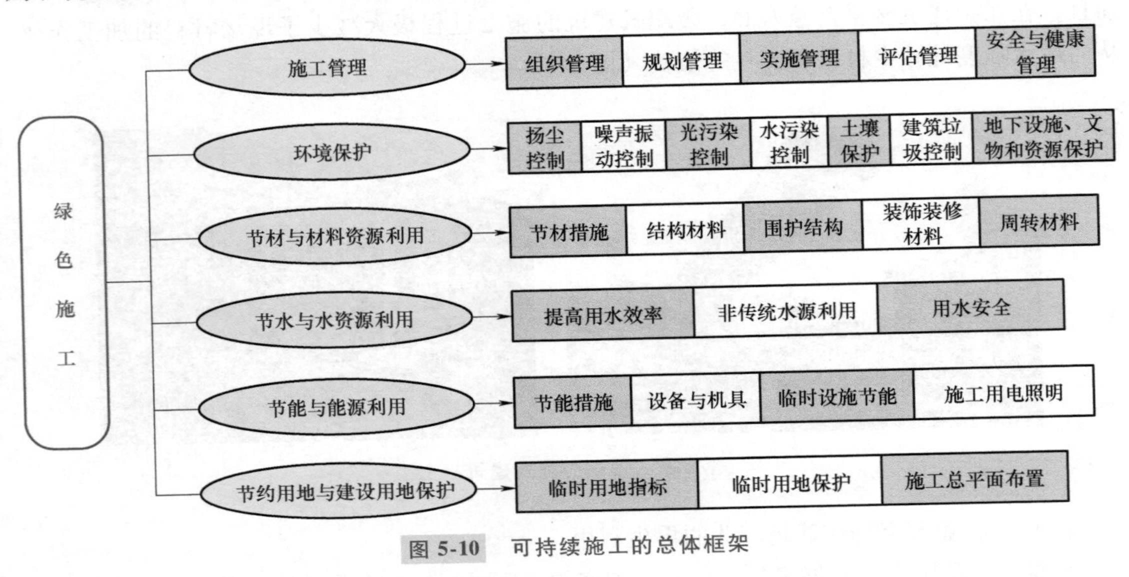

图 5-10　可持续施工的总体框架

2. 可持续施工管理

可持续施工管理主要包括五个方面：组织管理、规划管理、实施管理、评价管理和人员安全与健康管理。

（1）组织管理

建立可持续施工管理体系，制定相应的管理制度和目标。项目经理是可持续施工的第一责任人，负责可持续施工的组织实施和目标的实现，并指定可持续施工管理和监督人员。

（2）规划管理

可持续施工方案的编制，应在施工组织设计中独立成章，并按规定进行审批，应包括以下内容：

1）环境保护措施，制定环境管理计划及应急救援预案，采取有效措施降低环境负荷，保护地下设施和文物等资源。

2）节材措施，在保证工程安全与质量的前提下，制定节材措施。

3）节水措施，根据工程所在地的水资源状况，制定节水措施。

4）节能措施，进行施工节能策划，确定目标，制定节能措施。

5）节地与施工用地保护措施，制定临时用地指标、施工总平面布置规划等节地措施。

（3）实施管理

对施工全过程实行动态管理，加强对施工准备、施工计划、现场施工、物资采购、工程验收等阶段的管理和监督。要结合工程特点，有针对性地对绿色施工进行相应的宣传，通过宣传营造可持续施工氛围，并定期对员工进行绿色施工知识培训，增强员工的可持续施工意识。

（4）评价管理

根据导则的指标体系，结合工程特点，对施工的效果及采用的新技术、新设备、新材料、新工艺进行自我评价。成立专家评审组，对可持续施工方案、实施过程和项目完成情况进行综合评价。

（5）人员安全与健康管理

随着时间的推移，施工过程中引发的职业病也逐渐出现。建筑工人受伤也开始引起人们的关注。因此，在施工过程中，应采取必要的措施，防止有害因素对施工人员造成人身伤害。

1）制定防尘、防毒、防辐射等职业危害防护措施，确保施工人员的长期职业健康。

2）合理安排施工现场，保护办公区域、生活区域不受施工活动的不利影响。施工现场应建立卫生急救、保健和防疫制度，一旦发生安全生产事故和传染病，应及时进行抢救。

3）提供健康的工作和生活环境，加强施工人员饮食、住宿、饮水等生活和环境卫生管理，显著改善施工人员的生活条件。

3. 施工中环境保护

（1）工地扬尘控制技术要点

1）垃圾、设备、土方、建筑材料等的运输不得污染场外道路。运输易散、易飞、易漏物料的车辆，必须采取措施密封，保证清洁。施工现场出口设置洗车槽。

2）土方作业阶段，应采取洒水、覆盖等措施，确保作业区的可视粉尘高度小于 1.5m，不扩散到场地外。

3）在结构施工、安装、装修阶段，作业区粉尘高度小于 0.5m，易产生粉尘的堆放材料应采取遮盖措施，粉状材料应密封存放；对现场可能产生扬尘的材料和建筑垃圾的处理采取防尘措施，如覆盖、洒水等；在混凝土浇筑前清理扬尘和垃圾时，尽量使用吸尘器，避免使用鼓风机等易产生扬尘的设备；对于高层或多层建筑，可采用局部覆盖进行机械凿毛作业，应设置封闭的临时车道或采用集装箱吊装。

4）施工现场非作业区目测符合无尘要求。对现场易飞扬的材料应采取有效措施，如洒水、地面硬化、围挡、密网覆盖、密封等，防止粉尘的产生。

5）机械拆除构筑物前，应制定扬尘控制方案。

6）建筑物爆破拆除前应制定扬尘控制方案。可采用清理灰尘、打湿地面、预湿墙面、屋面水袋、地板储水、建筑外围高压喷水系统、防尘格栅和直升机投掷水弹。爆破作业不得在大风天气进行。

7）现场周围隔挡高度测得的总悬浮颗粒物（TSP）月平均浓度与城市背景值之差不超过 $0.08mg/m^3$。

（2）施工噪声与振动污染

建筑噪声和振动污染是建筑污染的主要组成部分之一。噪声污染一旦发生，立即给周围居民的生活带来直接影响。根据噪声源及特点，将整个施工过程分为土石方期、基础施工期、结构施工期和装修期。各施工阶段噪声、振动污染源及污染特征见表5-3。

表5-3　各施工阶段噪声、振动污染源及污染特征

施工阶段	污染源	特点
土石方工程	挖掘机、推土机、装载机以及各种运输车辆	绝大部分是移动性声源
基础建筑工程	各种打桩机以及一些打井机、风镐、移动式空气压缩机等	固定声源；以打桩机为主，施工周期比例小，但噪声与振动较大，危害较为严重
结构建设工程	各种运输设备，如汽车式起重机、塔式起重机、运输平台、施工电梯等。结构工程设备如混凝土搅拌机、振捣棒、水泥搅拌和运输车辆等。一般辅助设备如电锯、砂轮锯等	声源工作时间较长，影响面广
装修工程	砂轮机、电钻、电梯、起重机、切割机等	占总施工时间比例较长，但声源数量较少，噪声源少

针对施工噪声污染的严重影响，《绿色施工导则》要求对施工现场边界噪声进行实时监测和控制，并建议使用低噪声、低振动的机具，采取隔声隔振措施。噪声和振动控制的技术要点如下：

1）现场噪声排放不得超过国家标准《建筑施工场界环境噪声排放标准》（GB 12523—2011）的规定。

2）施工现场对噪声进行实时监测和控制。监测方法执行《建筑施工场界环境噪声排放标准》（GB 12523—2011）的规定。

3）采用低噪声、低振动的机具，采取隔声、隔振措施，避免或减少施工噪声和振动。

（3）水污染控制

施工单位必须了解周围水环境的多样性。土壤、植被、构筑物、地表水（河流、溪流）、蓄水系统（农田、水库、池塘、水井等）、地下水等自然生态是建筑安装工程的保护对象。水污染控制的技术要点如下：

1）施工现场污水排放应符合《污水综合排放标准》（GB 8978—2002）的要求。

2）施工现场应针对不同的污水设置相应的处理设施，如沉淀池、隔油池、化粪池等。

3）污水排放应委托有资质的单位进行污水水质检测，并提供相应的污水检测报告。

4）保护地下水环境。采用防水性能好的边坡支护技术。在缺水地区或地下水位持续下降的地区，基坑降水应尽可能少地抽取地下水；基坑开挖抽水超过500000m^3时，应进行地下水补给，避免地下水污染。

5）化学品等有毒物质和油类的储存场所，应采用严格的防水层设计，并对泄漏液体进行收集和处理。

（4）土壤污染控制

土壤污染是指人类活动产生的污染物通过各种途径进入土壤，污染物的数量和速度超过了土壤净化的速度，破坏了自然的动态平衡，使污染物的积累过程逐渐占据主导地位，结果导致土壤自然功能失衡，土壤质量下降，影响农作物生长发育。同时，土壤污染还包括土壤

污染物的迁移转化，造成空气或水污染，最终影响人类健康甚至生命安全。土壤保护的技术要点如下：

1）保护地表环境，防止水土流失。施工造成的裸露土壤应及时覆盖砂砾或种植速生草籽，减少水土流失；施工造成地表径流水土流失时，应采取地表排水系统、稳定边坡、植被覆盖等措施，减少水土流失。

2）沉淀池、隔油池、化粪池不得堵塞、渗漏、溢流。

3）电池、墨盒、油漆、涂料等有毒有害废物应当回收利用，交由有资质的单位处理，不得作为建筑垃圾运输，以免污染土壤和地下水。

4）施工活动破坏的植被应在施工结束后恢复（一般是指临时占地）。

（5）建筑固体垃圾

建筑废物是指建设单位和施工单位在新建过程中产生的弃土、弃料和其他废物。虽然不同类型建筑产生的垃圾中各种成分的含量不同，但它们的基本成分是相同的。建筑垃圾主要由土壤、渣土、散落的砂浆和混凝土、凿制产生的砖块和混凝土碎片、打桩切割的钢筋混凝土桩头、金属、竹木、产生的废弃物以及装饰、各种包装材料造成的其他废弃物组成。按德国建筑垃圾分类方法将建筑垃圾进行分类，其结果见表 5-4。

表 5-4　建筑垃圾分类

建筑垃圾类别	说　明	主要成分
土地开挖	天生的或已使用过的岩土	表层土、枯土、砂、石等
碎旧建筑材料	由建筑施工产生的矿物材料，有时含有少量其他材料	土、混凝土、砖、石膏、瓷砖等
道路开挖	在道路建筑中与沥青或焦油结合或混在一起的矿物材料	沥青、焦油、混凝土、砾石、碎石、路缘石等
建筑施工	由建筑施工产生的非矿物材料，有时含有少量其他材料	金属、木材、塑料、电缆、油漆、包装材料（纸、纸板）

长期以来，我国对建筑垃圾问题重视不够，解决建筑垃圾问题是实现绿色建筑的关键工作。表 5-5 列出了近年来碎砖、砂浆和混凝土等的回收技术以及其他建筑垃圾的处理方法。

表 5-5　建筑垃圾的再生技术及应用

建筑垃圾类型	再生技术及应用	备　注
废弃混凝土	再生混凝土添加料：将废旧混凝土全部或筛除再生粗骨料后的筛下物磨细，细度约 15%	取代 10%～30% 水泥，同时取代不超过 30% 的砂子
废旧砖瓦	结构轻骨料混凝土、免烧砌筑水泥、再生免烧砖瓦做水泥混合材	制作结构轻骨料混凝土构件（板、砌块）、便道砖及花砖、小品等水泥制品
施工中散落的砂浆和混凝土	物理回收法：通过冲洗将其还原为水泥浆、石子和砂。化学回收法：利用聚合物将砂浆、混凝土直接黏结形成砌块	英国已开发出专门用来回收湿润砂浆和混凝土的冲洗机器
废沥青混凝土	冷溶回收和热熔回收	—

（续）

建筑垃圾类型	再生技术及应用	备　注
废玻璃	直接作为粗骨料，也可磨碎作为细骨料	美国、加拿大已成功地将废玻璃作为细骨料拌制混凝土用于慢车道工程，其掺量可达15%（重量比）
废木料	作为模板和建筑用材再利用，作为造纸原料或作为燃料使用，也可用于制造各种人造板材	—
废金属	经分拣、集中、重新回炉后，再加工制成各种规格的钢材	—

（6）光污染控制

应尽量避免或减少施工过程中的光污染，如夜间室外照明设灯罩，透光方向集中在施工范围内；焊接作业应采取屏蔽措施，防止弧光泄漏，避免电焊弧光外泄。

（7）地下设施、文物和资源保护

具体措施包括：①施工前应调查清楚地下各种设施，做好保护计划；②施工中一旦发现文物，立即停工，保护现场并通报文物部门；③避让和保护施工场区及周边的古树名木；④逐步开展统计分析施工项目的 CO_2 排放量工作。

4. 节水与水资源利用

（1）提高用水效率

施工中采用先进的节水施工技术，现场不宜使用市政自来水进行路面喷洒和绿化灌溉。现场拌和用水和养护用水应采取有效的节水措施，严禁无措施浇灌和养护混凝土。施工现场给水管网应根据用水量进行设计和布置，管径合理，管道简单。施工现场办公区、生活区生活用水采用节水系统和节水器具，提高节水器具配置比例。工程临时用水应采用节水型产品，安装计量装置，采取有针对性的节水措施。施工现场应建立中水收集处理系统，使水资源逐步循环利用。在施工现场，分别测定生活用水和工程用水定额指标。

（2）非传统水源利用

优先利用再生水调配和再生水节约，有条件地区和项目要收集雨水节约。对于基坑降水阶段的施工现场，优先选用地下水作为混凝土搅拌、养护、冲洗和生活用水的一部分。

（3）用水安全

在使用非传统水源和现场循环水的过程中，应制定有效的卫生防护、水质检测措施，避免对工程质量、人体健康、周围环境造成不利影响。

5. 施工节能

建筑施工过程消耗大量的自然资源，对环境造成严重的负面影响。根据我国建筑能耗研究报告提供，2018年我国建筑施工阶段能耗0.47亿tce（吨标准煤当量），碳排放量达1亿t。

（1）施工节能存在的问题

建筑节能的关键是施工现场的能源管理，能源结构包括天然气、液化气、煤炭、电力、汽油、柴油等，天然气、煤炭、液化气主要用于食堂、供暖和冬期施工砂石供暖；电力分为施工用电和生活用电；汽油或柴油是现场各类重型工程机械的主要能源。建筑节能存在的问题主要体现在：①建筑工地能耗大；②建筑节能标准、法规和法律的缺失。

（2）节能与能源利用的技术要点

1）节能措施。优先选用国家和行业推荐的节能、高效、环保的建筑设备和机械。制定合理的建筑能耗指标，提高建筑能耗利用率。施工现场设置生活、办公、生产、施工设备用电控制指标，定期进行计量、核算和对比分析，并采取预防和纠正措施。施工组织设计中，合理安排施工顺序和工作面，减少作业区机具数量，相邻作业区应充分利用共用机具资源。选取施工工艺时，应优先考虑电耗或其他能耗较少的施工工艺。因地制宜，充分利用当地太阳能、地热等可再生能源。

2）机械设备与机具节能。建立施工机械设备管理制度，实行油耗、电耗计量，完善设备档案，及时做好维护保养工作，使机械设备处于低耗高效状态。选用功率与负荷相匹配的施工机械设备，避免大功率施工机械设备长期低负荷运行。机电安装采用节能机械设备。机械设备应使用节能油添加剂。合理安排工序，提高各类机械的利用率和满载率，降低设备的单位能耗。

3）生产、生活及办公临时设施节能。利用场地自然条件，合理设计生活、生产、办公临时设施的朝向、形状、间距和窗墙面积比，以获得良好的日照、通风、采光。临时设施采用节能材料，墙体、屋面采用保温性能好的材料，减少空调、供暖设备在夏冬季的使用时间和能耗。

4）施工用电及照明节能。临时用电应首选择节能电线和灯具，合理设计和布置临时用电线路，临时用电设备应采用自动控制装置和节能照明灯具。

6. 节材与材料资源利用

（1）节材措施

1）图纸会审时，应审查有关内容，使材料损耗率比额定损耗率降低 30%。

2）合理安排材料采购、到货时间和批次，减少库存。

3）现场材料堆放整齐。储存环境适宜，措施得当。监护制度健全，责任落实。

4）材料运输工具适当，装卸方法适当，防止损坏和溢出。避免和减少二次搬运。

5）采取技术和管理措施，提高模板、脚手架周转次数。

6）优化安装工程预留、预埋及管线走向方案。

7）应尽量使用当地材料。

（2）结构材料使用

1）推广使用预拌混凝土和商品砂浆。准确计算供货频率、采购数量、施工速度等，动态控制施工过程。

2）推广使用高强钢和高性能混凝土，降低资源消耗。

3）推进钢筋专业加工配送。

4）优化钢筋配料和钢构件下料方案。

5）优化钢结构制作安装方法。

6）采用数字化技术对大体积混凝土和大跨度结构的施工方案进行优化。

（3）周转材料使用

1）选用耐用、易于维护和拆卸的周转材料和工具。

2）模板施工优先配备集生产、安装、拆除为一体的专业队伍。

3）本着节约资源的原则，广泛采用钢架竹模板、定型钢模板和竹胶合板。

4）施工前应优化模板工程方案。

5）对高层建筑外脚手架方案进行优化，包括整体吊装和节段悬臂。

6）推广用外墙保温板代替混凝土施工模板的技术。

7. 节地与施工用地保护

（1）临时用地指标

1）根据施工规模及现场条件等因素合理确定临时设施。

2）要求平面布置合理紧凑，在满足环境与职业健康与安全及文明施工要求的前提下尽可能减少废弃地和死角，临时设施占地面积有效利用率大于90%。

（2）临时用地保护

1）对深基坑施工方案进行优化，减少土方开挖和回填量，最大限度地减少对土地的扰动，保护生态环境。

2）红线外临时占地应尽量使用荒地、废地，少占用农田和耕地。

3）利用和保护施工用地范围内原有绿色植被。

（3）施工总平面布置

1）施工总平面布置应做到合理科学，充分利用原有构筑物、建筑物、道路、管线为施工服务。

2）施工现场仓库、加工厂、搅拌站等布置应尽量靠近已有交通线路，缩短运输距离。

3）临时办公和生活用房应采用美观、经济、占地面积小、对周边地貌环境影响较小，且适合于标准化装配式结构。生活区与生产区应分开布置，设置标准的分隔设施。

4）减少建筑垃圾，保护土地。

5）施工现场道路按照永久道路和临时道路相结合的原则布置。

6）临时设施布置应注意远近结合，减少和避免大量临时建筑拆迁和场地搬迁。

5.5 建筑业人口可持续就业问题

5.5.1 可持续的根本——就业可持续

就业是民生之本。我国当前建筑业就业人口保持总体稳定，但随着我国建筑业工业化和信息化的推进，将会给就业工作带来挑战和压力。因为工业化和信息化都会促进生产效率的提高，减少对人工的依赖。尽管近年建筑业农民工的从业人数和从业意愿有所下降，但仍是农民进城工作的重要选择。如何在产业升级转换过程中处理好效率提高和人口就业的矛盾是必须面对和解决的重要问题。

对于诸多生产要素，人是唯一具有能动性的要素，对自然资源的合理利用最终体现在劳动过程的合理化上。因此，可持续发展不仅关注资源环境问题，更要关注人的发展问题。就业可持续是指在可持续发展系统的承载范围内创造更多的就业机会与就业条件，形成公平的劳动交换体系，使得每个劳动人口都能获得充分公正的就业机会、良好的就业环境和就业发展能力，劳动效应得到最大释放，劳动者获取合理劳动收益，以充分满足本人及其家庭的生存和发展需求。同时就业增长不以牺牲社会经济和资源环境条件为代价，进而不危及其他人及子孙后代的劳动就业需要。保证就业的可持续发展对于劳动力要素的有效配置，构建劳动力与经济社会、人口、资源环境系统的和谐发展关系，对推动人类社会可持续发展的发展具有重要意义。

长期以来，建筑业在促进城镇化发展，保证民生就业方面展现出了巨大的能力，尤其是在吸纳农村剩余劳动力、就业困难人员等方面做出了突出贡献。目前，我国建筑业处于产业转型升级的关键阶段，先进的建造技术对工人的需求发生了较大的变化，同时我国大规模建设仍将持续很多年，能否依旧提供并长期保持足够的人口就业，是关系建筑业发展和改善民生的重要问题。

5.5.2　先进建造技术对就业可持续的挑战

在先进建造技术，尤其是装配式建筑的相关研究中，从技术的角度，通过机械化、自动化等手段，减少工人数量（尤其是施工现场作业人员），降低人工成本，是这些新型建造技术的显著优势之一。然而从社会可持续的角度来看，先进建造技术的进步无疑给就业可持续带来了严峻的挑战。

1）先进建造技术的建设模式发生转变，从事传统建造行业的工人难以满足新的岗位的要求。与传统建筑业相比，工业化的发展带来了技术、管理、组织、市场、行业等方面的一系列新变化，建筑业由施工现场逐步向工厂过渡，从业人员面对的将是复杂的设计图、先进的工艺及大型机械设备和精益的管理等，因此对具有专业技能同时综合素质较高的产业工人需求急剧上升。

2）建筑业机械化、自动化水平的提升，减少了对劳动力的需求。现场作业模式由传统人工湿作业向精密的机械化、自动化、工业化生产方式转变，机械取代了部分人工作业，减少了工人的数量需求，这在很大程度上是好事。但大规模的城镇化建设还没有结束，过早地用工业化和自动化取代农民工既不合适也不合理。农民工作为建筑从业主力人群，建筑业承担了农村人口向城镇化转变的重要媒介，如何让建筑工业化、自动化和农民工城镇化、市民化在动态发展中相辅相成，实现农民工就业的可持续是建筑工业化发展的重要挑战。

3）用工成本升高。由于建筑业的行业性质，就业生产生活条件艰苦，城市人口以及年轻力壮的农村青年愿意从事建筑业的意愿越来越小，建筑企业不得不支付更高的工资，以此来吸引更多的劳动力。为了降低建设成本，企业可能通过减少劳动工人的数量，或者选择掌握多种技术的少数工人负责更多的工作。

4）农民工的择业面变窄。工人现有技术能力不能适应新工作需求，需要学习新的技能来满足工作需求，但又存在学习能力不足，或者老龄化的作业群体不愿意再进行作业培训教育。而当下我国也还不具备给建筑工人提供系统培训的平台或教育机构。由于这一群体的受教育水平普遍偏低，必然会导致部分学习能力较差或不具备学习能力的建筑工人不得不重新择业或失业。

5.5.3 可持续就业的对策

在建筑业的转型升级过程中，全方位地分析先进建造技术的特点和挖掘创造新的就业机会，并通过政策引导和企业主动来创造并发展新的就业岗位，对于建筑业本身和就业来说具有重要意义。要突出就业优先政策导向，努力提高劳动者的就业能力，提高就业质量，实现就业的量与质的统一。

1. 转变作业方式，适应新的技能

先进建造技术转变了建筑业的施工作业方式。以装配式建筑为例，大量的现场工作被转移到工厂进行。预制构件由机械化工作平台加工生产，然后运输到现场通过简单的拼装工作即可快速完成。施工现场几乎不再需要支模、钢筋绑扎和浇筑混凝土的工人。这就需要习惯现场湿作业的工人转变作业方式，适应新的工作岗位需求。辩证地来看，这种转变未必是对建筑行业就业的一次巨大冲击，反而已经有不少省份和企业将其作为一次新型就业的机遇，积极开展了技术工人职业资格培训、考核、鉴定、发证以及实名制管理工作。

2. 优化工作条件环境

相比较传统粗放式的建造模式，先进建造技术将使得工人的工作环境得到明显的改善（图 5-11）。建筑业是少有的高危行业之一，风吹日晒、早出晚归是建筑工人的真实写照。以装配式建筑为例，开展工厂化生产可以将建筑工人从恶劣的工作环境中解放出来，严格可控的工厂操作流程，提升工人的作业安全水平，干净整洁的工厂环境也使工人从生理和心理上达到更好的工作状态；其次，现场施工的环境条件得到较好的改善，也能够提高工人的就业欲望，满足工人对工作条件环境的日益提高的要求。当然，合理适当地提高工人的工资待遇也是建筑施工现场吸引工人的必要条件。

图 5-11 三一筑工预制装配式构件工厂生产作业环境

3. 建筑业农民工产业工人化

先进建造技术使得建筑业的发展步入了一个新阶段。装配式施工、BIM 技术在建筑工程中的应用，将逐渐降低施工现场的劳动强度和用工密度，但对工人的素质有了更高的要求，建筑工人将向知识化、年轻化的新型的产业技术工人转型并逐步替代。前面提到，先进建造技术对具有专业技能同时综合素质较高的产业工人的需求急剧上升。为了实现这种需求，相关建筑企业逐步展开产业工人技能培训（图 5-12），加强建筑工人队伍建设，推动了我国建筑业农民工产业工人化的进程。这一进程的快速推进，将在很大程度上解决我国传统建筑业面临的建筑工人流动性大、老龄化严重、技能素质低、合法权益得不到有效保障等严重制约着建筑业持续健康发展的问题。

图 5-12　各地组织建筑农民工产业工人化培训现场

复习思考题

1. 可持续发展的定义与原则是什么？
2. 可持续建造的理论基础是什么？
3. 项目全生命周期可持续建造的内容是什么？
4. 简述可持续策划的分类与原则？
5. 简述可持续建造材料的定义？
6. 可持续施工的内容有哪些？
7. 先进建造技术对可持续就业的挑战与机遇有哪些？

本章参考文献

[1] 任宏，陈婷，叶堃晖. 可持续建设理论研究及其应用发展［J］. 科技进步与对策，2010，27（19）：8-11.

[2] 黄世谋，等. 建筑废料的再生利用研究［J］. 混凝土，2006（5）：30-34.

[3] 施骞，工程项目可持续建设与管理 [M]. 上海：同济大学出版社，2007.
[4] 住房和城乡建设部：关于加快培育新时代建筑产业工人队伍的指导意见 [A/OL]. (2021-01-19) [2021-05-23]. http://www.gov.cn/zhengce/zhengceku/2021-01/19/content_5580999.htm.
[5] 李忠富. 现代建筑生产管理理论 [M]. 北京：中国建筑工业出版社，2013.
[6] 李忠富. 建筑工业化概论 [M]. 北京：机械工业出版社，2020.
[7] 国家统计局. 中国统计年鉴 [M]. 北京：中国统计出版社，2010~2020.

第6章 并行建造与虚拟建造管理

6.1 并行工程的基本原理

6.1.1 并行工程的产生与发展

1. 并行工程的背景

并行理念的起源源远流长，古代军事中的协作与近代我国“两弹一星”研制过程中的“三结合”都蕴含着模糊的并行理念，但并行工程真正作为一种解决问题的方法是在20世纪80年代末被提出的。20世纪80年代以来，自动化、信息化、计算机和制造技术相互渗透，加快了新知识产生并应用于实际的速度。同时航空技术的发展和信息时代的到来，加快了世界市场经济的形成和发展，世界范围内的市场竞争变得越来越激烈。市场的激烈竞争在推动社会进步的同时也使企业的生存环境恶劣，企业必须遵循用户选择为先的原则，否则就面临着被市场淘汰的命运。因此，世界市场经济体系下，企业必须采取措施，提高效率与效益，实现在最短时间内开发出高质量、低成本商品的目标，竞争的核心是时间。

传统的产品开发模式是沿用“串行”“顺序”和“试凑”的方法，这种方法在产品设计中各个部门独立进行，很少考虑各部门之间的协作配合，常常造成设计修改大循环，严重影响产品的上市时间、质量和成本。为了使企业具有更强的竞争力，各国企业纷纷研究新的方法和技术来探索新的产品开发模式。1982年，美国国防部高级防务研究计划局(DARPA)开始研究如何在产品设计过程中提高各环节活动之间“并行度”的方法。DARPA于1987年12月提出了发展并行工程DICE计划（DARPA's Initiative in CE）。美国防御分析研究所（IDA）对并行工程及其用于武器系统的可行性进行调查研究，于1988年发表了著名的R-338研究报告，明确提出了并行工程（Concurrent Engineering，CE）的思想，把并行工程定义为“对产品及下游的生产及支持过程进行设计的系统方法”，至今这一定义已被广泛接受。

2. 国外并行工程的研究现状

并行工程自被提出以来，就受到各国的高度重视，其中美国国防部的并行工程研究中心（CERC）走在研究领域前列，主要进行支持虚拟团队的工具与企业实施并行工程的分析方法的研究。经过数十年的发展，采用并行工程技术开发产品的方法已经在波音、洛克希德、雷诺、通用电器等企业中取得了成功，并行工程也广泛应用到了汽车、飞机、计算机、机械、电子等行业。如洛克希德新型号导弹的开发中采用并行工程的方法，将开发周期由原来的5年缩短到24个月，并取得了显著的经济效益；波音767-X在开发过程中采用数字化设计与并行工程的方法，将飞机研制周期缩短了13个月。并行工程在国外的研究与应用可以归纳为几个阶段，见表6-1。

表6-1 国外并行工程的研究与应用

阶段	时间	研究项目与内容	研究特点
研究与初步实践阶段	1985~1992年	美国的DARPA/DICE计划、欧洲的ESPRIT Ⅱ&Ⅲ计划、日本的IMS计划等	理论的提出、研究与技术原理的验证
企业应用研究阶段	1991~1996年	航空领域的波音777、737X，航天、军工领域导弹研发，汽车领域的Ford2000C3/P，电子领域的DEC、HP、IBM等	与CAD等计算机技术相结合
新的发展阶段	1995年以后	可重用的产品开发方法、网络上的异地协同设计技术、虚拟现实技术、面向产品全生命周期设计、基于知识的产品数据重用、基于企业级的产品数据管理与共享等技术对并行工程理论进行了深化	随着Internet等信息化产品的出现，并行工程的研究与应用有了新的意义

3. 国内并行工程的研究现状

20世纪90年代，并行工程引入我国，得到了政府和学术界的高度重视，一些企业也将并行工程的理念应用到产品开发研究中。例如，齐齐哈尔铁路车辆（集团）有限公司在产品开发中实施并行工程，改进开发过程，提高开发效率，缩短产品开发周期30%~40%；西飞公司以Y7—200A飞机内饰为对象，采用并行工程的思想和方法，仅用一年的时间就完成了内装饰设计与制造任务；江钻股份公司实施并行工程以来，公司生产的产品数量由1996年的68种增加到1999年的193种。并行工程在国内的研究与应用可以归纳为几个阶段，见表6-2。

表6-2 国内并行工程的研究与应用

阶段	时间	研究项目与内容
预研阶段	1992年前	863/CIMS主题和国家自然科学基金资助了一些与并行工程相关的研究课题，如并行设计方法、产品开发过程建模与仿真技术、面向产品设计的智能DFM等
论证与立项阶段	1993~1995年	1993年，863/CIMS主题组织成立并行工程可行性论证小组；1995年5月，863/CIMS主题重大关键技术攻关项目——并行工程正式立项，开展并行工程方法、关键技术和应用实施的研究工作
攻关研究阶段	1995~1997年	主要内容有：①并行工程总体技术、并行工程环境建设；②并行工程的过程建模与管理技术；③CAX/DFX使能技术；④支持并行工程的协同工作环境和产品数据管理技术
新的发展阶段	1998年以后	并行工程项目在已有攻关成果的基础上进一步研究，企业应用扩展到航空航天、石油、机械、铁路、汽车、建筑业等众多领域

6.1.2 并行工程的定义

传统的设计采用“市场调研→概念设计→详细设计→过程设计→加工制造→试验验证→设计修改”的串行流程，串行开发模式的各阶段是按照顺序进行的，只有上一个阶段的工作完成后，下一阶段的工作才可以开始。串行工程的开发模式将整个产品开发的全过程细分为很多步骤，每个部门相对独立地工作，只负责其中一部分工作，工作完成后交接给下一部门。这种产品开发方式也称作“抛过墙”，开发人员按照要求完成本职工作后将成果抛向下游，出现问题则抛回上游；每个部门的设计开发人员以自己的任务分工为中心，对产品的认识不完整，缺乏统一的产品概念，如图 6-1 所示。

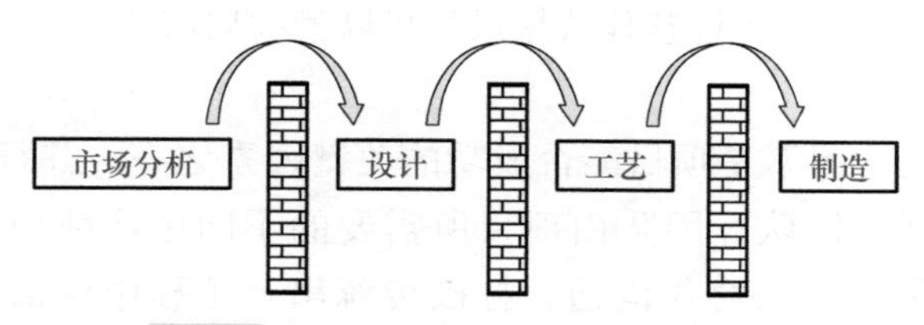

图 6-1　“抛过墙”式的产品开发方式

并行工程又被称作“同时工程”（Simultaneous Engineering）或“生命周期工程”（Life Cycle Engineering），许多学者从不同角度给出了并行工程的定义，最具代表性的是美国防御分析研究所（IDA）于 1998 年在 R-338 报告中给出的定义：并行工程是对产品及其相关过程（包括制造过程和支持过程）并行、一体化设计的系统化方法，这种方法试图使开发者从一开始就考虑产品全生命周期中的所有因素，包括质量、成本、进度和用户需求。

国内一些专业杂志对并行工程的定义可以概括为：并行工程是一种系统的集成方法，它在设计产品的同时，同步的设计与产品生命周期有关的过程，力求在产品开发阶段就考虑从概念设计到投放市场的整个产品生命周期中的所有因素，包括设计、分析、制造、装配、检验、维护、可靠性、成本、质量、进度和用户需求。并行工程中的“并行”包括纵向和横向两个方面，纵向是以产品为主线，是产品的设计、分析、制造、装配过程并行；横向是指协同阶段相关设计任务的并行化。并行工程的目的是提高产品质量、降低成本、缩短开发周期和满足用户需求。

6.1.3 并行工程的特征

传统的串行产品开发模式中，各部门之间的有效沟通较少，产品开发人员往往对自己在产品开发过程中扮演的角色缺乏认识，上下游之间可能存在不可调和的冲突，导致最终产品存在可制造性差、可装配性差、可维护性差、不能满足用户需求等问题。这使得产品开发过程变成设计、加工、试验、修改设计大循环，而且可能需要多次重复这一过程，导致产品开发周期长、产品成本高、用户认可度低等问题。

相较于串行的方法，并行的产品开发模式在设计一开始就考虑整个生命周期中包括概念设计到报废处理的所有因素，通过宏循环和微循环的信息流闭环体系进行信息反馈，在产品开发的早期尽可能及时发现并解决产品开发过程中的问题，从而缩短产品开发周期，提高产品质量，降低产品成本。并行工程具有并行性、整体性、协同性和集成性的特征。

1. 并行性

在产品设计阶段，让更多领域内的专家参与到产品的概念设计和详细设计中，系统地考虑产品开发全生命周期中的所有因素，避免将设计阶段的问题传递到后续阶段。它强调产品设计与工艺过程设计、生产技术准备、采购、生产等各种活动并行交叉进行；同时，改变传统设计在所有产品设计图完成后才进行工艺设计的做法，强调尽早开始工作，即在信息不完备的情况下开始部分工作，以缩短产品开发周期。

2. 整体性

并行工程强调系统有机整体性，认为各个局部过程和处理单元之间互相联系，存在双向信息流，强调整体最优化，为保证整体效果最优可以牺牲局部效益。

3. 协同性

并行工程理论中人才因素是项目能否成功的关键因素之一。并行工程相对串行工程的显著特点是集成产品开发团队，团队由项目所需要的不同生产部门的跨学科的多工种技术人员组成，强调人员之间的协作沟通，打破传统串行工程中各部门之间的壁垒，提高整体效益。

4. 集成性

并行工程建立在集成框架上，以信息集成、功能集成和过程集成的软件系统为基础，强调对产品生命周期的全部信息进行管理，实现产品数据的统一管理与共享。并行工程的集成性主要体现在以下几方面：

（1）信息集成

在产品开发的各个环节之间建立双向信息流与数据共享，保证各环节既能接受信息，也能为其他环节提供相关信息。

（2）功能集成

设计环节不仅要为制造环节提供工艺规程，还要对可装配性、可维护性以及能否满足用户需求等进行综合分析与评价，减少其他环节对设计环节的必要反馈。

（3）过程集成

在产品开发前期，能够从产品全生命周期角度出发设计产品及其相关过程。

（4）人员集成

在优化和重组产品开发过程的同时，实现跨部门的多学科的专家群体的协同工作，形成一个集成产品开发团队。

6.2 并行建造的发展与应用

6.2.1 并行建造的研究与定义

国外对并行建造的研究主要有：

1）Love 和 Gunase karan 的研究结论得出，建筑工程项目中应用并行工程的基本要素是：①首先对设计和建筑过程中的下游环节进行识别；②减少或消除过程中的不增值活动并尽可能地交叉并行；③建立并授权多功能小组。

2）Garzaetal 于 1994 年提出了建筑企业应用并行工程的指南，他认为并行工程将会使目前注重专业分工、过程分离的建筑业获得更多效益。

3）Eldin 列举了成功实施并行工程的 13 个要素，可以分类为关于工作人员的、关于管理的、关于过程的要素。同时，他认为并行工程是一种进度控制法，能在费用不增加的情况下缩短 20%~25%的工期。

4）Jaafari 在研究中提出在实施并行工程时建立项目管理系统的六个因素，该管理系统在项目全生命周期中可以提前控制整个项目。同时，他认为并行建造是一种从项目概念提出到项目结束的整个过程中去整合项目计划和实施的方法。

5）此外，欧盟首先在建筑行业研究并行工程的实现途径 ToCEE（Towards a Concurrent Engineering Environment），ToCEE 的目标是发展一种支撑并行工程运行的信息交换系统，这个系统被期望能提升工程质量、缩短施工周期，减少大约 20%的成本，从而给欧洲建筑业带来利益。

国内对并行建造的研究成果较少，主要有：

1）王惠明、齐二石提出了以并行生命周期设计和建造模型为基础的概念框架，其内容包括三个层次：设计阶段，设计/建筑一体化工具，知识基础和数据库。

2）东南大学项目管理研究所的毛鹏等结合大型工程多项目群（Multi-Programme）的特征以及实施方式，探讨基于并行工程的多项目群建设管理模式，重点分析在实施过程中对信息流通的需求变化，提出建立集成项目群团队管理模式，构建信息及交流平台。

3）清华大学对并行工程的 4D 技术在施工管理中的应用研究取得了显著成果。

国内其他学者对于并行建造的研究几乎都存在研究广度和深度不足的情况，对并行建造的研究不够系统，也缺乏明确的定义，所以借用国外学者的观点对并行建造进行定义。

Chimay J. Anumba 将建筑领域的并行工程（也就是并行建造）定义为在优化设计和施工过程中，通过集成设计、制造、施工、安装活动，以最大限度地达到各项工作活动的并行和协同，实现缩短工期、提高质量和降低成本的目标。在并行建造中，所有活动被整合，设计、施工和运营的所有方面都被同时规划，以实现目标效益最大化，同时优化施工性、可操作性和安全性。

6.2.2　并行建造项目管理模式分析

项目管理模式是指将管理的对象作为一个系统，为了使系统能够正常运行，并确保其目标的实现而运用的项目组织和管理方式。常见的建设项目管理模式主要有：DBB 模式、EPC 模式、CM 模式、DM 模式、PMC 模式、PM 模式、BOT 模式，这里对前三种项目管理模式进行简要介绍。

1. DBB 模式

DBB 模式即设计-招标-建造（Design-Bid-Build）模式，它是一种传统的建设项目管理模式。其最突出的特点是采取串行的方式进行项目管理，只有上一阶段结束后下一阶段才能开始。首先由建设单位委托咨询单位和设计单位完成项目前期工作，主要包括招标文件、施工图等；其次，通过招标的方式找到符合要求的施工承包商；最后，委托监理单位在施工阶段对施工单位进行施工管理。DBB 模式的缺点主要有：项目建设周期长，设计与施工分离导致设计变更多，项目成本高等。DBB 模式如图 6-2 所示。

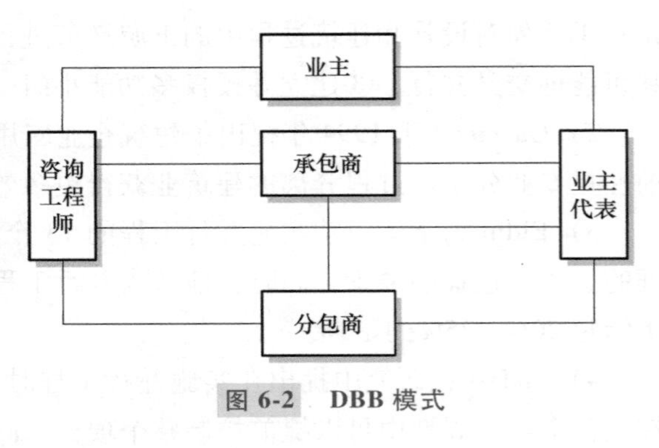

图 6-2 DBB 模式

2. EPC 模式

EPC 模式即设计-采购-施工（Engineering-Procurement-Construction）模式，其最大的特点是设计、采购、施工一体化，业主通过招标的方式找到一个总承包商，由总承包商负责设计、设备采购、工程施工，直至工程项目交付使用。此外，业主可能需要额外聘请少数专业咨询工程师作为顾问，协助业主进行项目管理。这种模式下，业主只负责整体的、原则的、目标的管理和控制，不能对工程进行全程的控制。总承包商对整个项目的成本、工期和质量进行负责，能够发挥其主观能动性，更好地优化资源配置，有效避免设计、采购、施工之间的冲突，降低建设成本，缩短项目工期。EPC 模式的缺点主要有：对总承包商要求高，业主对项目控制力低，总承包商承担风险较大等。EPC 模式如图 6-3 所示。

3. CM 模式

CM 模式即建造-管理（Construction-Management）模式，又称为阶段发包模式，其管理方式为业主、业主委托的 CM 经理和项目设计人员组成一个联合小组共同负责组织和管理工程的规划、设计和施工。其基本特征是将设计分成若干阶段，每一阶段的设计工作完成后，即开始组织招标投标确定施工单位，开始对应分项工程的施工。这种模式虽然有利于缩短项目工期，在一定范围内控制项目风险，但本质上仍然是设计和施工阶段的分割式管理，不同的是针对每个分项工程进行阶段式管理。CM 模式如图 6-4 所示。

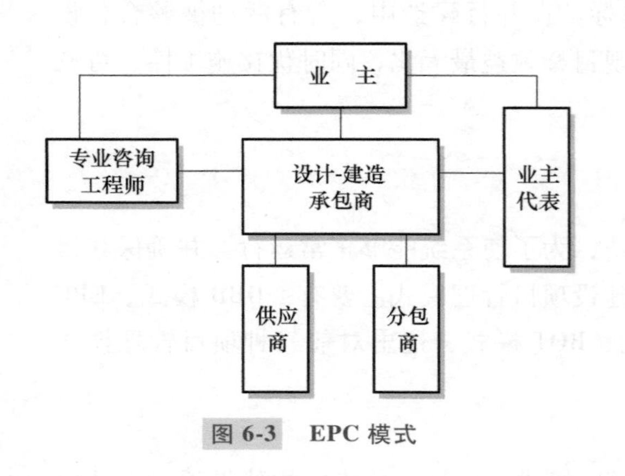

图 6-3 EPC 模式

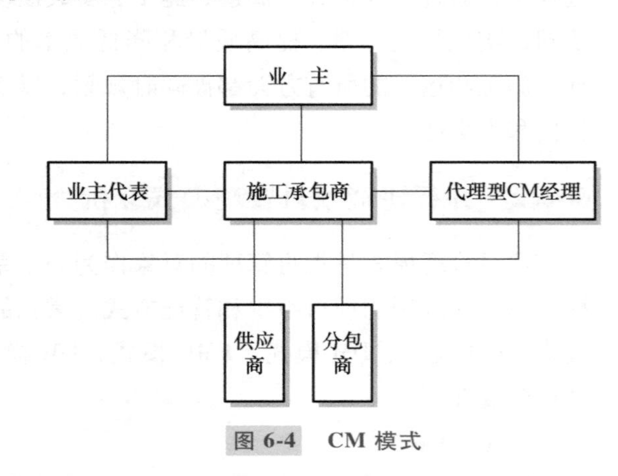

图 6-4 CM 模式

以上三种模式都是工程项目中常用的管理模式，各种模式都有各自的优缺点，都能在一定程度上解决建设项目中出现的工期拖延、质量不高、效益低下等问题，但是建设过程的各个阶段集成度不高，不能从项目全生命周期的角度去考虑问题，使项目效益最大化。

综合考虑建设项目管理特点和并行工程原理，将并行工程的思想融入建设项目管理中，归纳得出工程项目并行管理模式（Engineering Project Concurrent Management，EPCM）。EPCM 模式是指以建设项目全生命周期为对象，采用并行工程原理，在项目初期考虑工程项目从发起到交付使用全过程中各阶段的要求和衔接关系以及项目管理过程中各个参与方之间的动态影响关系，为了使项目一次性成功建设，而采用的一种基于组织、信息和技术的高效率工程项目管理模式。EPCM 模式以业主需求为导向，以信息技术为基础，组建高效率的项目组织，明确各个参与方之间的关系，在项目执行过程中提高各个参与方之间的信息交流，系统地对项目全生命周期进行规划以减少变更与返工，从而实现项目效益最大化。

如图 6-5 所示，EPCM 模式通过新型招标方式、合同体系以及信息知识库系统和虚拟施工技术的应用，为工程项目管理提供一个并行的实施环境，在此环境下，对项目组织模式进行重构、项目施工过程进行重组，形成新型的工程项目并行管理模式，最终实现建设项目的成功实施。

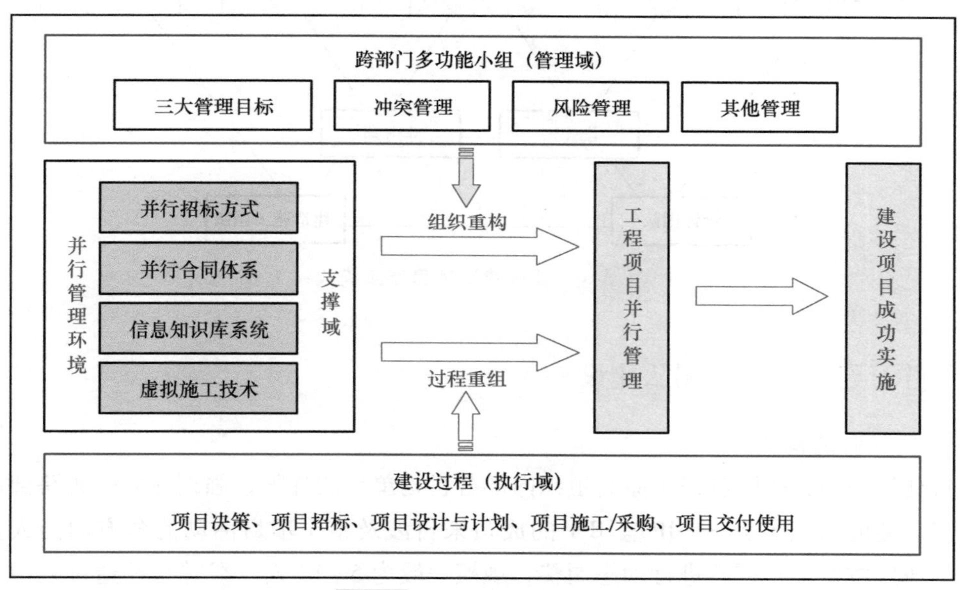

图 6-5　EPCM 模式示意图

6.2.3　并行建造的项目组织模式

传统的项目管理模式中，设计、施工、运营分别由三个主体单位负责，即使在 EPC 模式中，大多数总承包商依然选择把设计和施工进行分包，导致项目从设计到建造再到运营的过程被肢解，上下游之间冲突不断，设计变更时常发生，不能有效地实现项目效益最大化。

并行建造中的项目组织以跨部门的多学科的项目团队（Integrated Project Team，IPT）为核心，IPT 下再细分为各专业团队。如图 6-6 所示，其中彩色底纹图框部分表示 IPT，白色（无底纹）图框部分为各专业团队。IPT 成员应包括业主代表、测量规划师、设计师、建造师、采购师、客户代表等，他们是各专业团队选出来的代表，由项目管理师作为 IPT 负责人。

IPT 是项目的决策机构，主要进行各参与方之间工作的协调与控制，以提高建设项目生命周期各阶段人员之间的合作与信息交流，其决策核心会随着项目所处的阶段而动态调整。开发规划阶段应以业主代表和规划人员为核心，其他专业人员进行配合，使开发规划工作尽快完成，并尽可能考虑到项目全生命周期中可能出现的问题。设计-施工阶段是建设项目实现并行建造的核心阶段，该阶段以业主代表、设计师、建造师为核心，采购师需要密切配合建造师，做好材料采购工作，其他专业人员做好配合工作。

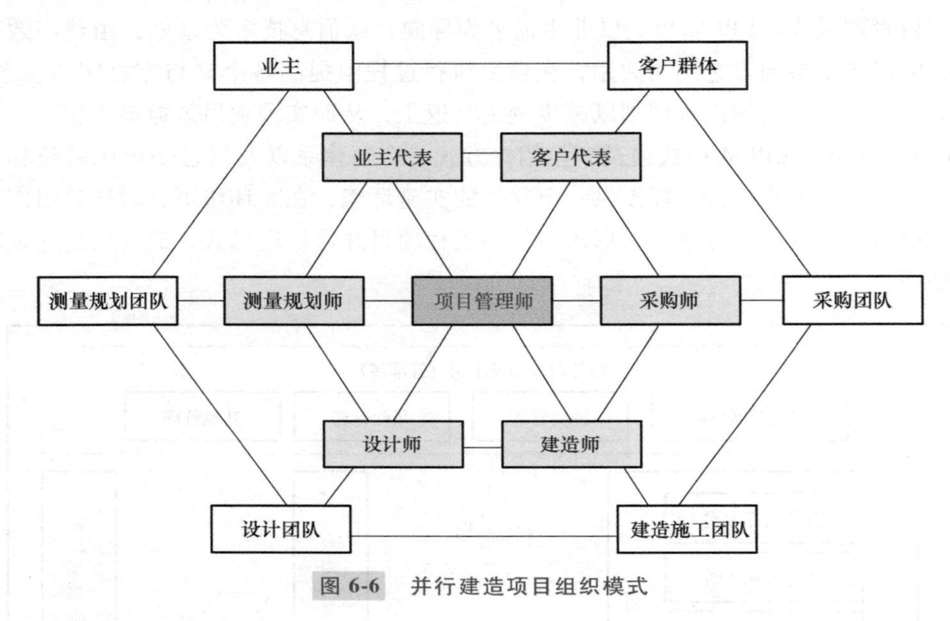

图 6-6　并行建造项目组织模式

6. 2. 4　并行建造的项目团队建设

1. 项目团队的构建

并行建造的项目团队打破了原有组织内部各机构单元的界限，强调建立一种跨部门、多学科、多功能的组织团队——IPT。IPT 的成员来自涉及整个项目活动的各方面的人员，团队成员构成应按照项目需要进行动态调整，规模一般为 5～12 人。在并行建造过程中，一般按照工程进度的不同阶段组成相应的工作团队，由横向协调团队负责统一指挥和协调各专业团队，所以建设项目的组织团队呈现出两级结构，如图 6-7 所示。

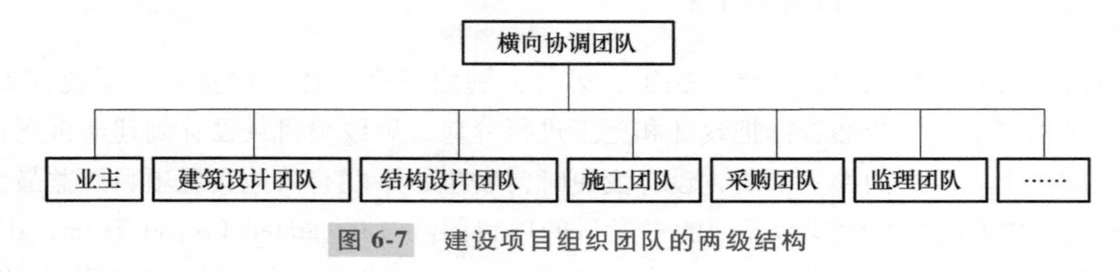

图 6-7　建设项目组织团队的两级结构

横向协调团队中应设立团队发起人、团队领导者、团队成员、团队记录员和团队促进者等角色。他们的职责是：

1）团队发起人：团队的指导者，负责团队的任务分工，选择团队的领导。通常发起人是直接负责团队工作的上一层管理者，不直接管理和控制团队及团队的工作，起到决策和支持的作用。

2）团队领导者（项目经理）：确保团队关注自己的任务，提供团队与机构其他部门间的重要联系。

3）团队成员：执行团队所做出的决策，与其他成员共同合作以实现团队的目标。

4）团队记录员：记录团队所有的观点，记录时注意保持中立。

5）团队促进者：通常业主在团队外寻找一个受过训练和有经验的人来行使促进者职责，协助团队工作，以确保团队成员平等参与。

项目团队的组建应满足以下原则：

1）目标原则。明确团队目标是实现项目效益最大化。

2）专业化原则。每个成员尽可能承担单一的专业化职能。

3）协调原则。做到与其他成员协同一体地工作。

4）权威原则。团队需要领导者，但领导者要合理利用手中的权力。

5）责任原则。团队成员应明确职责，对其任务负责。

6）明确性原则。团队成员的任务、权利、责任、与其他成员的关系等都应明文规定，公布众知。

7）平衡原则。根据任务大小和复杂程度建立多个IPT，但团队规模要适度，团队成员工作量适度，奖惩得当。

8）连续性原则。团队寿命尽可能要长，保证团队基本架构，减少成员磨合时间，一旦有成员离职，新成员要尽快融入团队，以便团队可以继续高效地运行。

2. 项目团队协同工作环境

协同可以理解为协调两个或两个以上的不同资源或个体，使它们一致地完成某一目标的过程或能力。并行建造项目团队的协同工作主要是利用计算机支持协同工作环境（Computer Supported Cooperative Work，CSCW）来完成的。CSCW支持用户同时工作，为用户提供访问共享信息的接口，通过通信网络，采用多媒体技术，实现文本、图形、语音、视频等信息的实时交流，及时协调解决各种冲突，提高工作效率。

如图6-8所示，计算机支持的协同环境可以实现项目信息、项目管理、即时通信、数据维护、协同设计、共享应用、账户管理、进度管理、合同管理、成本管理等功能，可实现多用户同时访问，同时也可实现异地协同。

3. 项目团队激励策略

并行建造强调团队内部和团队之间的密切合作，需要必要的考核与激励机制来调动成员的积极性，使团队成员在完成好各自目标的同时充分考虑整体效益，最终实现项目的成功。

绩效考核不仅要考虑项目结果，还应考虑过程因素，如设计修改次数的多少。此外，还

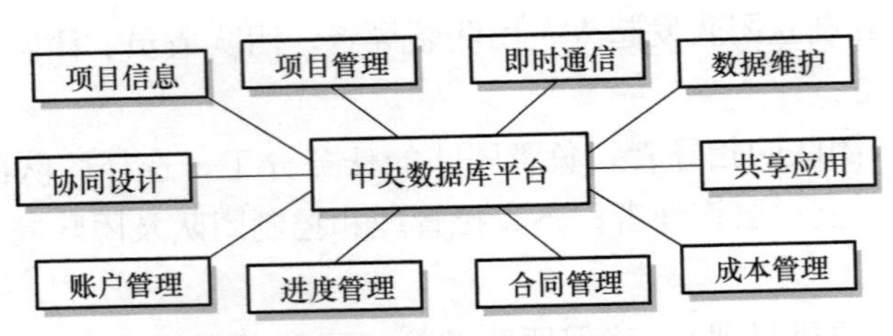

图 6-8 计算机支持协同环境的功能结构

应考虑主观因素，如客户满意度、其他成员评价、成员个人行为等。因此，本书提出了并行建造绩效评价二维模型，见表 6-3。

表 6-3 并行建造绩效评价二维模型

评价项目	人员	
	主观	客观
过程	团队成员态度、行为	返工次数
结果	业主满意度 团队成员满意度 各职能部门满意度	项目开发周期 工程质量 建设成本等

激励策略主要有：①基于团队进行奖励；②基于知识进行奖励；③项目结果与过程并重考虑；④物质奖励与精神奖励并重考虑；⑤基于团队内部协作以及团队之间协作的效率进行奖励。除了以上五种激励策略，还应该充分考虑团队成员的自身需求，在发放奖励前做好准备工作。

4. 项目团队冲突解决

并行建造强调多学科的专家共同参与，由于多学科领域和目标的差异，项目建设过程中难免会发生冲突。冲突产生的起因多种多样，主要包括：

1）资源冲突。项目可利用资源有限，成员之间互相竞争造成的冲突，这种冲突会影响项目进度和质量。

2）领域知识冲突。各学科专家考虑问题的角度不同，往往会做不同的设计选择，需要有客观的、合理的依据标准帮助选择。

3）信息缺乏引起的冲突。设计者需要其他各方的设计信息，而这些信息之间又可能存在相互影响，导致整体进度拖延或发生设计冲突。

4）设计目标与结果不一致引起的冲突。单个子目标完成存在一定偏差，虽不影响单个子目标功能，但是产生整体冲突，导致整体目标与结果不一致。

冲突虽不能彻底避免，但可以使用以下方法缓解或减少冲突：

1）确保整体目标一致，建立自我矫正机制。及时发现问题，优先团队内部解决，如果冲突无法解决，再进行团队之间的沟通。

2）进行合理的任务划分。合理的设计任务划分可以降低任务之间的耦合度，提高设计人员的独立性。

3）合理利用信息库。定时上传与共享任务的进度和信息，同时积极获取所需要的信息，对无法获得的信息应及时与其他成员沟通。

4）定期召开团队会议。将遇到的问题与冲突在团队会议中提出，集中商讨，共同解决问题。

6.2.5　并行建造项目流程重组

传统的工程建设流程为：决策分析阶段（工程建设前期）→工程建设准备阶段→工程建设实施阶段→工程验收与保修阶段→生产与使用阶段，单体建筑的生产全过程为：规划→设计→施工→运营与维护。串行工程建设工作流程中，各阶段由专门的部门负责，各部门之间相对独立，信息流向单一，设计阶段无后续工作人员加入，往往导致项目在施工阶段问题频发，需要不断进行设计变更，返工现象严重，最终产生整个项目建设成本增加，建设周期变长，项目总效益差等问题。

并行工程建设中，从项目全生命周期角度出发，在项目的规划设计阶段就有后续人员加入，强调各参与方互相协作，及时传递信息，及时进行调整，尽可能减少返工的发生，从而缩短工期，提高项目整体效益。串行工程建设和多项目并行工程建设工作流程对比如图 6-9 所示。

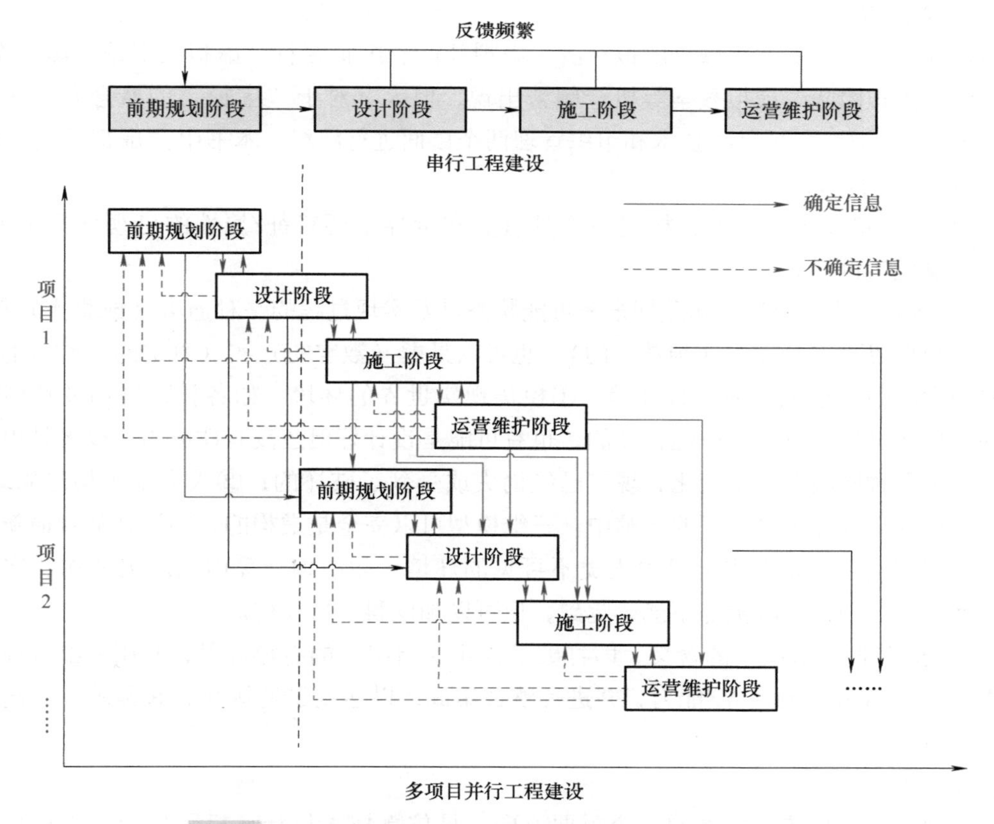

图 6-9　串行工程建设和多项目并行工程建设工作流程对比

但并行工程建设，尤其是多项目并行工程建设中，系统性较强，其中一个环节出现问题，都可能对整体项目造成巨大的影响。下面介绍主要的各阶段之间的影响分析：

1）设计与施工并行中，设计变更或设计拖延，从而影响施工任务的开展。设计变更或设计拖延发生的原因主要有：①设计工作开始时，不确定因素较多，在施工的过程中发现问题，进而提出设计变更；②设计阶段，业主要求不明确，在设计完成后业主提出设计变更的要求；③设计变更导致后续设计工作拖延，进而影响施工进度。

2）施工过程并行，有利于加快项目进度和降低项目成本。但施工并行过程的增多，使上游工作对下游工作的影响增加，施工压力变大，一旦发生施工返工，对后续施工进度会有很大影响。

3）多项目并行建造中，项目1主要以各参与方提前介入提供的信息为主，项目2开始实施后，除了项目内部不确定的信息以外，项目1可以提供大量的确定信息以指导项目2的实施。

6.3 虚拟建造的基本原理

6.3.1 虚拟建造的产生与发展

1. 虚拟的定义

目前在学术界和实业领域，虚拟经济、虚拟社区、虚拟银行、虚拟图书馆、虚拟企业、虚拟组织、虚拟团队、虚拟教学等概念频繁出现，但大家对于“虚拟”的概念有不一样的认识和理解。“虚拟”可以在技术和组织管理两个层面进行解释，本书中“虚拟建造”涉及以下“虚拟”的含义：

1）由计算机技术支持的，构建一个具有真实世界主要特征/属性的可视化数字世界，来模拟仿真现实世界。

2）在虚拟世界里对现在和预期未来可能状态以及实现过程的一种逼真（或真实）模拟/仿真，虚拟世界可以是虚的（纯数字的），也可以是虚（数字的）实（真实的）结合的。

3）可以虚拟/模拟下列各种环境：①模仿现实世界的环境。如各种建筑物及其周围环境。这种现实世界，可能是已经存在的，也有可能是设计好但还没有建成的，或者是曾经存在，但由于种种原因发生了变化，现在已经消失或受到了破坏的；②人类主观构造的环境。环境是虚构的，存在于设计师的头脑中，三维模型可以完全是虚构的，如设计师对最新设计概念的表现和演绎；③现实世界中人类不可见的环境。如结构计算中的应力分布，客观存在，虽然人类的视觉、听觉等不能感觉到，但可以加以科学可视化。

4）虚拟企业（组织）的含义，即打破了企业（组织）的有形界限，利用外部资源虚拟扩展本企业（组织）的边界/能力，并进行整合集成，以达到迅速满足顾客需求、提高市场竞争力的目的。

2. 虚拟现实技术

虚拟现实技术是仿真技术的一个重要方向，是仿真技术与计算机图形学、人机接口技术、多媒体技术、传感技术、网络技术等多种技术的集合。目前虚拟现实的技术方案主要包括三种类型：虚拟现实（Virtual Reality，VR）、增强现实（Augmented Reality，AR）和混合现实（Mixed Reality，MR）。

VR 是一种使用计算机生成环境的技术，给用户提供一种完全沉浸在虚拟环境中的感觉。它提供了一种新的方法，用计算机生成的人工三维（3D）环境取代周围真实的环境。例如，VR 可以通过让医护人员沉浸在虚拟手术室中来培训和测试医护人员。

AR 是一种将数字信息实时地、以正确的空间位置叠加到真实环境上，以增强真实环境的技术。例如，AR 可以使用户能够在真实的环境中查看三维虚拟家具的外观，以及它适合摆放在房子的什么位置。

MR 最初由 Milgram 在 1994 年提出，它指的是光谱（Spectrum）或虚拟连续体，在这个连续体中，不同的技术基于真实环境的展示程度而存在。当然现在也有技术公司对 MR 赋予了新的定义，它是指一种技术，像 AR 一样，将虚拟对象放置在现实环境中，但也将它们固定在现实世界中，并实现物理对象和虚拟对象之间的交互。这一定义非常模糊，缺乏科学的严密性，也没有可靠的来源支持它，更像是一种营销策略，并没有被大家所认可。

如图 6-10 所示，Milgram 提出的 MR 光谱的一端是真实环境，另一端是虚拟环境，在虚拟环境中，真实环境完全被虚拟对象所取代。AR 技术更接近于真实环境的一端，显示真实环境对象和虚拟环境对象，VR 技术则更接近于虚拟环境，完全不显示真实环境，其他技术则在映射于 VR 和 AR 技术之间。例如增强虚拟（Augmented Virtuality，AV），是指用真实环境的对象增强的虚拟环境。

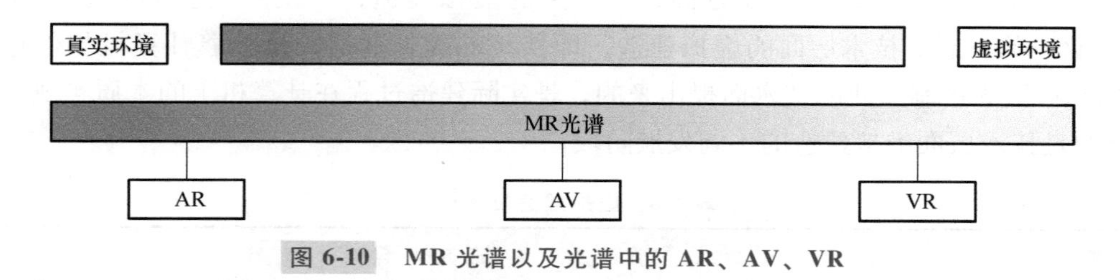

图 6-10　MR 光谱以及光谱中的 AR、AV、VR

VR 技术具有沉浸感、交互性、想象性等技术特征，见表 6-4。AR 技术具有虚实交融、实时交互、三维注册等技术特征，见表 6-5。

表 6-4　VR 技术的特征

技术特征	特征内容
沉浸感	体验者全身心沉浸在计算机产生的三维虚拟环境中
交互性	体验者在虚拟环境中进行交互体验，可通过自身意愿主动改变内容
想象性	不仅可以再现真实存在的环境，也可以创造客观上不存在的环境

表 6-5　AR 技术的特征

技术特征	特征内容
虚实交融	通过虚拟和现实场景进行叠加增强现实场景
实时交互	体验者可对增强后的现实场景进行交互操作
三维注册	计算机生成的虚拟三维物体与现实环境一一对应，精准定位

3. 虚拟建造的定义

虚拟建造也可以用技术和组织管理两个层面进行定义，它是一种新的建筑生产方式，也是一种新的工程项目建设模式。

技术层面的虚拟建造（狭义的虚拟建造）是在计算机技术和信息技术的基础上，利用AutoCAD、Revit、3DSMax、Unity等软件，系统仿真技术，三维建模理论，虚拟现实技术，增强现实技术等，对建筑物或项目事先进行模拟建设，进行各种虚拟环境条件下的分析，提前发现可能出现的问题，以采取预防措施，达到优化设计、节约工期、减少浪费、降低造价的目的，或者应用JavaScript语言扩展虚拟世界的动态行为，预先为顾客提供一个可以观看、感觉、品评的虚拟环境。

组织管理层面的虚拟建造（广义的虚拟建造）是指承包商为适应市场变化和顾客需求，基于计算机和网络技术的发展，将虚拟组织原理应用到工程建设领域的一种新的工程项目建设组织和管理模式，通过它承包商以最快的速度、最低的成本跟踪市场动向，并通过对外部资源的整合利用迅速满足顾客需求。

4. 虚拟建造的发展

虚拟建造最早由美国发明家协会于1996年提出，其概念来自于虚拟组织原理在工程建设领域的应用，侧重于组织管理方面，即广义的虚拟建造，其发展更多的是参考虚拟组织（企业）的发展。技术层面的虚拟建造，即狭义的虚拟建造，是随着计算机与信息技术的应用和借鉴先进制造业的技术而提出来的，是实际建造过程在计算机上的本质实现。表6-6介绍的是技术层面虚拟建造的不同发展阶段。

表6-6 虚拟建造发展阶段

阶段	研究内容
萌芽阶段	CAD与建筑设计的结合。20世纪80年代后期工程设计开始推广CAD应用，勘察设计行业在建设领域率先应用计算机技术，将设计作业在计算机上完成，使人从复杂的设计工作中解放出来
初步形成阶段	CAD、系统仿真与建模技术、多媒体等技术的综合应用。传统的设计观念、手段和方式发生了根本的变化，方案的比选、优化更为直观。工程设计由二维变成三维，设计者可以更清晰地看到建筑物的整体外形和建筑物内部的细节构造
发展阶段	虚拟现实技术使得虚拟建造得到进一步的发展。虚拟现实技术为建筑师们设计和评价建筑提供了新的技术手段，建筑师可以按现实世界中任何可能的方式直接与其设计的建筑对象进行交互。同时，虚拟现实技术为用户参与设计过程提供了极大的方便，可以帮助建筑师更好地了解用户需求
应用阶段	进入21世纪，虚拟建造的研究和应用达到一个新的阶段。主要表现为：①BIM软件快速发展，建模、可持续分析、机电分析、结构分析、深化设计、模型检查、综合碰撞检测、造价管理、运营管理等软件的数量和质量在不断提升；②硬件设备得到快速发展，计算机运算速度加快，手机、平板计算机等移动设备不断发展

6.3.2　虚拟建造的技术支持

1. 虚拟现实技术支持

虚拟现实系统根据存在程度和沉浸程度，确定了三种不同的类别：非沉浸式、半沉浸式和完全沉浸式虚拟现实。

在非沉浸式虚拟现实系统中，输入是通过轨迹球、操纵杆、键盘和鼠标来完成的，输出设备是标准的高分辨率监视器。分辨率可以是高的，而沉浸感是低的或不存在的。

半沉浸式虚拟现实系统更为昂贵，并增加了数据手套和太空球等设备，以提高输入能力和交互。它们的输出设备也更先进，包括大屏幕投影仪或显示器，为用户提供高分辨率的体验，从而产生中等（或更好）的沉浸感。

全沉浸式虚拟现实系统提供了更高的沉浸感和互动感，但分辨率较低。它们通常集成语音命令和手套作为输入设备，头戴式显示器（HMD）和 CAVE（虚拟现实显示系统的一种）作为输出设备。

VR、AR 应用的软件有很多，比如 Unity、UE4、Autodesk Revit Live 插件等（图 6-11）。本书介绍其中一种 VR、AR 的应用方法：

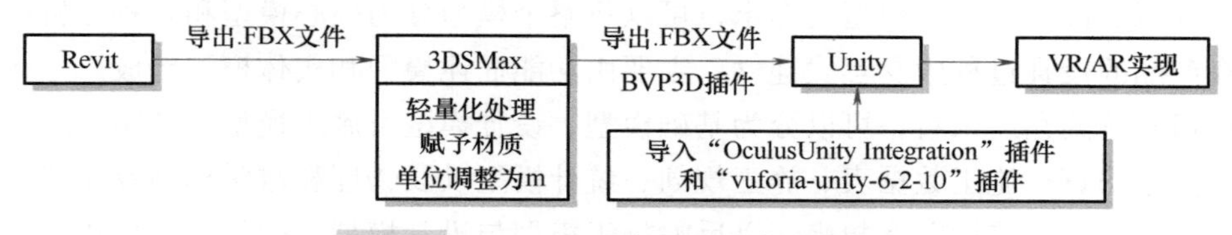

图 6-11　Unity 实现虚拟现实应用路径图

（1）轻量化处理

Revit 软件可以实现建筑、结构、管线设施等建模功能，但模型文件所占据的内存较大，其模型面数高达数百万、数千万，严重影响虚拟现实设备的性能，尤其对于手持设备影响更大。使用 3DSMax 对三维模型进行轻量化处理，选择适合的优化等级，满足设备运行的流畅性，同时兼顾渲染质量。

（2）材质处理

Revit 模型的材质不适用于 Unity，需要借助 3DSMax 对模型材质进行转换，以确保模型的渲染效果和专业系统的颜色区分。

（3）信息参数处理

Revit 模型直接导入 Unity，会导致模型失去除构件元素名称以外的其他信息参数，对信息参数的展示和人机交互有很大的影响。比如可以采用“BVP3D 插件（收费）”将信息参数导入 Unity。

2. 虚拟建造核心技术

从技术的角度看，除了虚拟现实技术之外，要实现虚拟建造技术的发展策略，就必须使建模技术、仿真技术、优化技术等互相衔接、协调发展。也正是在这些相关先进技术的支撑下，虚拟建造才能得以最终实现并得以广泛应用。

（1）建模技术

产品建模强调产品在计算机上的本质实现，对产品开发全过程的支持，要求产品模型具有可重用性。因此必须建立产品主模型描述框架，随着产品开发的推进，模型描述日益详细，但始终可保持模型的一致性及模型信息的可继承性；实现虚拟建造过程各阶段和各方面的有效集成，因此，要求实现产品模型数据的有限组织与管理。

产品建模方法是虚拟建造的核心问题之一。从本质上说，虚拟建造是多学科无缝集成仿真，而各应用领域的仿真模型是从不同的视角以及不同的抽象程度上对同一个建筑产品信息进行描述和表示，它们之间难以进行真正的数据共享和重用，因此需要一个集成的虚拟模型对建筑产品相关的信息进行组织和描述。适用于虚拟建造的集成模型必须满足以下三个要求：

1）保证建筑产品信息的完整性，能够对不同抽象层次上的建筑产品信息进行描述和组织。

2）不同的应用能够根据它提取所需的信息，衍生出自身所需的模型，并且能够添加新的信息到建筑产品模型，保证信息的可重用性和一致性。

3）支持自上向下设计，特别是概念设计和设计变更。

根据虚拟建造中对产品模型的需求，可以将整个模型分为核心模型和各种分析模型。核心模型在产品的设计过程中交互式建立，主要由功能描述模型和实体模型组成。

从项目实施的角度来看，可以分为基础模型、设计模型及施工模型。其中，施工模型具备计算机工艺仿真、施工数据表、施工规划、统计模型以及物理和数学模型等功能，它将工艺参数与影响施工的属性联系起来，以反映施工模型与设计模型之间的交互作用。

（2）仿真技术

计算机仿真（Computer Simulation，CS）就是构造出一个“模型”（包括实际模型和虚拟模型）来模仿实际系统内所发生的运动过程，这种建立在模型系统上的试验技术称为仿真技术，或称为模拟技术。它是建立在系统工程、计算机科学、控制工程等学科基础上的，以概率论与数理统计为基础的学科。

从技术层次可以将仿真技术划分为数值仿真（Numerical Simulation）、可视化仿真（Visual Simulation）、多媒体仿真（Multimedia Simulation）和VR仿真（VR Simulation）系统等。

建筑行业应用仿真技术已经有较长的历史，其主要应用在结构计算仿真和施工阶段的仿真。结构计算本身是通过本构、平衡和协调关系建立相关方程，建立起正确的数学模型用于仿真。施工过程的仿真一般采用离散事件建模分析，它涉及基础、结构和装饰工程施工等。基础工程中的仿真系统主要针对土方施工、基坑支护结构施工、大体积混凝土施工等问题展开研究。例如，在土方施工的仿真系统中，建立的专用仿真模型有现场数据模型、体积计算模型、施工方案模型、现场图形模型、输入输出模型、协调模型等。结构工程施工中的仿真系统主要包括施工方案、项目管理、机器人施工模拟等子系统。虚拟建造系统中的仿真还涉及项目开发阶段。例如，建筑的建模仿真、规划设计过程仿真、设计思维过程和设计交互行为仿真等，以便对设计结果进行评价，实现设计过程早期反馈，减少或避免产品设计错误。

（3）优化技术

仿真技术与优化技术是结合在一起的，优化技术是将现实的物理模型经过仿真过程转化为数学模型以后，通过设定优化目标和运算方法，在制定的约束条件下，使目标函数达到最优，从而为决策者提供科学的、定量的依据。

应用优化原理进行建筑工程的规划、设计、施工、管理时，希望能全面、综合地考虑在技术上、经济上、运行中、时间上的最优。因此，在建筑工程的各个阶段推广应用优化原理和方法，都会取得显著的技术效果和经济效益。

优化技术研究在一定数量的人力和物力资源条件下，如何恰当地运用这些资源达到最有利的目的，这种问题用数学语言来表达，就是在一组约束条件下寻找一个函数（称为目标函数）的极值问题。它使用的方法包括线性规划、非线性规划、动态规划、运筹学、决策论和对策论等。其中，以网络技术为基础的“关键路线法”和“计划协调技术”早已应用于工程实践中并为广大土木工程师所熟悉。这种以工序所需的工时为基本时间因素，用来表达各项工作任务的全貌，指明对全局有影响的关键项目，并对工作做出合理安排的网络技术，在工程领域真正革命性的影响在于它的出现使得对工程的仿真和优化成为可能，更加简便易行。

3. 虚拟建造的实施平台

虚拟建造的关键要素是“协同”，对于不同的技术目标，选择合适的“协同”方式，就是选择合适的 BIM 信息整合平台，从而实现数据信息共享和决策判断（表 6-7），根据不同的技术目标，将其划分三个层面：技术应用层面、项目管理层面、企业管理层面。

表 6-7　虚拟建造实施平台

目标	特点	BIM 平台选择	备　注
技术应用层面	着重于数据整合及操作	Navisworks	兼容多种数据格式，查阅、漫游、标注、碰撞检测、进度及方案模拟、动画制作等
		Tekla BIMsight	强调合并模型、碰撞检测、沟通
		Bentley Navigator	可视化环境、碰撞检测、进度模拟、渲染动画
		Trimble Vico Office Suite	BIM5D 数据整合，成本分析
		Synchro	
项目管理层面	着重于信息数据交流	Vault	根据权限、文档及流程管理
		Autodesk Buzzsaw	
		Trello	团队协同管理
		Bentley ProjectWise	基于平台的文档、模型管理
		Dassault Enovia	基于树形结构的 3D 模型管理，实现协同设计、数据共享
企业管理层面	着重于决策及判断	宝智坚思 Greata	商务、办公、进度、绩效管理
		Dassault Enovia	基于 3D 模型的数据库管理，引入权限和流程设置，可作为企业内部流程管理的平台

6.4 “BIM+VR/AR” 技术在建筑生产中的应用

6.4.1 设计阶段的应用

1. 提高项目各方的参与度

设计阶段主要任务是为施工提供施工图、分析模拟数据等，方便后期施工和运营维护阶段的进行。“BIM+VR/AR”技术要求设计师在最初设计时应用BIM技术进行方案设计，利用VR/AR应用程序进行方案展示，以便业主、施工管理人员和运营维护人员等参与到设计任务中。利用“BIM+ VR/AR”技术进行方案设计，可以便捷地确定设计方案和具体实施细则，达到减少设计变更的目的。

2. 进行空间管理的碰撞检测

在设计过程中，采用设备、材料供应商提供的构件模型数据信息进行建筑设计，确保BIM模型中构件信息均可以与真实物体数据进行数据映射，实现虚实融合。在设计BIM模型构建完成后，进行空间管理的碰撞检查，提前发现设备、管线的空间布置是否存在交叉问题，及时更改设计。

3. 快速修改设计方案数据信息

BIM模型进行设计可以实现实时联动。如果在设计过程中，发现供应商提供的构件尺寸、大小等模型信息不合理时，可以与供应商等其他项目参与者沟通协调更改材料、设备尺寸，同时更正完善BIM数据信息，并要求供应商依据修改后数据信息提供相应的构件。

4. 及时完善维护信息列表

维护信息列表需要设计师与运营维护管理人员协商确定具体列项，其他参建人员对列项信息进行完善，由设计师将完善的BIM模型通过数据转换及时更新、储存在运维数据库中，使得数据信息完整统一。若某个阶段对模型进行修改，也要及时修改、完善数据信息，保证有价值的数据信息无遗失，并最终用于运营维护数据库。例如，通过对供应商的维修期限、安装使用时间等信息的判断，就可以确定使用设备是否可以申请保修等维修服务。

6.4.2 施工阶段的应用

1. 质量控制领域

（1）施工前计划

利用AR技术的虚实融合并实时交互的特点，对质量控制点进行识别，将施工BIM模型利用AR设备呈现在各参与方的面前，便于对质量控制点进行识别，及时发现问题并制定解决措施。将已经识别的质量控制点、变更的施工方案及事后质量检查清单均更新、储存在系统数据库中，方便施工过程中指导和质量检查使用。

（2）施工前教育培训

对施工管理人员和作业人员进行教育培训。提取关键质量控制点处的BIM模型，将关键施工工序进行动画模拟，利用VR/AR技术将其呈现在施工管理人员和作业人员面前，使作业人员轻松掌握操作技能，达到提高工作效率，降低质量风险的目的。

（3）施工中现场指导

利用BIM模型准确的尺寸关系及AR技术精确定位标记，把复杂的三维模型信息与施工现场实物进行精确匹配，对施工过程进行指导。例如在顶棚吊顶过程中，利用BIM模型中吊顶点位信息，通过AR技术进行精确定位，节省了作业人员施工放线时间，同时方便作业人员对已完成的工程质量及时进行校对及修改，减少了后期质量返修的可能性。

（4）施工后质量检查

利用"BIM+AR"技术对已完工程的质量结果进行预先检查，提前发现质量缺陷，及时制定解决措施。例如在钢结构施工过程中，对基础柱的固定位置进行检查，利用AR技术对实际完工部分和AR模型部分进行对比，检查基础柱位置、数量的偏差，提前制定纠偏措施。

（5）施工全过程质量信息反馈积累

预先识别的关键质量控制点、施工现场指导中发现的质量风险点信息、施工后质量检查信息，均会在系统数据库中进行更新、存储。这些数据信息将作为后续项目建设的经验库，有利于不断完善质量管理模式与质量控制流程。

2. 安全管理领域

（1）施工前的安全教育培训

传统的视频动画模拟及安全教育讲解形式，均不具有直观形象感，而利用"BIM+VR/AR"技术，增加视觉、听觉等方面的感知，将标准化安全施工流程用虚拟的场景进行模拟。此外，还可以进行安全逃生模拟、安全疏散模拟、安全救助模拟等安全问题应对措施培训。

（2）施工中的冲突碰撞检查

在项目实施中，管理人员可利用"BIM+AR"技术进行综合管线碰撞检测，在分析施工BIM模型及施工模拟后，对施工时可能出现的问题进行预设并制定解决方法。

（3）施工中的危险源的辨识与安全告知

在施工前，管理人员可以利用"BIM+AR"技术进行模型构建、安全风险点识别、安全技术交底等活动。但在施工现场经常发生一些突发情况，仅利用"BIM+VR"技术进行虚拟环境模拟施工是不够的，还需结合真实环境利用"BIM+AR"技术进行施工实时指导。

（4）施工后的信息反馈

在BIM模型中对危险源进行标识，安全管理人员利用BIM模型中相对应的危险点位置信息，采取针对性安全措施，降低事故发生的可能性。在施工完成后，进行BIM模型信息的更新与存储，以便安全管理人员利用完整统一的数据信息，对施工阶段的不安全行为进行分析决策。

3. 进度控制领域

（1）沟通协调

在工程现场大部分施工任务并不是由单一作业队伍独立完成，一般由多个专业队伍共同完成，很多施工流程之间存在搭接。“BIM+VR”技术可以在虚拟环境中进行施工模拟，但是实际施工环境变化多样，实际施工进度往往不会按进度计划进行，很容易造成工期延误。利用“BIM+AR”技术在真实环境中进行施工任务的模拟以及对构件尺寸进行检查纠偏，从而加强各个作业队伍之间沟通协调。例如在排水预留洞口施工时，利用BIM模型中预设预留洞口的位置标识，利用AR技术将位置标识与真实构件位置进行叠合，对洞口尺寸、位置偏差进行及时调整。

(2) 冲突检测及管理

在施工过程中，施工现场受很多外界因素干扰，并不能保证施工进度完全按照进度计划进行。基于此，在施工现场进行冲突检测及管理显得尤为重要，根据冲突检测结果及时调整进度计划，确保进度计划按期进行。例如，进行机电设备安装时，因为各种预埋件的位置及形状在施工过程中经常改变，导致机电设备无法如期安装，造成返工、窝工等情况。此时，管理人员可以利用AR技术将真实构件位置与BIM模型进行匹配检测偏差，及时调整偏差，有利于进度按期完成。

(3) 数据检测

施工现场往往存在大量的进度数据检测任务，项目管理人员需要记录大量进度信息，不仅耗时长，而且很难保证信息记录的准确性。利用AR技术将需要的进度检测任务在BIM模型中预设，通过BIM模型信息对进度计划节点进行逐点标识，利用AR模型与实际完工进度相匹配，完成对工程节点的检查，不仅可以及时发现已完项目的工期延误、适中和超前部分，还可对不同项目的进度状况进行颜色的区分，提高进度检查的效率。

(4) 材料及设备管理

在施工过程中，材料与设备等资源供应情况与工期进度密切相关。“BIM+AR”系统可以实现对材料、设备的检查与管理。通过对BIM进度模型的合理分解，并添加采购计划信息，将两者进行关联，再利用AR技术实现已完实际进度与BIM进度管理模型的匹配，不仅可以实现材料设备的动态管理，而且可以对材料设备的使用情况进行监控，保证工程进度。

6.4.3 运维阶段的应用

1. 设备信息查询

设备信息查询模块包括设备基本数据信息管理，例如设备名称、编号、设备运行维护状态管理、维修信息管理和维修记录信息等，该模块可以修改、删除、添加和查询记录。此外，设备维修信息以该设备维修负责人员为分类标准，设备图片与数据信息相互关联，便于在系统中提取设备信息，提高了设备维修管理效率。在设备维修完成后，应及时对系统数据库和BIM数据库进行更新，以便下次的维修查询。

2. 设备维修过程指导

当设备发生故障时，可能由于维修人员对发生故障的设备信息不熟悉，不能及时维修该设备。维修人员可以利用“BIM+VR/AR”技术在设备维修过程中进行指导，维修人员可以利用该技术对所需维护的设备的故障问题和数据信息进行快速查询，并利用文本、图片、音频、VR/AR动画等指导信息完成维护工作。

3. 设备设施管理

“BIM+AR” 技术可以更合理地进行设备设施管理，定期检查消防设施和设备管道，并且把检查结果数据反馈到模型中，对设备的运行状态实时监控，发现问题并及时处理问题。

4. 事故处理

在事故发生时，利用 “BIM+VR/AR” 技术，作业人员和技术人员可以更好地沟通交流，有效地指导作业人员按照程序操作和规定步骤处理事故，防止一些带电等设备的错误操作而引起二次破坏。

6.5 虚拟建造案例分析

工程概况：港珠澳大桥珠海口岸工程位于珠海市拱北湾南侧人工岛，占地面积 107.33 万 m^2，总建筑面积 46.7 万 m^2，总投资约 59 亿元。主要功能区包括客检楼 A 区、客检楼 B 区、交通中心、交通走廊、港口办公区、货检区、珠海连接线、市政配套区等。该项目具有施工难度大、标准高、规模大、组织协调标准高等特点，因此要求使用 BIM 技术进行项目施工管理。图 6-12 为港珠澳大桥珠海口岸工程 BIM 效果图。

图 6-12　港珠澳大桥珠海口岸工程 BIM 效果图

虚拟建造离不开 BIM 技术。BIM 技术在港珠澳大桥珠海口岸工程中的应用主要有：

(1) 施工平面布置 BIM 模拟

在施工方案的设计阶段，通过 BIM 模拟施工技术可以直观地看到现场平面布置，方便讨论各个阶段的现场平面布置。根据各阶段施工工艺的实际情况，合理优化布置施工场地，建立优化的三维场地布局，参照工程进度，直观模拟各阶段的场地情况。

(2) BIM 技术在机电管线综合布置及预留开口中的应用

大型公共建筑机电管道的安装要比普通住宅建筑复杂得多，如何在施工过程中避免布线混乱也是本工程的重点。利用 BIM 技术，对水电、通风、空调等管道进行碰撞检测，解决梁、剪力墙预留孔位置偏差的问题，避免二次开孔。

（3）BIM 技术在特大型钢结构屋面安装中的应用

本工程钢结构屋面超大，面积约 15 万 m^2，采用钢桁架/钢网架组合结构，局部设置异型天窗，安装高度高。弧形钢屋顶是空间桁架和桁架的混合结构，两个支座之间的最大跨度为 54m，屋面钢结构的制造和安装难度都很大。这个项目技术重点要求在人工岛环境中抵抗台风，因此钢屋顶的安装和施工面临的困难有工作程序多、高处操作、风险很高、难以测量和定位、难以检查和维护、容易泄漏等。

在钢结构屋面安装施工中，采用 BIM 技术对施工组织设计的场地和过程进行模拟和优化。基于 BIM 技术，利用三维模型和时间维度的可视化功能进行虚拟施工仿真，即可以通过整个动画过程来表现施工过程、施工技术和现场施工平面管理。

（4）BIM 技术在施工模拟中的应用

在项目大门附近设置示范园区，展示主体结构、装饰、钢结构安装、机电安装、幕墙等安装及其他主要技术规范和控制标准。将 BIM 技术与施工方案、施工模拟、现场视频监控相结合，可大大减少施工质量和安全问题，以及减少返工和整改过多的问题。

（5）BIM 技术在施工进度和成本管理中的应用

通过 BIM 数据库系统提供的全过程信息，对项目进行造价计算、招标投标、签证、付款等全过程管理。根据项目的动态数据，便于进行统计、跟踪每个项目的现金流量和资金状况，并根据每个项目的进度进行选择和汇总，为领导层更充分、合理地配置资源和做出决策创造条件。

此外，在后期的运营管理中，将港珠澳大桥及其周围设施做成四维效果图（图 6-13），方便游客在手机、平板电脑等移动设备观看港珠澳大桥的景观，吸引游客参观，带动周边经济，更快地回收建设成本。

图 6-13　港珠澳大桥及其周围设施四维效果图

为解决施工难点，本港珠澳大桥珠海口岸工程项目采用 BIM 技术，模拟施工平面布置，检查管道碰撞，模拟安装大型钢屋面结构，并将 BIM 技术应用于样本指南、进度、成本的管理，取得了很好的管理效益与成果，这些应用也反映了 BIM 技术在我国大型复杂项目中应用的广度和深度。

复习思考题

1. 并行工程的定义是什么？并行工程具有哪些特征？
2. 你认为并行建造项目管理模式的优缺点是什么？
3. 什么是 IPT？IPT 应该由哪些成员组成？
4. 如果你是项目管理者，你会制定怎么样的团队激励制度？
5. 你认为实施并行建造的困难是什么？
6. 结合本章内容，谈一谈你对虚拟的理解，并思考建筑业在哪些方面应用了虚拟技术？
7. 什么是虚拟现实技术？VR 技术和 AR 技术的区别是什么？
8. 除了本书介绍的虚拟建造实施平台以外，你还能想到哪些虚拟建造平台？它们的功能分别是什么？
9. “BIM+VR/AR”技术在建筑业的应用有哪些？

本章参考文献

[1] JAAFARI A. Concurrent construction and life cycle project management [J]. Journal of Construction Engineering and Management, 1997, 123 (4): 427-436.
[2] 熊光楞. 并行工程的理论与实践 [M]. 北京：清华大学出版社，2000.
[3] 肖亚. 基于并行工程的大型复杂工程项目群组织沟通研究 [D]. 镇江：江苏大学，2016.
[4] 马立. 基于并行工程的当代建筑建造流程研究 [D]. 天津：天津大学，2016.
[5] 张兴. 并行工程在建筑领域的应用 [D]. 天津：天津大学，2006.
[6] 马世骁. 并行工程理论研究与应用 [D]. 沈阳：东北大学，2004.
[7] 曹吉鸣. 工程施工管理学 [M]. 北京：中国建筑工业出版社，2009.
[8] 李忠富，杨晓林. 现代建筑生产管理理论 [M]. 北京：中国建筑工业出版社，2012.
[9] 王亮. 基于并行工程的建设工程项目管理模式研究 [D]. 重庆：重庆大学，2007.
[10] 李忠立. EPCM 管理模式在房地产项目中的应用研究 [D]. 青岛：山东科技大学，2011.
[11] 郝亚琳，徐广. 基于并行工程的地铁项目组织模式研究 [J]. 工程经济，2014 (11): 59-64.
[12] 胡诚程，马晓平，张磊. 船舶并行设计集成开发团队组织模式 [J]. 船舶与海洋工程，2015, 31 (2): 74-78.
[13] 张杰. 工程项目的协同管理研究 [D]. 天津：天津大学，2004.
[14] 贾现召，康振强，王永飞. 建设工程项目协同管理信息系统研发 [J]. 建筑经济，2015, 36 (9): 47-51.
[15] 王玉娟. 基于并行工程思想的新产品开发流程优化 [D]. 北京：首都经济贸易大学，2018.
[16] 李惠杰，李战奎. 并行工程环境下产品开发中非时间冲突研究 [J]. 改革与战略，2010, 26 (1): 27-28; 44.
[17] 郑磊. 虚拟建造及其实施的理论问题研究 [D]. 南京：东南大学，2005.
[18] 陈铁成，陆惠民. 虚拟建造的发展、内涵与组织管理流程 [J]. 建筑管理现代化，2005 (6):

23-26.

[19] MANUEL J, DELGADO D, OYEDELE L. et al. Augmented and virtual reality in construction: Drivers and limitations for industry adoption [J]. Journal of Construction Engineering and Management, 2020, 146 (7): 1-17.

[20] 许晓强. 基于"BIM+AR"技术在建筑全寿命周期的应用研究 [D]. 开封: 河南大学, 2020.

[21] BOTON C. Supporting constructability analysis meetings with Immersive Virtual Reality-based collaborative BIM 4D simulation [J]. Automation in Construction, 2018, (96): 1-15.

[22] 李云贵. BIM软件与相关设备 [M]. 北京: 中国建筑工业出版社, 2017.

[23] 邱贵聪, 杨洁, 陈一鸣. BIM+VR、AR应用研究 [J]. 土木建筑工程信息技术, 2018, 10 (3): 22-27.

[24] 张利, 张希黔, 陶全军, 等. 虚拟建造技术及其应用展望 [J]. 建筑技术, 2003 (5): 334-337.

[25] 丁烈云. BIM应用·施工 [M]. 上海: 同济大学出版社, 2015.

[26] MO T, WU F, ZHANG Y, et al. Application of BIM Technology in Zhuhai Port Project of Hong Kong-Zhuhai-Macao Bridge [C] //Proceedings of ICCREM 2019: Innovative Construction Project Management and Construction Industrialization. Reston, VA: American Society of Civil Engineers, 2019.

第7章 建设供应链管理

7.1 供应链管理基本理论

7.1.1 供应链及供应链管理的概念

1. 供应链的基本概念

供应链（Supply chain）是从20世纪80年代，美国学者迈克尔·波特在《竞争优势》一书中提出的“价值链”的基础上发展而来的。国内外有许多学者从不同角度对供应链进行了研究，并对其进行了解释。然而，到目前为止，供应链还没有一个公认的定义。

在国外，美国的Stevens认为，供应链是通过价值增值过程和分销渠道控制从供应商到用户的整个过程，它始于供应的源点，终于消费的终点。Harrision认为，供应链是一个功能网状链，从购买原材料开始，将其转化为半产品或成品，并出售给用户。在国内，比较公认的研究是马士华对供应链的定义：围绕核心企业，通过对信息流、物流、资金流的控制，从采购原材料开始，制成中间商品以及最终产品，最后由销售网络把产品送到消费者手中的供应商、制造商、分销商、零售商，直到最终用户连成一个整体的功能网链结构模式。

综合上述学者对供应链的解释，本书对供应链的定义为：供应链是指信息流、资金流、物流，在覆盖从上游的原材料采购到制造、销售再到最终交付到下游的用户手中全过程中的流动，涉及供应商、制造商、分销商、零售商、消费者等相关方，并使之联系起来成为一个功能网链（图7-1）。

2. 供应链管理的基本概念

供应链的产生使管理思想与组织模式发生转变，在20世纪90年代，企业管理中形成了纵向一体化管理热潮，而供应链管理（Supply chain management，SCM）就是纵向合作联盟的代表。供应链管理最开始的时候是跟随物流管理的发展而被提出，随着研究不断深入，学者们对供应链管理的解释也越来越完善。

全球供应链论坛（GSCF）将供应链管理定义为：“一个从源头供应商到最终消费者的集成业务流程，为消费者带来有价值的产品、服务和信息。”对于学者Stevens来说，供应链管理的目标是使客户需求与供应商的物流协同运作，以实现看似相互冲突的目标之间的平

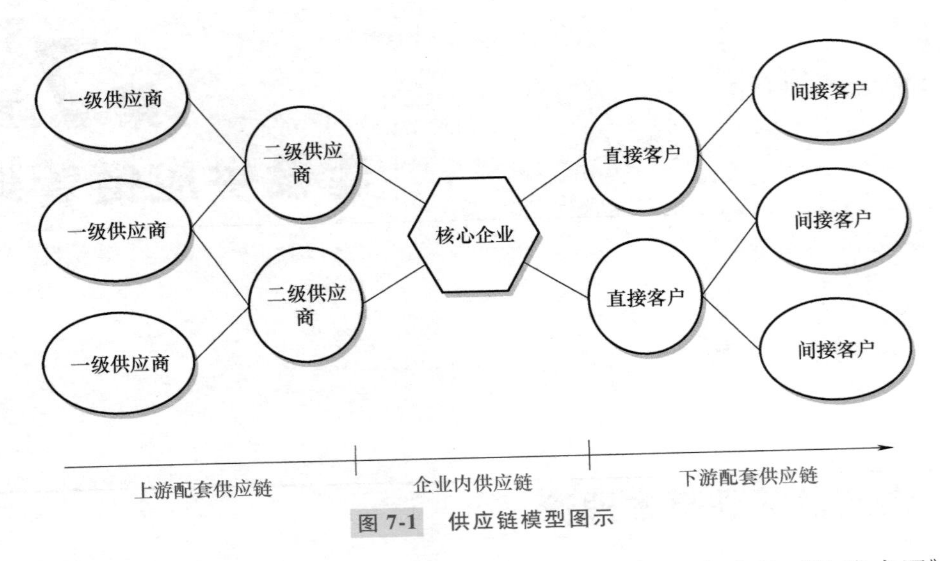

图 7-1 供应链模型图示

衡，如高水平的顾客服务与低库存管理和低单位成本。2001 年发布的《物流术语》（GB/T 18354—2001）将供应链管理定义为“利用计算机网络技术对供应链中的商流、物流、信息流、资金流等进行整体规划，并进行计划、组织、协调和控制等”。马士华认为，供应链管理就是对供应链从材料采购开始到满足最终顾客的全过程进行优化，以最少的成本使工作流、实物流、资金流和信息流等均能高效率地操作，从而把合适的产品以合理的加工，及时、准确地送到消费者手中（图 7-2）。

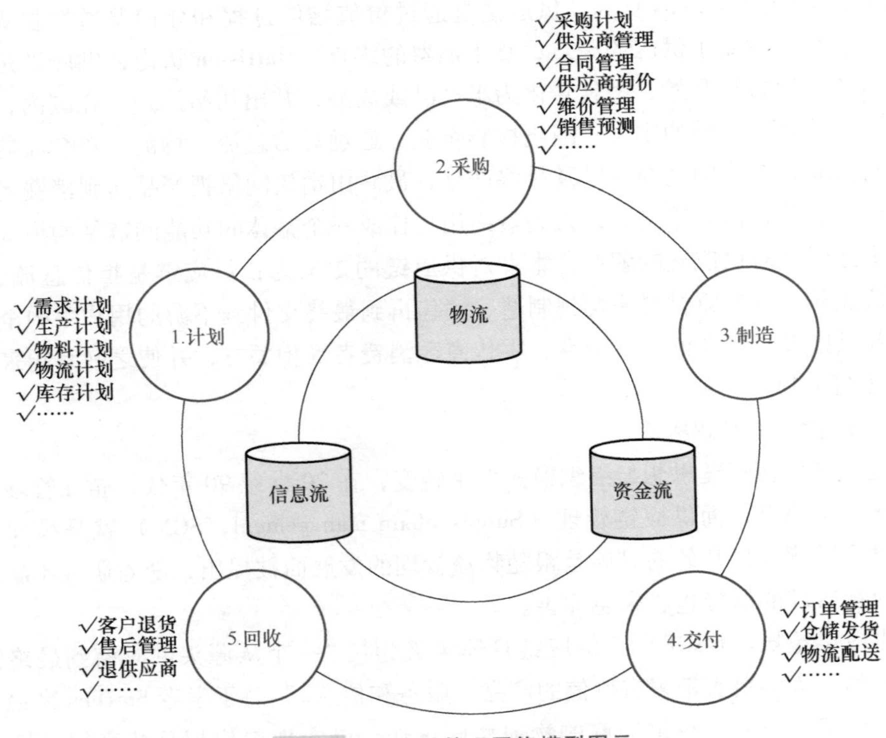

图 7-2 供应链管理网络模型图示

供应链管理也没有统一的定义，但综合之前的解释，可以发现这些解释存在共同的特点，形成本书对供应链管理的定义：供应链管理就是将供应商、制造商、分销商、零售商、顾客等供应链上的各要素集成起来，进行计划、组织、协调和控制管理，共享资源和信息，以更好地满足顾客需求，最小化供应链上的成本。

7.1.2　供应链管理理论的发展历程

随着经济全球化和知识经济时代的到来，全球制造开始出现并流行，全球一体化的程度越来越高，供应链的出现是适应这一时代潮流的产物，引发了管理思想和产业模式的改变。纵向一体化产业模式开始被人们关注，对应的供应链管理是人们探索的新的管理思想与模式。供应链管理是一门新兴的管理科学，发展非常迅速，从其萌芽到相对成熟仅有几十年的历史。其形成与发展大致可以分为四个阶段，依次是：萌芽阶段、初级阶段、形成阶段、成熟和全面发展阶段。

1. 供应链管理的萌芽阶段

供应链管理的萌芽阶段可以追溯到 20 世纪 60~70 年代，在这一阶段，供应链还只能被称为业务链，链上每个成员的管理理念是“为了生产而管理”，且链上各成员之间的合作关系极为松散。这种“为生产而管理”的导向使各成员之间时常存在利益冲突，阻碍了供应链运作和管理。当时，业务链上的部分企业已采用了物料需求计划（Material Requirement Planning，MRP）来管理业务，但这些管理也只是企业内部各职能部门在相互隔离的环境下制订和执行计划，数据的完整性差，在企业内部信息上缺乏统一性和集成性，在业务链上就无法形成供应链的运作。在理论研究上，供应链管理处于开始摸索和实践的阶段，并没有提出完善的管理理念和指导思想。

2. 供应链管理的初级阶段

供应链管理的初级阶段大致是 20 世纪 80 年代初到 20 世纪 90 年代初。“供应链管理”这一名词最早出现于 20 世纪 80 年代，由咨询业提出后引起了人们的关注。在这一阶段，企业的竞争重点转向追求生产效率，企业的组织结构和内部的职能划分也发生了改变，开始进行企业组织机构的精简和改革，并开始从分散式的部门化和职能化转变为集中的计划式以及更关注业务流程的变革。供应链管理的实践从末端的零售行业开始，为使产品能够利润最大化，零售商需要更好地与供应商共享销售和市场资料，来确定库存量以匹配购买需求等。此阶段，典型的供应链策略有两种，即高效客户响应（Efficient Consumer Response，ECR）和快速响应（Quick Response，QR）。信息技术的出现和发展也为供应链管理的初步形成奠定了基础，特别是在 20 世纪 80 年代末，制造资源计划、企业资源计划和准时制的引入和应用，使企业内部逐渐实现了信息集成，使业务链也在逐渐向供应链运作方式演变，这些都促使供应链管理理念逐步形成。但在初期阶段，传统的供应链运作大多局限于企业内部，即使扩展到了外部，供应链中的各个企业的经营重点仍是企业的独立运作，容易忽略与外部供应链成员的联系，从而导致供应链管理的绩效低下，无法实现整体供应链的运作和从供应链向价值链的根本突破。

3. 供应链管理的形成阶段

供应链管理的形成阶段大致是从 20 世纪 90 年代初到 20 世纪末。值得注意的是，从 20

世纪90年代中期开始，供应链管理在理论和实践上都获得了巨大的发展。这一时期，工业化的普及使制造业的生产率大幅度提高，全面质量管理的应用也使得产品质量显著提高，生产率和产品质量已经不再是企业竞争中的绝对优势。此外，在新的经济全球化的竞争环境中，企业开始将竞争的重点转向了市场和客户。为充分挖掘降低产品成本和满足客户需求的潜力，企业逐渐从管理企业内部的生产过程转向产品整个生命周期中的供应环节和整个供应链系统，供应链管理逐渐受到企业的重视。在这一阶段，供应链管理得到极大的发展，内容和技术不断扩展，出现了许多有利于企业发展的新技术，如企业资源计划（ERP）和企业流程再造（BPR）的应用，财务管理被引入供应链管理的范围，高级计划排程系统（APS）、物流信息系统（LIS）、客户关系管理（CRM）、知识管理（KM）、数据库（DW）、数据挖掘（DM）、供应链决策（SCS）等管理技术竞相问世。随着管理技术和信息技术的日臻成熟，供应链业务运作也不断地发展和成熟。

4. 供应链管理的成熟和全面发展阶段

21世纪是供应链管理的成熟和全面发展阶段，这一时期，基于互联网的供应链管理在许多发达国家已得到了较广泛的应用，电子商务也出现在人们的视野中。电子商务彻底改变了传统供应链上物流、信息流、资金流的流通方式和实现手段，能够更加充分地利用资源、提高效率、降低成本和提高服务质量。供应链的发展使“协同”的理念在企业中受到广泛关注，尤其是与下游成员业务间的协同，如供应商管理库存（VMI），协同预测与供给（CFAR），协同计划、预测与补给（CPFR），分销商集成（DI）以及第三方物流和第四方物流等模式；同时，供应商关系管理、产品生命周期管理、供应链计划和供应链执行等系统的应用，使整个供应链的运作更加协同化。

7.1.3 供应链管理的核心理念

1. 以顾客为中心

顾客价值是供应链管理的核心，由顾客产生需求来推动生产，即整个供应链的驱动力产生于最终的顾客，顾客对产品和服务的满意程度是企业生存的决定因素。在这种运作模式下，企业不但能够快速响应市场变化，及时调整以减少库存和降低成本，而且能够快速满足顾客的需求，以提高顾客的满意度，获取竞争优势，最终获利。

2. 强调企业核心竞争力

供应链管理中的一个重要思想是强调企业的核心业务和竞争力。随着供应链的发展，企业面临着前所未有的竞争环境，急需提高自身的竞争力来应对当前的环境，核心竞争力是企业竞争力的真正来源。由于资源有限，企业在各个行业和领域很难获得竞争优势，因此企业应将非核心业务外包，将资源集中在自己擅长的某一领域，即核心业务上形成核心竞争力，也就是在供应链上进行定位，成为供应链上不可或缺的角色。

3. 相互协作的双赢理念

在供应链管理模式下，企业从以自身利益为主的传统理念转变为优势互补、合作共赢的理念。供应链上的企业不仅要考虑自身的利益，还应该追求整体的竞争力和经济效益，通过紧密合作、信息共享来降低成本，提高长期竞争力和经济效益，实现双赢的结果。

4. 信息共享

供应链管理的出现打破了企业间的信息孤岛，实现了供应链上下游企业之间的信息共享，对信息进行集中处理，使供应链上的企业都能获得所需要的信息和了解顾客的需求，从而进行企业管理。供应链上的信息共享缩短了从上游到下游整个周期循环的时间间隔，提高了企业的服务水平。在这个过程中，核心企业是信息共享的中心。

5. 物流一体化

物流一体化是指对从上游的供应商到下游的最终用户之间所进行的物流活动进行统一的管理，从全局上把握各种物流活动。供应链通过信息共享能够优化物流渠道和降低库存，从而减少资金占用和储存成本。在这一过程中，核心企业起到物流调度中心的作用。

7.1.4　供应链管理目标与任务

1. 供应链管理的目标

陈国权教授指出，供应链管理就是指对整个供应链系统进行计划、协调、操作、控制和优化的各种活动和过程，其目标是要将顾客所需的正确的产品（Right Product）能够在正确的时间（Right Time）、按照正确的数量（Right Quantity）、正确的质量（Right Quality）和正确的状态（Right Status）送到正确的地点（Right Place），并使总成本达到最佳化。据此，可以将供应链管理的目标具体为：顾客服务最优化、总成本最小化、总库存最小化、物流质量最优化以及总周期时间最短化。

首先，供应链管理的最终目的是满足顾客的需求，提供高水平服务和降低成本。因此，在供应链管理中应注重顾客的需求，提供优质服务，同时也要重视成本问题。总成本包括采购成本、运输成本、库存成本、制造成本以及供应链的其他成本费用等，总成本最小化应该是整个供应链运作与管理的所有成本的总和最小化。其次，库存会带来产品过剩、储存成本和浪费等，在供应链管理中，“零库存”是最理想的状态，是应该追求的目标。此外，在市场经济条件下，产品或服务质量的好坏对企业的成败有着至关重要的影响，而物流服务质量的好坏同样直接关系到供应链的存亡。要想实现高水平的物流服务质量，必须从原材料、零部件供应的零缺陷开始，直至供应链管理全过程、全人员、全方位质量的最优化。最后，当今的市场竞争不再是单个企业之间的竞争，而是供应链与供应链之间的竞争。从某种意义上说，供应链之间的竞争实际上是基于时间的竞争，如何实现快速有效的客户反应，最大限度地缩短从客户发出订单到获取满意交货的整个供应链的总周期时间是企业在竞争中能够取得成功的关键。

2. 供应链管理的任务

在不同的阶段，供应链管理的任务不尽相同。现如今，互联网的流行促进了电子商务的出现，电子商务改变了供应链的结构与商业的运作模式，将传统的供应链转变为基于互联网的开放的供应链。本书重点讨论电子商务时代下的供应链管理的任务。供应链管理是一个多层次、多目标的系统工程，在供应链运作过程中，要将其视作一个整体来管理。此外，互联网降低了供应链管理中信息流的成本，加快了信息的流动，企业可通过互联网迅速了解市场的变化情况并与它的供应商联系，更改计划，调整结构，使整个供应链的柔性增强。综上所述，可以将供应链管理的任务总结为：供应链协同运作的系统化管理、生产两端的资源优化管理、不确定性需求的信息共享管理以及快速的决策管理。

7.2 建设供应链管理理论

在建筑业中，新的思想和技术得到广泛应用的过程极为缓慢，因此，建筑业往往是新的思想和技术的借鉴者和追随者，这一特点明显体现在对制造业的借鉴中，如“标杆管理”“并行工程”“精益生产”等都是建筑业成功借鉴的实例。在建筑业中，一个建筑项目的完成涉及许多组织与机构，包括业主、材料供应商、设计师和工程师、承包商、制造商等。各组织之间的关系极为复杂，又相互影响，需要进行有效的管理，以使项目能够顺利进行，这与制造业的供应链有共同之处。因此，可以考虑借鉴制造业中的供应链思想，在建筑业中进行创新并应用。

7.2.1 建设供应链的基本概念

建筑业是我国国民经济的支柱产业，为国家的经济发展做出了极大的贡献，但是建筑业是一个非常分散的行业，其管理效率十分低下，制约了它的发展。因此，有必要寻求新的方法来进行创新，改变建筑业的现状。供应链在制造业的成功应用为其在建筑业的推广奠定了基础。建设供应链（Construction Supply Chain）是解决建筑业目前困境的有效方法。

基于不同的研究角度，学者们对建设供应链（Construction Supply Chain，CSC）做出了不同的解释。Vrijhoef 和 Koskela 认为建设供应链是建筑材料成为建筑或者其他设施的永久部分之前所经历的一些阶段，它包括永久性供应链和临时性供应链。永久性供应链独立于任何具体的工程，而临时性供应链则是为了一个具体的工程组建的。王要武、薛小龙从建设项目全生命周期的角度给出了广义的建设供应链定义，指出“建设供应链是指从业主产生项目需求，经过项目定义（可行性研究、设计等前期工作）、项目实施（施工阶段）、项目竣工验收交付使用后的维护等阶段，直至扩建和建筑物的拆除这些建设过程的所有活动和所涉及的有关组织机构组成的建设网络”；考虑现行的建筑业运行机制和供应链管理在建筑业应用的可操作性等因素，又给出了狭义的建设供应链定义，指出“建设供应链是指以承包商为核心，由承包商、设计商和业主围绕建设项目组成的一个主要包括设计和施工两个关键建设过程的建设网络”（图 7-3）。

从上面的解释中可以得知，总承包商是建设供应链中的核心企业，与业主、主要供应机构以及提供设计和任何专业服务的组织都有联系。此外，建筑具有一次性的特点，且每个建筑项目都是独特的。本书对建设供应链的定义为：建设供应链根据业主的特殊需求，以总承包商为核心，联合各供应商和设计方等进行一次性、定制化的设计、施工、交付、维护、更新、拆除活动，包括信息流、资金流、物料流的集成。

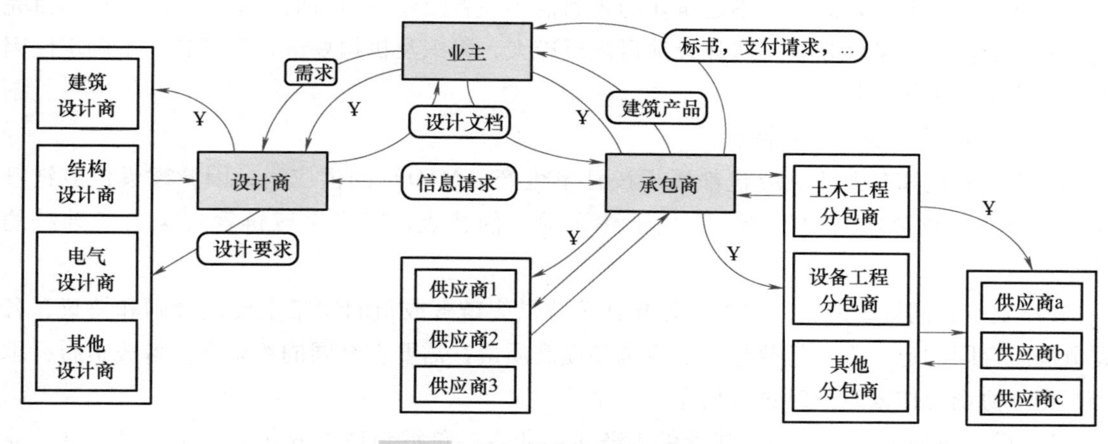

图 7-3　建设供应链网络模型图示

7.2.2　建设供应链管理的基本概念

1992 年，Koskela 教授在斯坦福大学做访问学者期间提出了将制造业新的管理模式应用到建筑业中的思想，形成了建设供应链管理（Construction Supply Chain Management，CSCM）的雏形。在此之后，许多学者对建设供应链管理的理念、研究方法、研究领域等多个方面进行了探讨。

Vollman 等人认为建设供应链管理是指为管理和协调从原材料到最终客户的整个供应链而设计的所有活动的简称。Love 等将建设供应链管理定义为："为客户提供经济价值而进行的一系列活动组成的网络，包括设计开发、合同管理、服务与材料采购、材料制造与运输、设施管理等。" Edum-Fotwe 等从两个层面对建设供应链管理进行了界定：一个是独立的企业层面，关注的是企业生产过程的运作管理问题；另一个是产品层面，关注的是基于客户需求组织产品生产所涉及的全部过程管理问题。综合上述学者对建设供应链管理的理解，本书给出的定义是：建设供应链管理借助先进的信息技术和管理理念，对建筑项目全生命周期过程中的信息流、资金流、物料流以及各企业进行管理，规范供应链运作，以实现业主需求和最大化整个建设供应链效益的目标。

7.2.3　建设供应链管理的特点与构成要素

1. 建设供应链管理的特点

（1）建设工程项目的特点

工程建设项目不同于其他领域，它具有单一性、集中性、分散性、暂时性和复杂性等特点，要受到质量、时间和资源等条件的约束和限制，所以明确工程建设项目的特点，是建设供应链管理的首要任务。

单一性是指业主对建设项目的要求是不同的，不存在两个完全一样的建设项目。集中性是指建设项目的实施集中在施工现场，建筑业各利益相关者需要在施工现场进行协调管理。分散性是指建筑的部分构件需要在工厂预制生产，然后运送到施工现场进行组装，这些工厂的分布具有分散性。暂时性是指建筑业的各利益相关者因建设项目而聚集到一起，在项目完成后就会解散。复杂性是指一些建设项目规模庞大、组织及机构复杂，工期长，不确定性因素多，管理起来非常复杂。

（2）建设供应链管理的特点

建设供应链和制造业供应链都属于按订单生产（MTO）的供应链，因此建设供应链管理存在与供应链管理共同的特点，由于建设项目的特点，建设供应链管理又有其独特的特点。

1）基于合同订单的关系缔结。连接建筑业供应链各成员的纽带主要是合同和协议，各成员按照合同约定工作，但要想降低成本和提高质量，需要在合同的约束下，各成员履行承诺、相互协调合作以及及时进行信息的共享。

2）供应链构成比较复杂。建设供应链包括业主、总承包商、分包商、材料供应商、监理公司、建筑师和结构工程师以及政府部门等，每个成员的需求和所追求的目标并不相同，针对每个项目而言，建设供应链的每一次形成都是新的组合，成员之间的协调和适应需要花费一定的时间。因此在进行管理时，存在许多困难。

3）计划管理水平不高。建筑施工期间，会受到许多不确定性因素的影响，包括气候因素、设计变更、产品质量问题、劳动力组织、工作交接、计划变更等，这些因素会导致实际进度脱离计划进度，造成滞后和延期。而且对材料的不充分管理，会导致资源的浪费，带来一些非增值活动，从而增加了供应链上的成本。

4）资金压力大。建筑业属于资金密集型和劳动密集型的产业，对资金需求非常高。尤其是预制构件的普遍使用，会导致初始的投资成本增加，所以在建设周期内，一旦供应链上资金供应不足，就容易导致供应链的崩溃。

5）建设供应链的临时性和不稳定性。建设供应链通常存在于建设项目的全生命周期内，也就是从初步规划到拆除的阶段，项目一旦结束，建设供应链也就不存在了。而这种临时的关系又导致了供应链的不稳定性和脆弱性。

2. 建设供应链管理的构成要素

建筑过程是一个多阶段的过程，包括规划、设计、施工、维护和运营以及拆除等阶段，也是一个多组织的过程，一个典型的建设供应链中所包含的主要要素如图 7-4 所示。

图 7-4 基本涵盖了建设供应链中的基本构成要素，包括业主、总承包商、分包商、设计单位、各供应商以及企业之间的资金流、信息流和物料流等，还有未在图中体现的监理、咨询公司、政府部门等要素。可以看出，业主、承包商、设计商是建设供应链中的核心部分。建设供应链是根据业主的需求进行活动，由总承包商在业主、分包商和其他企业之间进行沟通与协调。在建设供应链中，企业之间的关系一般为需求与供应关系，资金流、信息流和物料流是供应链中各企业之间的媒介，资金流的流向在图中已经标出，物流料的方向一般与资金流为反方向，信息流是双向流动的。这三者之间的关系是信息流指挥物料流，物料流带动资金流。建设供应链也是一条增值链，通过制作、加工和运输，不断增加其价值，从而为各要素企业带来收益，使供应链能够顺利运作。

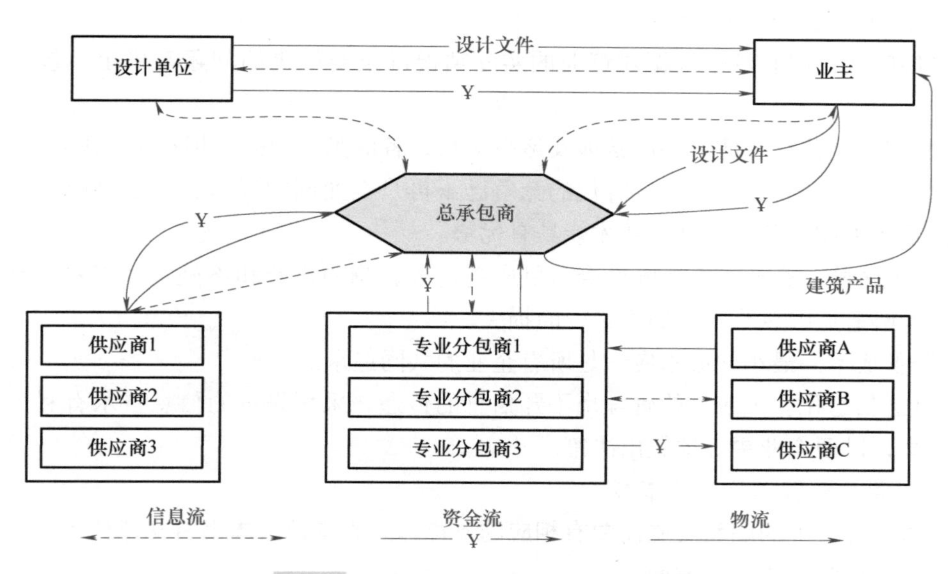

图 7-4 建设供应链相关各方关系模型

7.2.4 建设供应链管理的体系结构

我国建筑业目前对供应链管理的概念、内涵还没有全面的了解，对建设供应链管理理论的研究不系统、不具体。出现这些问题的主要原因是建设供应链管理还没有形成较为完整的结构体系和方法，缺乏分析问题的框架。因此，明确建设供应链管理的体系是非常重要的。建设供应链管理的体系应该包括供应链管理的目标、供应链的参与方、建设供应链管理的内容以及支撑体系四个方面，如图 7-5 所示。

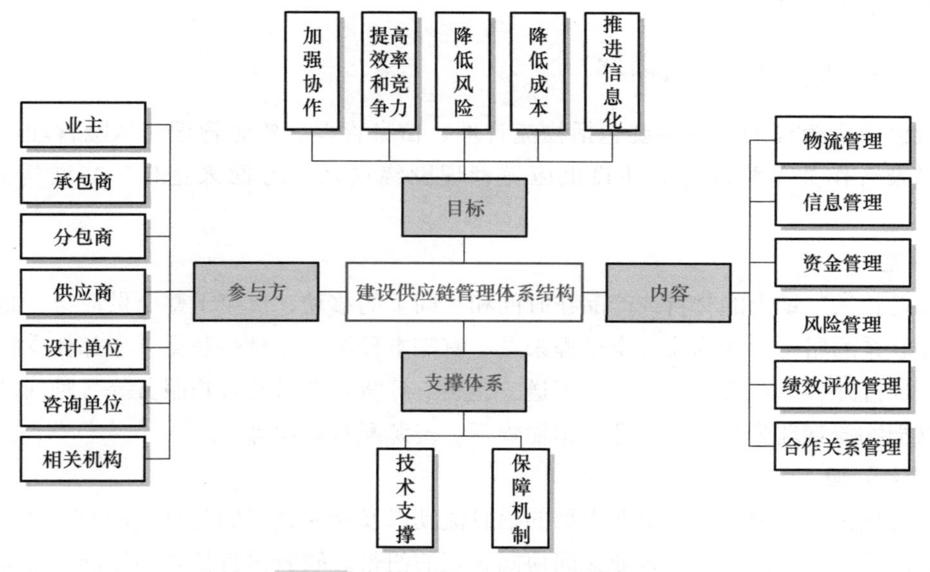

图 7-5 建设供应链管理的体系结构

1. 建设供应链管理的目标

建设供应链管理的目标根据建筑业的实际情况以及要解决的问题来确定，包括以下几方面：

1）加强成员协作。建设供应链涉及诸多成员，各成员之间需要相互协作配合。

2）提高效率和竞争力。当今时代的竞争已不再是企业间的竞争，而是供应链之间的竞争，提高了效率和竞争力，供应链才能具有优势。

3）降低风险。企业都希望降低会对供应链造成影响的风险和不确定性因素，希望企业和供应链能够避免因风险带来的不必要的损失。

4）降低成本。最小化成本应该是所有企业的共同追求。

5）推进信息化。供应链的管理离不开信息的传递，采用先进的信息技术有利于企业间的信息共享，以便企业更好地做出决策。

2. 建设供应链管理的支撑体系

建设供应链管理的顺利实施需要有相应的支撑体系来支撑，本书将支撑体系分为技术支撑体系和运行保障机制两个方面。

技术支撑体系包括信息技术、企业管理技术和项目管理技术三部分。信息技术是对供应链进行有效管理的重要工具。目前在建筑领域使用的信息技术有地理信息系统（GIS）、BIM和射频识别技术（RFID）等。企业管理技术是对企业管理的支撑，包括财务管理、人力资源管理等技术。项目管理技术是从一个项目的角度进行管理，包括对工期、成本、质量管理的技术。

运行保障机制能够确保供应链顺利运营，这里的运行保障机制包括信任机制、利益分配机制以及激励机制。供应链上的企业之间只有建立信任，才能进行合作，所以信任是企业合作的保障。企业以追求效益为目标，合理的利益分配有利于供应链的管理。激励机制也是保障机制中的重要部分。

7.2.5 建设供应链管理的内容

建设供应链管理的内容主要包括物流管理、信息管理、资金管理、风险管理、绩效评价管理以及合作关系管理等。建设供应链管理围绕这六个方面来运作，其结构如图 7-6 所示。

1. 物流管理

物流是指供应链上的材料或产品在时间和空间上的移动，贯穿于整个供应链，是各个企业间相互联系的纽带。从物流的全过程来看，有需求预测、原材料获得、零部件支持和物料管理、厂址选择、库存管理、运输、配送、包装、订货处理以及客户服务等各种活动。综合来说可以把物流管理分为库存管理、运输管理、资源配置管理等。

2. 信息管理

信息管理是指对供应链上企业内部的信息流动以及企业之间的信息流动的管理，是无形的、双向的管理。信息是各个企业之间协同管理的纽带。随着信息技术的发展，建设供应链管理需要信息能够实时共享，准确把握。为了促进信息管理，需要解决信息的接口问题，并

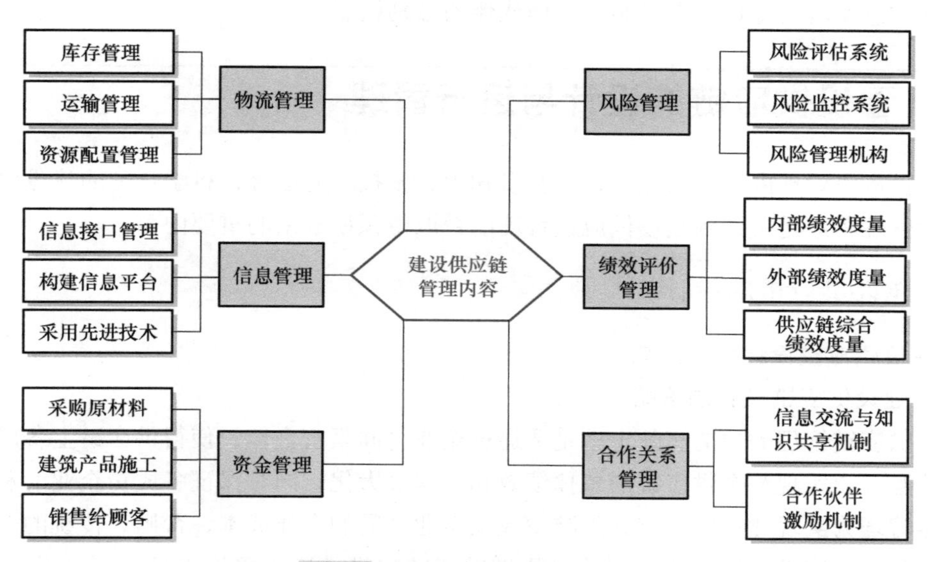

图 7-6　建设供应链管理的结构

通过构建信息平台以及采用先进的信息技术如手机、视频监控系统、无线电感应技术、地理信息系统、建筑信息模型和射频识别技术等，让信息可以顺利流通。

3. 资金管理

资金是供应链能够正常运作的前提，也是企业能够运营的基础。拥有充足的资金、材料和产品等才能进行周转，供应链才能运作起来。因此，对资金流的管理是十分重要的。在建设领域，资金流通可以分为三个方面：采购原材料、建筑产品施工和销售给顾客。

4. 风险管理

建设供应链具有结构复杂且动态性的特点，并且存在着诸多不确定性因素，给建设供应链的管理带来了诸多困难，也增加了供应链的风险。风险管理就是要最小化这些不确定性因素的影响，使供应链能够良好运作。建设供应链的风险管理包括风险评估系统、风险监控系统和风险管理机构。

5. 绩效评价管理

建设供应链管理的绩效评价是按照特定的评价指标，根据既定的评价标准，遵循一定的程序，通过定性、定量分析，对一定时期内建设供应链管理的战略、规划和运作等方面的效率和效果进行客观的评价，指出存在问题的地方，最终达到改善供应链管理水平的目的。为了达到这一目的，可以从三个方面考虑：内部绩效度量、外部绩效度量、供应链综合绩效度量。

6. 合作关系管理

供应链的合作伙伴关系是在供应链上两个或两个以上独立的企业之间形成的一种协调关系，目的是为了实现某个特定的目标或效益。建设供应链整体绩效的实现依靠的就是供应链上成员企业的紧密合作，尤其是供应链上具有战略意义的重要企业之间的合作。合作关系的管理包括信息交流与知识共享机制、合作伙伴的激励机制。

7.3 建设供应链的设计与运行管理

建设供应链管理内容较为复杂，涉及多知识、多技术的融合，科学合理的建设供应链设计和运行管理程序是关系到建设供应链管理能否取得预期效果的重要内容。

7.3.1 建设供应链的设计

1. 建设供应链设计的策略与原则

（1）建设供应链设计的策略

建设供应链管理的目的实际上就是要通过企业之间紧密合作，使得供应链上各成员企业通过优势互补，实现整个供应链的整体绩效和效率最大化，同时保证各成员企业的利益。建设供应链管理为实现此目的，就必须减少成员企业之间的合作成本，否则，传统的企业管理模式就会优于供应链管理模式。因此，建设供应链的设计应当采取降低（最小化）供应链成员企业间合作成本的策略，同时需要考虑进度、质量、安全等方面的约束。建设供应链上成员企业之间的合作成本由机会成本、交易成本和生产成本三部分所组成：

$$TC=CC+CT+CP$$

式中，CC 是机会成本，即供应链上的成员企业因为参与到某一供应链而在市场上失去其他机会而产生的成本。它取决于供应链的竞争能力，并可以通过改变组织模式来减少。CT 是交易成本，它取决于建设供应链上企业间的组织结构和合作关系，决定了供应链的运作效果，是供应链管理的结果。供应链企业间的交易成本可以通过有效的供应链管理来减少。CP 是生产成本，即完成建筑产品的所有费用之和，取决于供应链上各企业的计划与控制效率，可以通过供应链开发来减少。CC、CT、CP 三者之中，机会成本是前提，因为如果建筑业供应链企业失去了机会，也就不存在交易成本与生产成本。显然，CC 越小，表明该供应链的竞争力越强；CT 越小，表示供应链管理越成功，即供应链企业间具有高度的信任、良好的合作与流畅的信息交流；CP 越小，说明企业的管理与生产协调功能越好。

（2）建设供应链设计的原则

在供应链的设计过程中，应遵循一些基本的原则，以保证供应链的设计满足供应链管理思想得以实施和贯彻的要求。

1）自顶向下和自底向上相结合的设计原则。在系统建模设计方法中，存在两种设计方法，即自顶向下和自底向上的方法。自顶向下的方法是从全局走向局部的方法，自底向上的方法是从局部走向全局的方法。自顶向下是系统分解的过程，而自底向上则是一种集成的过程。在设计一个供应链系统时，往往是先由管理高层做出战略规划与决策，而这种规划与决策要依据市场需求和企业发展规划来进行，然后由下层部门实施决策，因此供应链的设计是自顶向下和自底向上的综合。

2）简洁性原则。简洁性是供应链的一个重要原则。建设供应链的一个重要特征就是要实现对客户的快速响应。因此，就需要供应链的每个节点都应是简洁的、具有活力的、能实现业务流程的快速组合。

3）优势互补原则。企业实施供应链管理战略的一个重要原因就是希望通过供应链上各成员企业的优势互补，通过强强联合，来取得一个单独企业所无法实现的竞争优势。因此，建设供应链的各节点企业选择应遵循强强联合的原则，达到实现资源外用的目的，每个企业只集中精力致力于各自核心的业务过程，作为其核心竞争力，每个成员企业具有自我组织、自我优化、面向目标、动态运行和充满活力的特点，从而可以实现供应链业务的快速重组。

4）协调性原则。建设供应链整体绩效的优劣在很大程度上取决于建设供应链上成员企业之间合作关系实现的程度，即是否形成了充分发挥系统成员和子系统的能动性、创造性及系统与环境的总体协调性。因此建立战略伙伴关系的合作企业关系模型成为实现建设供应链最佳效能的保证。

5）降低不确定性原则。不确定性在供应链中随处可见，不确定性的存在，会导致需求信息的扭曲，从而导致供应链上成员企业的不协调。因此要预见各种不确定因素对供应链运作的影响，减少信息传递过程中的信息延迟和失真，增加透明性，减少不必要的中间环节，提高预测的精度和时效性。

6）创新性原则。创新设计是系统设计的重要原则，没有创新性思维就不可能有创新的管理模式，因此在供应链的设计过程中，创新性是很重要的一个原则。然而在创新设计时还应注意以下几点：一是创新必须在企业总体目标和战略的指导下进行，并与企业的战略目标保持一致；二是要从市场需求的角度出发，建立供应链本身不是目的，通过供应链管理来综合运用各成员企业的能力和优势，从而实现对市场需求的最大化满足，实现企业的竞争优势才是目的；三是发挥企业各类人员的创造性，集思广益，并与其他企业共同协作，发挥供应链整体优势；四是建立科学的供应链和项目评价体系及组织管理系统，进行技术经济分析和可行性论证。

7）战略性原则。建设供应链的建模应有战略性观点，不能仅从一个项目的层面来考虑问题，要站在一个战略高度来认识，通过企业的供应链管理来实现企业的战略。因此供应链建模时必须体现供应链发展的长远规划和预见性，供应链的系统结构发展应和企业的战略规划保持一致，并在企业战略指导下进行。

2. 建设供应链设计的步骤

建设供应链设计的步骤可以归纳为以下五个步骤。

（1）外部分析

主要包括对建筑市场的现状和未来发展趋势的分析，对潜在客户的预测与分析，对材料供应商、设备供应商、分包商、监理企业、咨询企业、设计企业等潜在节点企业情况的调查与分析等。通过分析，确定外部市场对建筑企业的要求，明确建筑企业可供建立供应链的外部资源情况，从而有利于确定供应链设计目标，构建竞争力强的供应链体系。

（2）内部分析

主要包括对企业战略需求、企业供需管理的现状以及建立建设供应链的可行性进行分析，以实现供应链管理的要求。若企业已实施供应链管理，则分析供应链的现状以及目前存在的问题等情况。

(3) 明确建设供应链设计目标

在内外部分析的基础上，根据企业发展战略的需要，针对所存在的问题，提出建设供应链设计的目标。通常设计目标应当包括提高企业核心竞争力目标、增加业主（客户）价值目标、提高质量、进度、成本、环境和安全等建设绩效的目标等。

(4) 建设供应链成员的选择

主要包括材料供应商、设备供应商和分包商等供应链成员的选择与评价方法的确定，成员间协作协议的制定等。

(5) 建设供应链子系统设计

子系统设计包括生产设计（需求预测、生产能力、生产计划、生产跟踪控制、库存管理等问题）、信息管理系统设计、物流管理系统设计等。

(6) 供应链模拟与评价

建设供应链设计完成后，在实施之前应当采用模拟的方法，对供应链系统进行评价与分析，以便发现问题。如果达不到预先设计的目标，就需要对原设计进行调整，甚至推翻后重新进行设计。

3. 建设供应链合作伙伴关系的建立

供应链合作伙伴关系建立是在供应链内部两个或两个以上独立的成员之间形成的一种协调关系，以保证实现某个特定的目标或效益。建设供应链整体绩效的实现依靠的就是供应链上成员企业的紧密合作，尤其是供应链上具有战略意义的重要企业之间的合作。因此，合作伙伴选择与合作伙伴关系的建立是建设供应链构建的核心。建设供应链上核心企业在建立供应链时进行合作伙伴识别和建立合作伙伴关系的过程如图 7-7 所示。

(1) 分析市场环境

企业一切活动的驱动源自于市场需求。建立基于信任、合作、开放性交流的供应链长期合作关系，必须首先分析市场竞争环境，目的在于找到针对哪些产品市场开发供应链合作伙伴关系才有效，必须知道现在的产品需求是什么，产品的类型和特征是什么，以确认用户的需求，确认是否有建立供应链合作伙伴关系的必要。如果已建立供应链合作伙伴关系，则根据需求的变化确认供应链合作伙伴关系变化的必要性，从而确认合作伙伴评价选择的必要性，同时分析现有合作伙伴的现状，分析、总结企业存在的问题。

(2) 战略性合作需求分析

从总承包商的企业战略出发，分析企业核心业务中哪些业务需要外部资源支持才能更加具有竞争优势。如在分包商的选择上就要分析企业的核心业务中哪些业务的技术是企业自身缺乏而需要拥有专门技术优势的专业分包商的支持，分析哪些分包业务（专业分包和劳务分包）与企业核心业务的密切程度高，可以用合作频率、合作时间、专业分包工程合同价占项目总价的平均比率或劳务分包合同价占项目人工费的平均比率来衡量，则这样的分包业务就是企业战略性的分包需求业务。

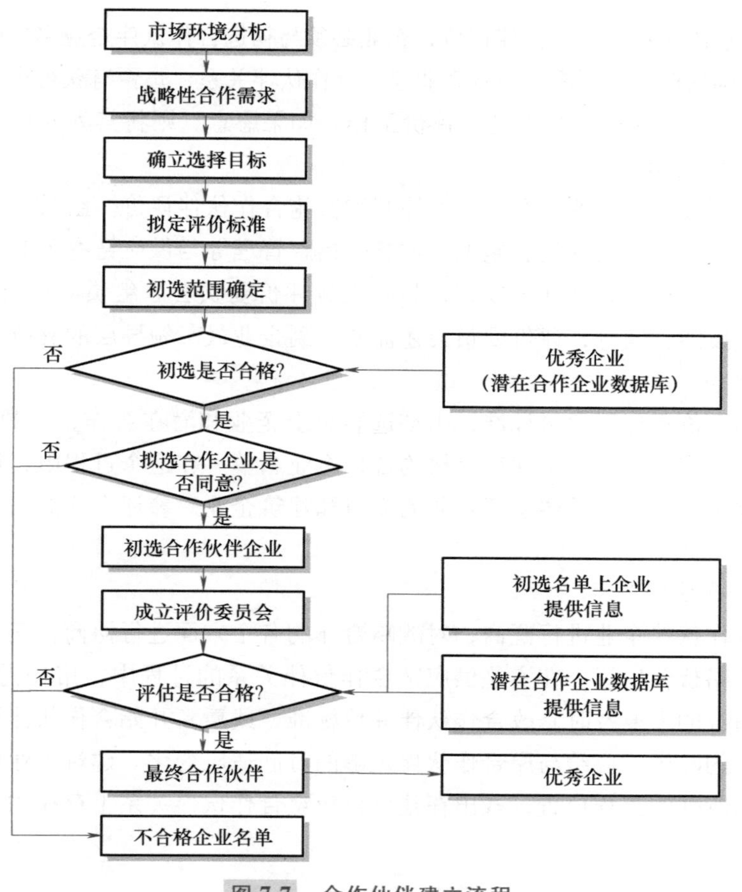

图 7-7　合作伙伴建立流程

(3) 确立合作伙伴选择目标

建筑企业必须建立实质性目标，而且必须确定合作伙伴评价程序如何实施、信息流程如何运作、谁负责。其中降低成本是主要目标之一，合作伙伴的选择不仅是一个简单的评价、选择过程，也是建筑企业本身和企业与企业之间的业务流程重构过程，若实施得好，本身就可带来一系列的利益。

(4) 制定合作伙伴评价标准

合作伙伴综合评价的指标体系是建筑企业对要进行合作的企业进行综合评价的依据和标准，是反映企业本身和环境所构成的复杂系统不同属性的指标，按隶属关系、层次结构有序组成的集合。根据系统全面性、简明科学性、稳定可比性、灵活可操作性等原则，建立供应链环境下建筑企业合作伙伴的综合评价指标体系是合作伙伴选择的重点。

(5) 确定初选范围，进行初选

在市场分析和战略性合作需求分析的基础上，确定需要选择合作伙伴的业务范围。在调查得到的潜在合作企业数据库中选择符合初选范围的拟合作企业，形成初选合作伙伴企业名单。

(6) 初选合作企业的参与

一旦建筑企业决定进行合作伙伴评价，企业必须与初选合作伙伴企业名单中初步选定的企业取得联系，以确认他们是否愿意与本企业建立合作伙伴关系，是否有获得更高业绩水平的愿望，是否愿意配合企业合作伙伴的选择评价工作，如果愿意，则将其列入拟选分包商名单。

(7) 成立评价委员会

建筑企业必须成立一个评价委员会来控制和实施合作伙伴评价。组员主要由企业内质量安全管理、招标投标与合同管理、施工、财务、信息管理等与供应链有关的主要业务部门人员组成，根据需要也可以聘请外部专家，共同组成评价委员会。组员必须有团队合作精神、具有一定的专业技能。同时，评价委员会还需要得到企业最高领导层的支持。

(8) 进行评价

根据拟定的评价指标和评价标准，由初选名单上企业和潜在合作企业数据库提供信息，评价委员会进行评审，最终确定评审合格的合作企业名单。在这个过程中，待评企业的信息的准确性是非常重要的，这需要参评企业的支持和建筑企业对参评企业的信息收集和积累工作的成果。

(9) 实施合作伙伴关系

与选出的合作伙伴企业进行磋商，对战略合作的各个方面进行协商，正式达成战略合作意向，并签署战略伙伴协议。在实施供应链合作伙伴关系的过程中，市场需求将不断变化，可以根据实际情况的需要及时修改合作伙伴评价标准，或重新开始合作伙伴评价选择。在重新选择合作伙伴的时候，应给与原合作伙伴足够的时间适应变化。建筑企业可根据自己的实际情况分析自己所处的流程位置，找出在建立供应链合作伙伴关系上存在的不足和值得改进的地方。

7.3.2 建设供应链运行管理

关于建设供应链运作参考模型 CSCOR（Construction Supply-Chain Operations Reference-Model）并未有权威的机构来发布，但已经有一些研究人员进行此方面的研究工作。本节介绍目前相关领域内的一些研究成果。

以建设供应链中材料采购来进行分析。在建筑业中采购材料的方式有多种，主要包括：

1）业主采购部分材料，如电梯、门窗等，其他材料由承包商集中采购或者由承包商和分包商各自采购。

2）业主不负责采购材料，由承包商和分包商各自采购部分材料。

3）所有材料均由承包商集中采购。对应于不同的材料采购方式，建设供应链也应不尽相同。

下面以所有材料均由承包商集中采购方式为例，分析建设供应链中的各个主体内部和主体之间的业务流程，建立一个基本的建设供应链框架。

对于承包商集中采购所有材料这种情况来说，供应商和分包商参与到建设供应链中的业务流程都是交付和回收/MRO（Maintenance，Repair，Overhaul），即供应商交付和回收退回的材料、设备和其他物料，分包商则是向承包商交付分包项目并负责保修，从这一层面来看，分包商也可以看作供应商中的一员，因此本节把两者合为一个整体介绍。

参考 SCOR 的五个基本管理流程，以承包商为核心构建了建设供应链运作参考模型基本框架（图 7-8）。该运作模型包括六个基本管理流程：计划（Plan）、采购（Source）、建设（Construction）、交付（Delivery）、退回（Return）和回收/MRO（Receive/MRO）。该模型包括从业主/投资方公布招标书，承包商进行投标报名开始，一直到承包商交付竣工并对项目维修检查的整个过程的所有流程。

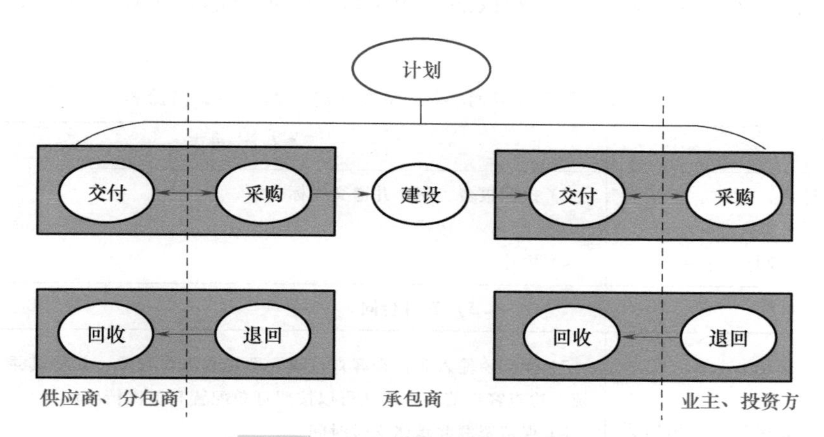

图 7-8　建设供应链运作参考模型

从图中可以看出，建设供应链业务流程基本框架中并不是所有主体都包含了以上六个基本业务流程，这是由于本框架是以承包商为核心企业，即框架内的业务流程都应与承包商直接有关，而供应商/分包商的采购、制造/建设流程以及业主的销售、交付流程与承包商没有直接关系，因此本框架中承包商涉及全部业务流程，而供应商/分包商只有交付和回收/MRO 流程，业主只有采购流程和退回流程。

1. 计划

根据实际要求平衡各方资源，为整个建设供应链制订计划，包括施工规划、需求计划、采购计划（材料、设备、劳务等）、进度计划、财务计划（预算、成本）等。

2. 业主与承包商之间的采购⟷交付流程

业主与承包商之间的采购是以招标投标的形式进行的。具体的采购⟷交付流程见表 7-1。这个流程还应该包括合同管理、对业主的绩效评估管理、固定资产管理、财务管理等。

表 7-1　业主与承包商之间的采购⟷交付流程

业　主	承　包　商
1）发布招标书 3）开标、评标、议标和定标	2）投标报名、制作并递交投标书 4）中标
5）签订合同	
7）组织验收 9）付款	6）提出验收申请 8）验收通过后，对验收资料进行整理和归档 10）开具发票并接受付款

3. 承包商与分包商/供应商之间的采购⟷交付流程

承包商与分包商/供应商之间的采购包括一般形式和招标投标形式的采购，具体的采购⟷交付流程见表 7-2。其中，招标投标形式的采购是从第 1）步开始，而一般形式的采购则从第 5）步即签订合同开始。另外，该流程还应该包括合同管理、固定资产管理、需求管理、订单管理、运输管理、财务管理和对分包商/供应商的网络管理和绩效评估管理等。由于建筑项目的一次性和临时性，此处按照采用 JIT 生产制考虑，实现零库存，因此该流程中不涉及库存管理。

表 7-2 承包商与分包商/供应商之间的采购⟷交付流程

<table>
<tr><th>承　包　商</th><th colspan="2">分包商/供应商</th></tr>
<tr><td>1）制订招标计划，制作、审核和发布招标书
3）开标、评标、议标和定标</td><td colspan="2">2）投标报名、制作并递交投标书
4）中标</td></tr>
<tr><td colspan="3">5）签订合同</td></tr>
<tr><td rowspan="4">6）制订材料或分包计划，填写采购申请单，经批准后发出采购订单，确定各种材料和分包项目的交付时间
11）验收，并对验收资料进行整理和归档
12）付款</td><td colspan="2">7）接收、输入和检查客户订单，即接收客户订单，并将其录入订单处理系统，检查客户信用并确认可以按照订单配置和提供精确价格
8）保留资源并承诺交付时间
9）合并订单，即对订单进行分析、分组，以最低的成本和最好的产品/服务完成订单等</td></tr>
<tr><td>分包商</td><td>供应商</td></tr>
<tr><td>10）完工后向承包商提出验收申请</td><td>10）按运输路线合并装车送货，必要时在施工现场进行产品测试和安装</td></tr>
<tr><td colspan="2">13）开具发票并接受付款</td></tr>
</table>

4. 建设

建设流程的执行主体是承包商，其内容包括：

1）按计划或实际情况安排建设生产活动，即进度安排，施工现场布局，材料、设备、人员等资源的安排等。

2）按计划或实际情况发放材料，即把工程机械设备、采购品或在制品（如原材料、构成件、中间成品等）从仓储地点（如供应商、分包商、现场等）发送到特定的使用地点。

3）按计划或实际情况建造和检验，即利用发送过来的工程机械设备、材料，按照设计商的设计方案进行施工生产，并对完成的工程及时检验的一系列活动。

4）对建筑主体进行装修、装饰。

5）项目竣工，清理现场。另外，建设流程还应包括人力资源管理、运输管理、进度管理、施工安全管理、生产绩效管理等。

5. 承包商与分包商/供应商之间的退回⟶回收/MRO 流程

退回流程是指退回有缺陷产品、剩余产品或 MRO 产品。回收流程是指接收退回的有缺陷产品、剩余产品或 MRO 产品。MRO 流程是指对退回的 MRO 产品进行维护（Maintenance）、修理（Repair）、检查（Overhaul）。具体的退回——→回收/MRO 流程见表 7-3。

表 7-3　承包商与分包商/供应商之间的退回——→回收/MRO 流程

	承　包　商	供　应　商
退回 ↓ 回收	1）鉴定和检查供应商发送过来的产品的质量和数量，如有缺陷或者有剩余则向供应商传达需要退货的信息 3）安排缺陷或剩余产品的装车并退回给供应商 6）把退货信息输入系统记录在案	2）确认缺陷或剩余产品可以退回 4）接收退回的产品并向承包商传递接收信息 5）转移缺陷或剩余产品至特定地点
	承包商	分包商/供应商
退回 ↓ MRO	1）验收分包商完成的工程或供应商的产品，如在质量上和数量上不符合合同规定，则向分包商/供应商传达需要维修或返工的信息 3）再次验收，若合格则确认验收，否则返回第 2）步	2）确认维修或返工的信息，进行维修或返工并把相关信息录入系统 4）验收完毕后，在合同说明的 MRO 期限和范围之内，按合同要求对工程进行定期或不定期的检查，如有问题则进行维修或返工并把相关信息录入系统

6. 业主与承包商之间的退回——→MRO 流程

业主与承包商之间与承包商与分包商/供应商之间的退回——→MRO 流程基本相似，具体见表 7-4。

表 7-4　业主与承包商之间的退回——→MRO 流程

业　　主	承　包　商
1）验收工程，如发现工程在质量上和数量上不符合合同规定，则向承包商传达需要维修或返工的信息 3）再次对工程进行验收，若合格则确认验收，若不合格则返回第 2）步	2）确认维修或返工的信息，进行维修或返工并把相关信息录入系统 4）验收完毕后，在合同说明的 MRO 期限和范围之内，按合同要求对工程进行定期或不定期的检查，如有问题则进行维修或返工并把相关信息录入系统

7.4 建设供应链管理的精益性和敏捷性

建设供应链管理具有精益性和敏捷性的特点，本节将重点介绍精益型建设供应链管理和敏捷型建设供应链管理的相关概念、特点以及两者之间的关系等内容。

7.4.1　精益型建设供应链管理

1. 精益型建设供应链管理的基本原理

（1）精益建设的基本概念

精益建设是指承包商以建设项目业主的需求为导向，以顾客价值最大化、建造过程成本最小化为目标，采用价值流、并行工程、供应链、集成管理等生产与管理技术作支撑的一种建筑生产管理理论。精益建设方式和传统建设方式的比较见表 7-5。

表 7-5　精益建设方式和传统建设方式的比较

比较项目	精益建设方式	传统建设方式
建设目标	业主价值最大化、建设成本最小化	合同目标控制下的成本最小化
关注焦点	过程和价值	各级验收
建设程序	并行方式	串行模式
建设进度	拉动式准时化	推动式，长提前期
协作方式	精益供应链、主动协作	合同契约、被动协作
工作关系	灵活工作团队	专业化分工
质量控制	零缺陷、全面质量管理	质量成本、质量验收控制
项目组织	精简一切多余环节	组织机构庞大

（2）精益型建设供应链管理的基本概念

精益型建设供应链是精益建设和建设供应链的结合，随着精益思想在建设领域的不断应用和发展，越来越多的学者对建设精益供应链展开研究。相较于传统供应链，建设供应链更加复杂，而精益思想的引入可以使其得到更好的优化。

精益型建设供应链是指以业主需求为出发点，为业主创造最大化价值为目标，以工程经理部为运行主体，通过控制技术流、信息流和资金流等全要素资源流，来减少浪费、降低成本和提高质量，在全生命周期内形成一个由业主、承包商、供应商、分包商、设计单位等利益相关者协同的包括精益计划、精益设计、精益供应、精益施工和精益营销五个核心过程的整体功能网络。

在此定义的基础上，可以将精益型建设供应链管理界定为：以工程经理部为核心，以精益思想和技术手段为指导，对建设供应链上的全要素资源流及利益相关者进行计划、协调、执行、控制和优化的各种管理活动。

（3）精益型建设供应链的特点

精益型建设供应链有其独特的特点，根据对概念的理解及分析，可归纳为：

1）以业主需求拉动生产。精益型建设供应链是精益思想和建设供应链的融合，精益思想中以顾客需求拉动产品或服务的理念体现在建设供应链中即以业主需求拉动生产，采购或供应符合业主功能要求的建筑产品，避免产生过多的功能成本，建设精益供应链的建立和运行必须以业主需求为目标才能更好地拉动生产。

2）减少浪费、降低成本、提高质量。建设供应链中融入精益思想，仍然秉承其致力于减少浪费、降低成本和提高质量的理念，这也是精益型建设供应链的基本特点和作用。在工程项目建设中，通过精益型建设供应链管理可以有效减少资源浪费，通过资源整合和优化降低或消除建设供应链中的无价值成本；而质量作为精益建设的基本思想，同样也是建筑行业的核心目标，建设供应链在精益思想的指导下更为重视工程质量，提高业主满意度。

3）增加灵活性。传统的建设供应链体现出灵活性差、脆弱性强的劣势，而精益思想中的柔韧性这一特点能够很好地解决该问题，精益型建设供应链能够快速响应市场，应对各种风险和突发情况。

4）为业主创造最大价值。以业主需求拉动生产即意味着精益型建设供应链的核心思想和最终目的是为业主创造最大价值，减少浪费、降低成本和提高质量等都是围绕这一目标进行的。

5）持续改进。精益思想要求通过实践活动不断发现问题并进行解决和优化，精益型建设供应链在该思想作用下体现出持续改进的特点。在构建建设供应链过程中必然会暴露出众多不足之处，要不断发现并持续改进以达到尽善尽美。

2. 精益型建设供应链管理的目标与适用范围

精益型建设供应链以为业主创造价值最大化为核心目标，用精益建设思想指导建设供应链管理，其目标主要体现在成本、质量和进度三个方面。

（1）成本目标

精益型建设供应链的一个主要目标就是降低成本。从建设供应链全生命周期角度去看，成本管理主要是控制项目建设中物料、设备、构配件等的采购、运输、仓储、装卸、包装、配送等全过程物流成本；同时以业主为核心识别价值流，致力于改进各阶段的各项工序，尽可能消除一切不能增加价值的活动，实现成本最小化目标。精益思想下的成本管理目标的有效实现使传统的建设供应链成本控制手段转向“质量是好的、成本是低的、时间是快的”系统精益供应链成本管理的新思维中。

（2）质量目标

精益建设思想强调项目的质量是建造出来的，而不是检查出来的，要从设计阶段就开始进行全面质量管理，由建筑产品的过程质量管理来保障最终质量。对于建设供应链的全面质量管理，要做到“三全”，即内容与方法的全面性、全过程控制和全员参加。同时提倡“自检、自分、自记、自控”的“三自一控”自律性质量过程管理，对建设供应链中的每一个环节进行质量控制。此外，为了保证质量，还应当树立“不建造不合格品、不接受不合格品、不传递不合格品”的“3N”思想，将建设供应链中的质量问题扼杀在初期。

（3）效率目标

在建设供应链中应用拉动式 JIT 思想，要以业主需求为出发点，更好地减少时间上的浪费，提高工作效率。在建设供应链中应用并行工程思想，要在施工过程中将设计与施工有机协同，使利益相关者能够团结一致为了共同目标而工作，大大缩短项目的开发过程，有效缩短设计及设计变更时间、施工前准备时间、施工等时间，明确全生命周期的各要素资源流，增强建设供应链的反应能力，提高及时性。另外，要尽可能地使供应链各工序之间的转换时间接近于零，每个工序完成之后能够顺利快速地进入下一个环节，减少环节之间的转换时间，进而缩短整个项目工期，如施工、设备以及建筑材料的及时转换等。

3. 精益型建设供应链的运作模式

精益型建设供应链在运作过程中主要依托物流、资金流和信息流等全要素资源流为载体，对项目建设的全生命周期阶段进行计划、组织、协调和控制，其运作模式主要如图 7-9 所示。

精益型建设供应链运作模式中，精益计划对整个供应链系统起着重要指导作用，在工程建设之前对全周期制订一个详细计划将有助于统揽全局建设。精益设计主要以业主的需求为出发点，由业主、设计单位、承包商三方协同设计，在结构设计、建筑材料应用、建筑设计信息描述等设计方案内容方面更具有科学性。精益供应是精益建设供应链运作模式中的重要环节，采用订单促进供应的管理模式能够有效避免浪费、降低成本。精益建造包括拉动式准时化（Just In Time）、团队合作、全面质量管理和并行工程等内容。精益营销是指通过精良的产品研制、精确的产品定价、精简的营销渠道和精练的顾客沟通高效、准确地满足顾客的需求。

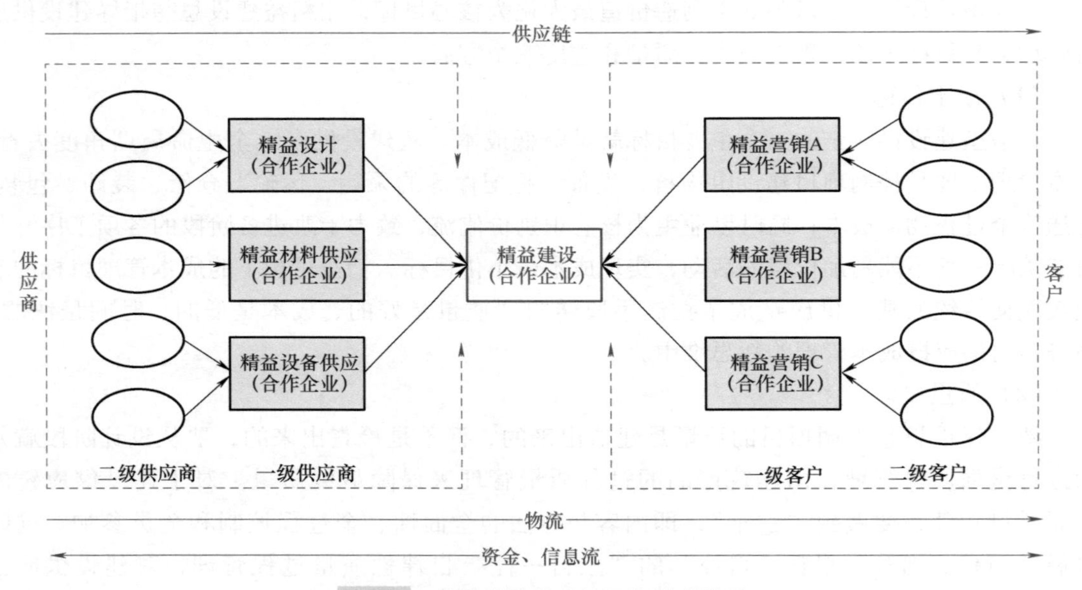

图 7-9　建设精益供应链运作模式模型

7.4.2　敏捷型建设供应链管理

1. 敏捷型建设供应链管理的基本概念

（1）敏捷供应链的相关概述

20 世纪 90 年代，企业之间的竞争已经由内部资源优化转向快速响应市场需求，尤其表现在供应链之间的竞争。在此背景下，以动态联盟为基础的敏捷制造赋予了供应链管理新的要求和使命，敏捷思想指导下的敏捷供应链管理新模式应运而生。

敏捷供应链（Agile Supply Chain，ASC）是指在竞争与合作共存、环境复杂多变的市场中，由多个供应方和需求方所构成的能够对市场变化产生快速响应的动态供需网络。敏捷供应链的本质特征快速结盟、快速重构和快速扩充，更加强调上下游企业之间在供应链的信息流、资金流和物流等资源流形成共同协作。敏捷供应链结构如图 7-10 所示。

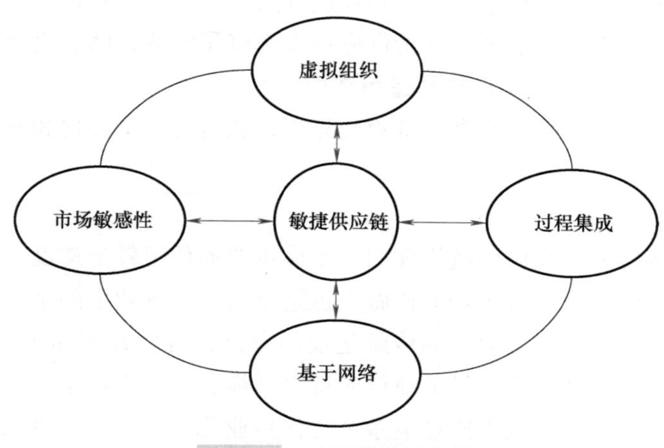

图 7-10　敏捷供应链结构

（2）敏捷型建设供应链管理的概念

敏捷型建设供应链是指为了满足和快速响应业主的有效需求，以总包企业为核心并基于网络进行过程集成、信息和知识共享，从而有效控制供应链系统中的信息流、物流、资金流等全要素资源流，达到快速结盟、快速重构、快速扩充以及对动态变化和不确定性因素做出快速反应的效果，最终将分包商、供应商和业主等上下游合作伙伴连接成一个整体的动态功能型链状结构。

（3）敏捷型建设供应链的特点

1）快速响应业主需求。近些年来，业主对承包商的综合服务能力越来越重视，尤其是新时代背景下，业主的需求在不断地更新和进步，使得建筑承包商、供应商等建设合作伙伴对企业自身的水平有了更高的要求。在这种环境下，大型建设项目不再单单依靠“控成本、精技术”的方式来提升项目效益，必须要摒弃“只重技术、不重管理”的传统思想，提高管理水平，通过敏捷型建设供应链管理模式对业主需求做出快速响应，全方位把握业主需求。

2）快速结盟、快速重构、快速扩充。据国外调查显示，合作伙伴之间的信任、供应可靠度、资源共享情况以及建设供应链上的利益相关者对共同利益的关注度是敏捷型建设供应链成功实施的几个关键因素。在工程项目建设伊始合理准确地选择合作伙伴将决定着项目建设的顺利与否，敏捷型建设供应链管理新模式便贯彻了这种“共赢”战略思想，合作伙伴之间能够快速结盟、重构或扩充，增强企业竞争力，完善和推进建筑市场的发展。

3）有效应对工程项目的动态多变。工程建设项目具有较强的复杂性，这就使得建设过程往往是动态多变的，不确定性风险也随之增加。敏捷型建设供应链在传统建设供应链的基础上融入敏捷思想，能够统筹和协调设计、采购和施工等项目全生命周期的各个阶段，且能够对各个环节上的需求变化做出快速响应，达到降低成本、缩短工期的效果，从而有效应对工程项目的动态多变。

4）基于网络。敏捷型建设供应链具有柔性和绩效可度量性，在实施过程中离不开 BIM、物联网、大数据等先进的网络技术，也离不开过程集成、信息和知识共享等先进的理念；同时，这些先进的技术和理念也需要以建设供应链作为应用载体，两者之间相辅相成。

2. 敏捷型建设供应链管理的优势与适用范围

敏捷型建设供应链突破了传统供应链管理思想，从速度、个性化和成本等各个方面体现出更强的优势：

（1）速度优势

建筑企业实行敏捷型建设供应链管理的一个最重要的优势就是速度。这里的速度主要是指通过先进的信息共享平台，对市场变化做出迅速反应，根据业主的个性化需求及时提供其需要的产品和服务，较之于反应迟缓的传统建设供应链，可以显著缩短建设周期和交付期，为企业带来巨大效益。企业按照建设敏捷供应链管理模式进行组织生产，供应链系统中的多个合作伙伴同步共享信息，通过供应链上多个合作企业的信息共享，可以全方位地对市场情况做出快速反应，提高了对市场反应的灵敏性，形成具有竞争力的速度优势。

（2）个性化优势

利用计算机辅助设计、企业资源计划等敏捷制造技术，快速完成基于业主需求拉动的订单产品；同时企业根据订单进行动态的联盟重组，要求各个企业能用一种更加主动和默契的形式团结在一起，充分发挥供应链系统中各个合作伙伴的资源优势，保证供应链的组织弹性良性发展，快速响应市场需求，以随时适应外部市场环境的动态变化；摒弃刚性管理，利用柔性管理技术整合专业人员，使每个员工都能独立处理问题，实现个性化生产，满足客户的个性化要求。

（3）成本优势

成本控制是工程建设项目的管理目标之一，也是建设供应链管理过程中的关键目标。成本管理是一项复杂的系统工程，涉及建设项目的全生命周期，只有依托全方位的供应链管理平台，着眼于建设全过程进行管理和控制才能得到良好的效果。而建设敏捷供应链基于先进的信息共享平台，实现需求驱动的动态重构，在上下游企业之间形成利益一致、信息共享的关系，产生拉动式的需求与供应，提高运作效率，减少供应链各个环节的库存量，避免不必要的浪费和企业之间的恶性竞争，从而降低整个供应链的成本。

3. 敏捷型建设供应链的实施途径

敏捷型建设供应链涉及的技术、知识和组织结构等各方面都更为复杂，根据其概念和特点，主要从以下几个实施途径来实现敏捷型建设供应链管理：

（1）市场响应的敏捷性

敏捷型建设供应链的核心特征就是快速响应，因此在实施过程中要重点提升市场响应的敏捷性。当下社会，人们对建筑产品的要求越来越高、越来越个性化，业主对项目品质也愈加关注。在此背景下，建筑企业要利用互联网、大数据等现代化手段充分挖掘建筑业前沿动态，收集业主的多元化需求，掌握市场中最新的施工技术、建筑材料等外部市场信息，与业主建立良好的伙伴关系，提升企业的核心竞争力；同时供应商也应不断提高自身的生产能力，与供应链上下端的合作企业加强联系，对材料订单做出快捷反应，从多方面提升市场响应的敏捷性。

（2）信息系统的敏捷性

建设供应链具有较强的项目性特征，参与方之间的合作关系往往伴随着整个项目周期，在敏捷型建设供应链的参与方之间基于构件、多代理、CORBA、WEBService 以及 BIM 等手段建立完善的信息交换系统，使供应商同步共享承包商信息，形成良好的多向沟通机制，及时掌握施工中出现的各种问题及工程变更相关信息；同时通过建立客户关系管理系统来完善业主与客户之间的信息沟通通道，从整体上增强建设供应链的敏捷性。

（3）物流系统的敏捷性

建设供应链具有链式结构特点，使得物流系统受到时间和空间的限制。因此在选择供应商时要充分考虑地理位置，不断优化运输路线，采取便捷高效的运输工具，必要时引入第三方物流，依托物流公司强大的物流系统来确保建设供应链的可靠性；另一方面，要通过强大的信息系统进行合作方之间的信息多向交流，减少“牛鞭效应”的影响，充分运用准时制管理方法，提升物流系统的敏捷性。

（4）组织的敏捷性

建设供应链中的各个参与方承担着不同的责任和使命，它们在链式结构中形成了一个不可分割的有机体。这种明显的跨企业、跨功能特点，不能将各个参与方分开来管理，要从宏观视角将其看作一个整体组织进行运作和管理，加强组织间的协作交流。由于各个参与方发挥的作用不尽相同，重要性也大不一样，对所有参与方要有区分意识，掌握对方不同程度的需求动态，建立动态的网状结构，对突发情况或变动能够做出快速反应；同时注重企业知识管理和员工素质培养，能够在必要时进行组织内部的快速重组或调整，从组织层面提升建设供应链的敏捷性。

7.4.3　精益型供应链与敏捷型供应链的关系

在前面章节重点介绍了精益生产、敏捷制造的概念、特点等相关内容，两者之间既有一致性又存在明显的差别。敏捷制造这种先进制造模式本身就是整合了精益生产及其他先进生产管理理念，两者之间并不排斥。精益生产和敏捷制造的这种关系使得敏捷供应链和精益供应链之间也有着很多相似特征，两者之间有着相辅相成的支撑关系，精益化是供应链管理的前提条件，实现供应链的敏捷化必须要先经历精益阶段。因此，敏捷供应链的实施是以精益为基础的，只有通过精益供应链管理去除冗余步骤等无效时间和过程，才能灵活地响应供应链各个环节中的动态变化，实现敏捷供应链管理。

从顾客提供价值方面来看，在市场竞争中，精益供应链主要依靠的是质量和价格，而敏捷供应链主要依靠的是客户满意度，快速响应业主动态多变的需求，迅速占领市场份额。精益供应链的目标是避免浪费、降低成本，尽可能做到零库存，消除一切松散的过程、环节和时间，在此过程中通常可以有效地实现生产效率的大幅提升。敏捷供应链在精益化的基础上，除了避免浪费、降低成本之外，还提升了最终业主当前尚未感知的价值，通过先进技术和手段在外部市场信息中摄取业主需求，强调了对潜在但不易感知的业主需求的反应速度，以外部市场压力来促使企业发展，从而使业主得到的不仅仅是功能产品，还有解决方案，体现出对业主的全方位关怀。从这一点上看，精益思想是企业达到供应链敏捷化的一个必要条件。

从采购方式上来看，对于稳定的外部市场环境，精益供应链能够很好地适应；对于复杂多变且难以预测的外部市场环境，就需要敏捷供应链来克服。精益供应链运作过程强调平稳的生产节奏，以预测指导生产，采用的是“顺流而下”的方式，上游企业依靠下游企业的订单来拉动生产，相较于供应链上的最终业主需求，非终端企业对其下一级业主的需求更加关注。敏捷供应链运作过程强调系统中的所有企业必须整体快速同步市场信息，无论处于供应链系统中的哪一位置都要为最终业主的需求负责，在供应链的末端分配其产能，配合企业快速响应的要求。

简而言之，精益化是供应链管理的基础，敏捷化是供应链管理的升华，所有企业在供应链管理中都要以精益为指导，若单一的精益供应链无法满足生产运作，则通过提高供应链的敏捷性来进一步指导生产。

复习思考题

1. 建设供应链管理的目标是什么？
2. 建设供应链纵向一体化的根本任务是什么？
3. 建设供应链伙伴关系应满足哪些原则？
4. 建设供应链管理主要包括哪些内容？
5. 建设供应链的构成要素有哪些？
6. 建设供应链管理相对于一般供应链管理的特点和难点是什么？
7. 建设供应链设计需要遵循哪些基本原则？
8. 建设供应链的精益性与敏捷性有哪些共性和区别？

本章参考文献

[1] 赵林度. 知识经济时代的供应链管理 [J]. 东南大学学报：自然科学版，2002 (3)：514-522.

[2] 周艳军. 供应链管理 [M]. 上海：上海财经出版社，2004.

[3] 陈国权. 供应链管理 [J]. 中国软科学，1999 (10)：101-104.

[4] 蓝伯雄，郑晓娜，徐心. 电子商务时代的供应链管理 [J]. 中国管理科学，2000 (3)：2-8.

[5] 李民，高俊. 工程供应链管理研究综述 [J]. 工业技术经济，2012，31 (5)：28-37.

[6] 王要武，薛小龙. 供应链管理在建筑业的应用研究 [J]. 土木工程学报，2004 (9)：86-91.

[7] 李晓丹. 装配式建筑建造过程计划与控制研究 [D]. 大连：大连理工大学，2018.

[8] 赵晓菲. 国内外建筑供应链管理的比较研究 [D]. 哈尔滨：哈尔滨工业大学，2006.

[9] 刘志君. 建筑供应链管理体系与绩效评价方法研究 [D]. 长春：吉林大学，2008.

[10] XUE X, WANG Y, SHEN Q, et al. Coordination mechanisms for construction supply chain management in the Internet environment [J]. International Journal of Project Management, 2007, 25 (2): 150-157.

[11] VRIJHOEF R, KOSKELA L. The four roles of supply chain management in construction [J]. European Journal of Purchasing & Supply Management, 2000, 6 (3-4): 169-178.

[12] PALANEESWARAN E, KUMARASWAMY M M, ZHANG X Q. Reforging construction supply chains: A source selection perspective [J]. European Journal of Purchasing & Supply Management,

2001, 7 (3): 165-178.

[13] 许杰峰，雷星晖. 基于施工总包模式的敏捷建筑供应链研究 [J]. 建筑科学，2015，31 (1): 94-98.

[14] 纪雪洪，陈荣秋，唐中君，等. 精益与敏捷集成的供应链 [J]. 工业工程与管理，2005 (1): 54-57; 63.

[15] 李忠富，张蕊，薛小龙. 面向顾客满意的住宅产业精益/敏捷供应链战略 [J]. 哈尔滨工业大学学报，2004 (10): 1397-1400.

[16] LI L, LI Z, LI X, et al. A Review of global lean construction during the past two decades: Analysis and visualization [J]. Engineering Construction and Architectural Management. 2019, 26 (6): 192-216.

[17] XUE X, LI X, SHEN Q, et al. An agent-based framework for supply chain coordination in Construction [J]. Automation in Construction, 2005, 14 (3): 413-430.

[18] PHELPS T, SMITH M, HOENES T. Building a lean supply chain [J]. Manufacturing Engineering, 2004, 132 (5): 107-110.

[19] AL-BAZI A, DAWOOD N. Simulation-based genetic algorithms for construction supply chain management: Off-site precast concrete production as a case study [J]. OR insight, 2012, 25 (3): 165-184.

[20] SHERIDAN J H. Agile manufacturing: stepping beyond lean production [J]. Industry Week, 1993, 242 (8): 30-46.

第8章 建设物流体系与管理

8.1 建设物流管理理论概述

8.1.1 建设物流基本理论

建筑业的发展深刻影响着物流产业的进步，物流体系的完善也在推动着建筑产业的发展。建设物流是随着科学技术的发展和市场的变化而不断进步的。工程建设物流是指围绕工程建设由物流企业提供的某一环节或全过程的服务，是通过物流企业的专业技术服务，将工程物料从原材料收取到最终成为已建造好建筑的一部分的物料流的计划、组织、协调和控制，目的是给予投资方最安全的保障和最大的便利，从而大幅度地降低工程成本，保证工程项目的如期完成。

建设物流与一般物流活动不同，具有其特殊性。根据建设项目自身的特点和物流的作用，建设工程项目中涉及的物流活动可分为供应链物流、现场物流和废弃物回收利用物流三大部分。其中：①供应链物流包括物资采购、运输直至交付现场等内容，其过程涉及采购商、供应商和运输商多个主体的参与，是从项目宏观、中观层面对物流的管理；②现场物流则是有关建设物流运作微观层面的问题，涉及工程项目建设现场的物资吊装、搬运等具体活动；③废弃物回收利用物流是根据实际需要对现场施工过程中产生的各种边角余料和废料进行收集、分类、搬运、运输、回收或分送到专门处理场所所进行的逆向物流活动。

1. 供应链物流管理

20世纪80年代美国学者首次提出供应链管理的概念，在早期对于供应链管理的认识局限于企业内部资源的优化利用。随着社会的进步和经济的发展，供应链的定义已然衍生为一个组织网络，从组织的上游到下游，涉及不同的活动和过程，上游企业为寻求合作需将企业独立进行的制造、组装、供应活动转变为由供应链中不同的企业来完成，最终产生交付用户的产品和服务的价值。正如马士华等对供应链的定义："供应链是围绕核心企业，通过对信息流、物流、资金流的控制，从采购原材料开始，制成中间产品以及最终产品，最后由销售网络把产品送到消费者手中的将供应商、制造商、分销商、零售商，直到最终用户连成一个整体的网链结构和模式。"

供应链物流所提供的服务主要包括三种类别：第一，提供单项基本功能的物流服务，主要提供仓储、运输等单一或少数物流功能的服务项目，提供这类服务的物流企业要求以最优效率的方式完成仓储、运输等基本物流服务操作；第二，提供多功能性物流服务，如运输、仓储、配送、流通加工等，同时提供信息管理服务，包括库存控制、信息跟踪，这类服务建立在长期物流合作基础上；第三，物流集成服务，是根据客户供应链的需要，全程参与并衔接客户供应链的采购、生产、销售的各个环节，完成整个客户供应链条的全部物流活动。

2. 现场物流管理

现场物流是建设物流的重要组成部分。现场物流要求精确的物资计划交付日期，以适应现场实际规划和存储安排，否则会导致施工进度计划的延误和中断或在存储、处理和运输过程的资源浪费。现场物流管理的主要任务是及时传递信息、制订多层次动态计划、确定现场布置、通过完善的物资跟踪系统确定物资运输及库存、改变传统建筑业内部合作模式等，目的是为精确的物资采购和交付奠定坚实的基础，现场物流的具体内容包括：

（1）现场准备

信息是建设物流现场准备的基础，信息的准确程度直接影响建设物流的成败。建设项目信息种类多、数量大，来自于决策、设计和建设等各个阶段以及业主、第三方物流供应商、总包商、分包商、设计方等各个参与者，现场准备需要各个参与者根据信息集中决策。

（2）现场布置

从运作方面来看，影响现场物流管理效率的重要内容之一是现场布置的生产计划，而施工过程中存在的很多不确定性使准确制订计划的难度增加。为此采用三个层级的物料需求计划方法，即供应计划、需求计划和日耗物料交付计划，能够有效把握建设物流的计划过程，减少施工过程中存在的不确定性因素。从规划方面来看，现场布置的规划由业主、承包商和设计方共同协商制订，包括：确定各个承包商工作区域的位置和范围，并将工作区域划分为固定区域和临时区域；确定现场交通路线；仓库料场应尽可能靠近使用地点及施工垂直运输机械能起吊的位置，以避免二次搬运，应尽可能设置在交通便利、装卸方便的地方，但不能选在影响工程施工的位置。为减少内部运输，现场物资的布置应尽量靠近工作区域，雇用熟悉现场布置的驾驶员完成装货和交付，选择最优卸货顺序等。

（3）物料布置

根据施工的现实情况，物料进厂的先后顺序、物料及施工机械在施工现场内的安排同施工现场各工种之间的工作安排、工序顺序等有密切的联系，稍有差错就会引发窝工、返工、耽误工期等不良事件。因此，物料布置不仅局限于识别必要的空间和制定布置图，还要详细说明施工顺序和冲突、施工方法和所需时间，必要时需进行修改。

3. 废弃物回收利用物流管理

废弃物回收利用物流相较供应链物流和现场物流，可称其为建设逆向物流。建筑材料在它的整个生命周期内的各个阶段，都将给生态环境带来或多或少的污染和破坏，建筑材料不适当的流通是造成这种污染的关键原因。例如，施工作业中产生的工程弃土、废渣及废旧建筑物拆迁后所产生的固体垃圾等建筑废弃物未经管理而流出，势必会对环境保护产生不利的影响。

循环经济理论衍生于“4R”管理（Reduce、Reuse、Recycle、Recover），其内核是循环物流，循环物流的主要构成部分就是逆向物流，该理论也充分涵盖了建筑废弃物逆向物流的所有环节。如设计阶段就要尽可能地采用环保、可回收再利用的建筑材料；施工作业阶段为了能够提高资源的利用效率，可以反复利用模板和脚手架等临时设备。而因施工作业产生的大量固体垃圾，施工方可以直接通过逆向物流对废弃物进行处理，也可以通过二次加工制造将废弃物“变废为宝”。

然而，设计企业、建筑企业和施工企业等利益相关者对循环经济的理念依然知之甚微，没能达到充分合理的合作配合，导致我国建筑废弃物资源化利用率长期不足5%。为了能够有效推进相关企业对循环经济的实践，需要从实施建筑废弃物逆向物流着手，循环和重复利用建筑材料，从而给社会带来可观的经济效益，给生态环境带来巨大的环境效益。从另一个角度看，逆向物流不仅包含建筑废弃物回收，也将建筑废弃物收集分拣、运输、资源化处理及配送至建材市场等工作融入其中。这个过程需要施工、运输、监理、科研院所等各个利益相关者参与其中，如图8-1所示，从而实现建筑逆向物流从“资源-产品-垃圾”的生产模式转变为“资源-产品-再生资源-再生产品”的循环经济模式，达到资源利用最大化，保证建筑业持续发展。

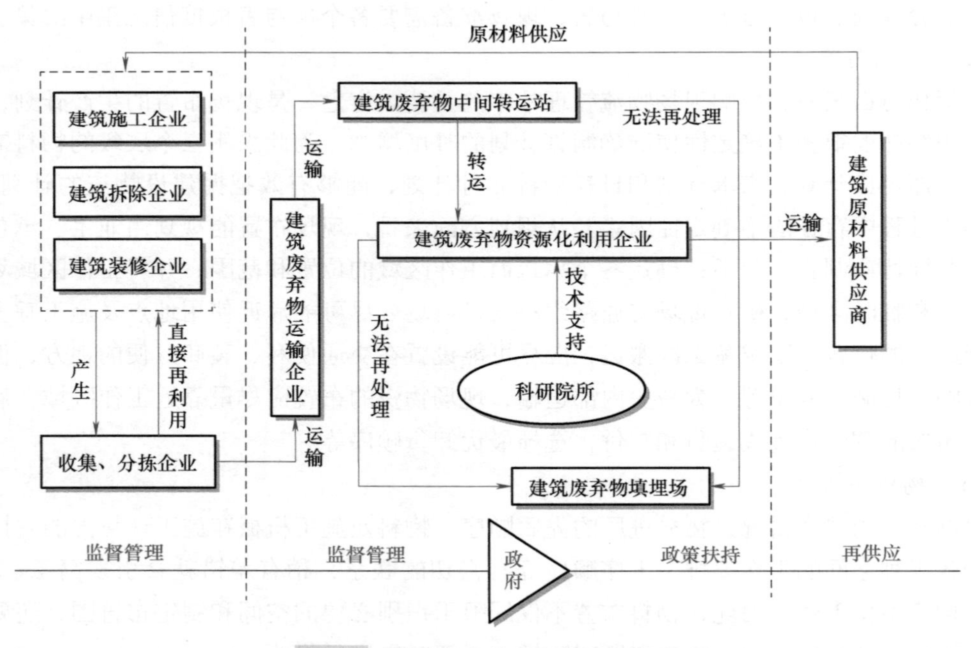

图8-1　废弃物回收利用物流流程图

8.1.2　建设物流管理发展概述

1. 国内外建设物流发展现状

(1) 国外发展现状

美国和日本是建设物流发展的领头羊，欧洲的建设物流虽然起步较晚，但是在政府和企业的重视下发展较快。美国的经济模式把信息通信领域里的高新技术有机地融入社会生产中，所以能率先实现物流的高度信息化和集成化。美国企业的利润和投资收益能够持续增加的原因是美国的生产流通率极高，诱发了新的投资，即物流业投资，这种投资提高了劳动生产率，形成一种良性循环。融合了信息技术和交通运输的建设物流对世界经济有着积极深远的影响。

建设物流在云的推动下从传统建设物流转型为现代建设物流，这种趋势势不可挡。在国际上，网络规划和优化、自动化、智能化等关键技术的进步明显推动了建设物流业发展和创新，大大降低了物流成本。各大物流商激烈竞争导致建设物流发展分成四个主要方向：建设物流运作管理信息化，建设物流运作流程智能化，建设物流技术装备自动化和多种技术集成化。

（2）国内发展现状

我国建设物流快速发展，物流企业信息化加快推动企业竞争力的提升。但是我国建设物流业的总体发展水平不高，处于起步阶段，总体规模较小。信息化水平的不足已成为我国现代建设物流进一步发展的最大制约因素。我国建设物流服务模式以自营为主，第三方物流模式比重小，规模不能令人满意，有现代完整物流解决方案的企业几乎没有，第三方专业物流服务模式的缺失极大地制约着我国物流业的发展。

由于物流管理体制的不完善，我国建设物流行业存在着相关立法的缺失、标准化程度低、适用范围有限和实施力度不够等问题。我国的物流服务体系落后，建设物流的发展平台大大落后于建设物流发展形势的要求。如果能够推进配套的法律法规完善，物流业就能大大降低建设与开发成本，并能减少企业信息化的风险。

2. 建设物流发展的意义

建设物流将供货商、承包商、分包商、业主紧密连接。从工厂到转运站最终到项目现场，这个过程实现了物流物资的异地转移及货权的交接。大中型工程项目由于建设规模和投资额度大，质量要求高，大大增加了工程实施难度，并且大中型项目所需物资量大、种类多，加之项目所在地物资的有限性供给使得这些物资的可得性非常低，大部分设备物资依靠从异地或异国进口。因此，能否按时按需、保质保量、又经济合理地供应项目所需主要物资，直接关系到项目的质量、建设工期和工程造价。因此，建设物流是工程承包项目能够顺利开展的基础和保障，它的重要性主要体现在以下三个方面：

（1）建设物流管理对项目工期的影响

在实际工程项目中，若要保证施工能按照进度计划进行，关键在于保证设备物资能按时进场，这也是决定项目成败的关键因素；反之，如果设备物资没有按时到场，则会造成项目现场严重窝工和项目延期。通过优化建设物流管理，可以极大程度地增强工程建设项目衔接工作的作业效率，在项目开展过程中，使工作衔接更为紧密，从而有效缩短项目工期。

（2）建设物流管理对成本控制的影响

在建设物流过程中，若中间环节衔接失误导致仓库压货，或者因某些手续问题导致货物在仓库滞留会引起高额的费用。对比过去粗放式的物流管理模式，精细化的建设物流管理将更有效地控制物流成本，可形成非常可观的经济效益收入。

(3) 物流管理对企业资金运转的影响

科学的建设物流全过程管理，尤其是合理的库存管理，能够提高企业的资金运作效率。不合理的物资储备结构会导致高额的库存管理的成本，使存货周转速度降低，导致存货积压并占用大量流动资金。而零库存是众多企业所追求的目标，因为零库存能够使企业的经营活动更加灵活。也就是说，将常备库存占用的资金降低，转而经营运作其他项目，有利于企业注入更新鲜的活力，走向更深层次的发展。

8.1.3 建设物流分类及其特征

1. 建设物流的分类

建设物流类型可以按照不同的角度进行划分。

(1) 宏观建设物流与微观建设物流

宏观的建设物流是指工程建设领域内总体的物流活动，是从社会生产的角度来认识和研究物流活动。宏观的物流主要研究某区域内工程建设过程物流活动的运行规律以及物流活动的总体行为。

微观的建设物流是指建设单位、总承包商、分包商以及物资供应商所从事或参与的实际的、具体的物流活动。在整个物流活动过程中，微观物流仅涉及系统中的一个局部、一个环节或者一个建设项目。

(2) 社会建设物流与企业建设物流

社会建设物流是指超越单个工程建设项目及其供应商的以整个社会的建设领域为范畴，以面向社会工程建设生产为目的的物流。由于其较高的社会属性，往往由大型的物资供应商或者供应联盟为建设生产提供物流服务。

企业建设物流是从企业的角度上研究与之有关的物流活动，是具体的、微观的建设物流活动的典型领域，主要由物资供应商、运输企业、仓储服务提供商、总承包商等建设物流相关企业组成的物流生态圈。

(3) 国际建设物流与区域建设物流

国际建设物流是指工程建设在国外进行的情况下，为克服国际工程建设物资需求与供应之间的空间距离和时间距离，对建设物资所进行的物理性移动的一项国际物流活动。国际建设物流是不同国家之间的物流，这种物流是国际工程项目的一个必然的组成部分，国际工程中的部分物资最终通过国际间的物流来实现。国际建设物流是现代物流系统中的重要领域，近年来随着我国国际工程项目的增多，国际建设物流得到了极大的发展，是一种新的物流形态。

区域建设物流是指一个国家范围之内一定区域内的工程建设物流系统，区域物流的参与主体是由工程建设项目周边的物资供应商、运输企业等构成的，如一个城市的工程建设物流，一个经济区域的建设物流都属于区域建设物流。

(4) 一般建设物流和专业建设物流

一般建设物流是指物流活动的共同点和一般性，建设物流活动的一个重要特点是涉及全社会的广泛性，建设物流系统的建立及物流活动的开展必须具有普遍的适用性。

专业建设物流是指在遵循一般物流规律的基础上，带有制约因素或者专业特点的特殊应用领域、管理方式、特殊劳动对象以及特殊机械装备特点的建设物流。如按照物资的特殊性划分有混凝土物流、钢筋物流、危险品物流等；按照数量及形体不同划分有多品种、少批量、多批次的物资物流，超长、超大、超重的产品物流等。

2. 建设物流的特征

建设物流是物流中有代表性的、较常见的一种物流形式。与其他物流形态相比，建设物流一般需要大量采购和运输，情况多变，技术复杂，不确定性因素较多，建设项目物流的主体金额大、质量要求高。同时，由于它的系统性，使得每一个环节对整个项目的进程都会产生影响。

建设物流主要有如下基本特征：

（1）建设项目独特性

从整体而言，世界上没有两个完全相同的建设项目，建设项目在实践上很少有重复性，每个建设项目都有其独特性，建设项目的独特性可以表现在每次建设项目的目标、环境、条件、组织和过程等方面。由于建设项目自身的独特性，其建设物流方案的制定也应是独一无二的，需要的建设物流服务也是独特的，每次装卸工具的选择、运输的线路、方式和工具的选择都要通过详细的勘测和严密的计算才能确定。

（2）建设过程风险性

建设项目有时涉及大量的大型设备和设施，它们的运输和装卸具有很大的难度和风险，这些设备和设施对整个工程的构成一般起着决定性的作用，大型工程建设受诸多因素的影响，具有其风险性。建设物流是工程建设的一部分，受工程内外部各种因素的影响，例如需要国际采购的关键工程设备会受市场、谈判、采购、供应、到场时间等因素的影响，不确定性较多，对计划影响较大。再如大型工程建设会受恶劣气候、政治事件、通货膨胀、各行政当局的审批受限、未知的地基条件、新结构或新技术的成效率、材料设备供应脱节、设计变更、汇率变化、各参与方的组织协调困难、资金供应不及时等因素的影响，因而建设过程存在很大的风险性。

（3）建设项目时效性

实施的时效性是建设物流最主要的特征，同时也是建设物流与其他物流的最大区别。建设项目有着严格的工期限定，建设物流的时效性即保证在规定的时间交付物资以保证工程建设的工期计划不会因此延误。工程项目建设是典型的面向订单生产的过程，按照合同规定，在一定投资限额下、规定工期内一次性完成项目的功能目标和质量目标，因此所需资源、时间以及项目功能和质量目标都具有明确的约束。

（4）物流管理过程复杂性

建设物流管理的复杂性由供应商的分散性和建设过程的并行性决定。与物流有关的设计、加工等分别处于不同的企业和现场，物流供应商的原材料、外部构件的供应运输网络也分布在各地，但工程建设项目及各分项工程从设计到施工的各个环节是同时进行的，这些都要求物流系统严格按计划协同统筹调度。如何管理和控制工程建设物流中各个过程，是建设物流管理中亟待解决的问题。

另一方面，工程建设项目所需材料种类繁多，性质各异。不同材料包括钢材、水泥、砂石等，具有体积大、占地广等特点，需要大型物流设施、设备完成装卸搬运，并需要较大的空间存储。有的材料必须不间断地供应以便施工的正常运行。有些材料需要特殊的包装、运输、保管和仓储方式。这些因素大大提高了工程建设项目物流仓储、包装、运输等环节的技术要求，增加了物流难度和复杂性，对工程建设项目物流提出了更高的要求。

8.2 建设物流管理体系构建

8.2.1 建设物流管理体系结构

建设物流管理是多利益主体共同参与的系统工程，具有复杂性与系统性。建设物流管理各利益主体协同演化过程充斥着信息流与物料流的交互与碰撞，产生了建设物流活动中每一次的突变与涌现现象。为了更好地阐述建设物流活动演化规律，剖析建筑物流管理体系，以全生命周期视角考虑建设物流水平活动流程，本节将建设物流细分为三部分：建材供应物流、现场物流与回收、废弃物流（图 8-2）进行介绍。

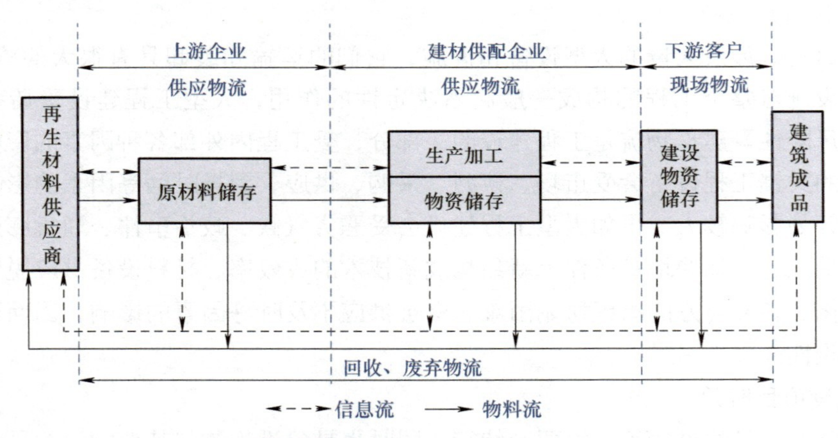

图 8-2　建设物流系统水平结构

1. 建材供配企业

建材供配企业是整个建设物流体系运作的核心，起着承上启下的作用。其主要任务是材料以及部品构件的仓储、运输和销售，并按照承包商的需求对部品构件进行协调和搭配组装。在工程供应链环境下，原材料被运送至建材供配企业进行生产，按照承包商的采购方案加工成部品构件成品以供建筑施工使用，如图 8-3 所示。这个过程需要销售分销商、批发商、零售商、代理商、专门从事仓储和运输的企业、流通加工企业以及给企业和个人提供信息、咨询的中介或网络公司等共同协作完成。其中专门从事仓储和运输的企业、流通加工企业等是为了满足服务部品构件流通供配体系的要求而产生的。而建设物流中存在的销售分销商、批发商等是在原来的供应链体系的基础中剥离出来，为满足建设物流供配体系完整性与系统性而存在的。由于建设物流过程中情况多变，技术复杂，其不确定性因素较多会阻碍各企业之间信息流传导，导致部品构件流通拥堵，建材供配企业库存增加，部品搭配因不满足承包商需求造成部品返工，间接导致建筑废弃物产生。因此只有信息实时、准确地传递给各个利益相关者，才能保证建设物流体系及时做出反应与完成系统内部物质循环、能量流动、资金流动、信息传递、知识交流和技术扩散等交换活动。

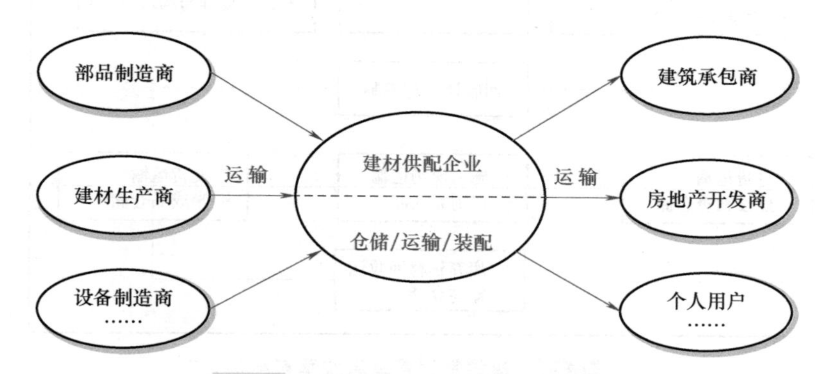

图 8-3　建材供配企业体系构成示意图

2. 上游企业

上游企业主要是部品构件和原材料的供应商，其主要负责建筑原材料的加工与制造。根据建设物流的物料需求，上游企业还包括建设设备供应商、部品供应商等；根据建筑业工业化发展需求，还包括预制材料供应商、钢材供应商等。上游企业作为服务企业主要是满足下游客户对部品构件多样化的需求。同时，随着上游企业种群基数不断扩大与企业注重精益化生产的影响，上游企业会更加专业化、规范化与特定化，生产模式也会由从一家建材企业包揽所有部品的生产转变为根据承包商要求集中生产几种定制化的部品构件，从而提升自身建材的质量，打造企业的品牌效应。

3. 下游客户

下游客户主要是部品构件的使用者与消费者。下游客户包括两类：一类是企业用户，如建筑施工企业、专业的住宅建造承包商、装饰公司、专业化的分包企业等，他们主要是按照业主的要求，结合施工图，在施工现场对部品构件进行仓储、运输与装配；另一类是个人用户，他们购买的部品主要用于建筑内装，个人用户根据个人喜好，挑选合适的内装部品，之后请装饰装修公司进行再加工。

8.2.2　建设物流体系管理运作方式

将建设物流体系的运作看作一个工程项目并对其进行垂直工作结构分解（WBS），可将其分为人员配备、设施设备协同、物流采购方案设计、信息采集、建材配送、建材仓储、建筑废弃物资源化处理。而其中采购是否能够顺利进行，是否能够按时完成，物资质量的优劣都直接影响到工程的进行，因此需要构建合理的层次结构协调配合实现建设物流运作，如图 8-4 所示。

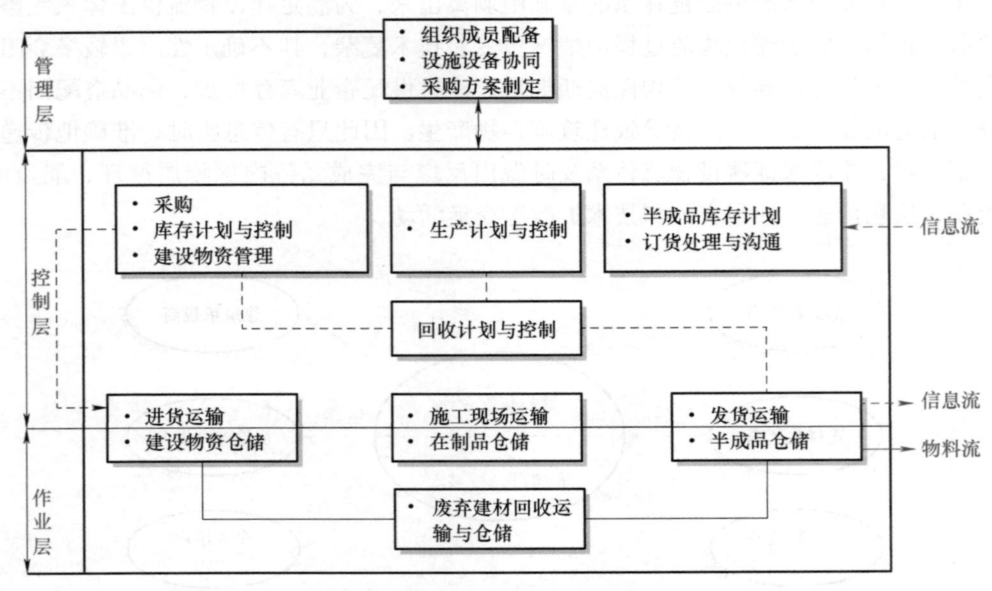

图 8-4 建筑物流管理系统垂直结构

（1）管理层

其任务是对整个物流系统进行统一的计划、实施和控制，其主要内容为组织成员配备与设施设备协同，采购方案制定、物流系统战略规划，系统控制和绩效评定，以形成有效的反馈约束和激励机制。

（2）控制层

其任务是控制建设物资的流动过程，主要包括订货处理与沟通、库存计划与控制、生产计划与控制、建设物资管理、采购等。

（3）作业层

其任务是完成物料的时间转移和空间转移。主要包括进货运输、建设现场的装卸搬运、保管、流通加工等。

由此可见，建设物流活动渗透到了工程建设项目的全部建设活动和管理活动中，建设物流相关环节的合理规划是实现建设物流系统运作的关键。

1. 组织成员配备与设施设备协同

组织成员配备与设施设备协同是建设物流的起点，为物流采购做准备工作。组织成员配备是以由采购方（总承包商）为核心，以若干供应商为成员组成的组织联盟。各采购中心成员通过建设物流获得的收益越大，对组织成员内部关系的稳固越有利。设施设备协同是指工程建设项目前期建设所需投入物间的协同，如机械、设备、仪器、仪表、办公设备、建筑材料等及与之相关的服务（如运输、保险、安装、调试、培训和维修等）的协同。采供双方合作所产生的收益受双方合作关系、合作持续周期与合作频率影响。根据合作情况，建设物流采购中心成员的供应商按其与承包商的关系可以分为非经常性供应商、经常性供应商、核心供应商，如图 8-5 所示。

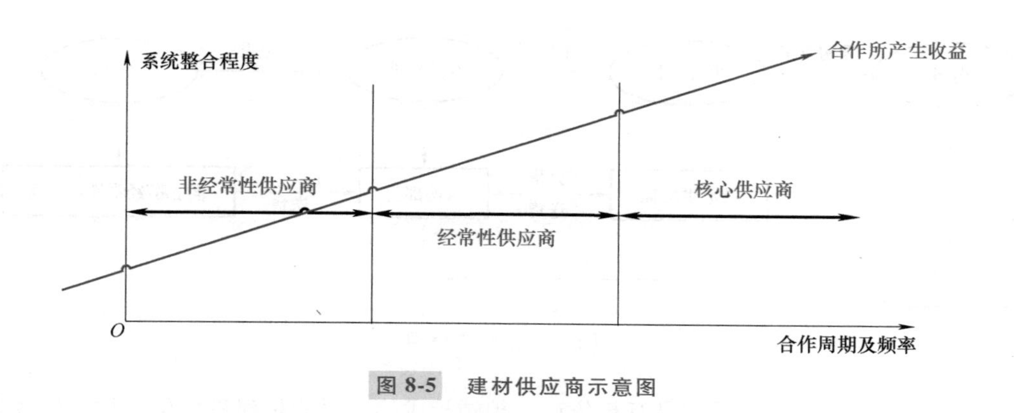

图 8-5　建材供应商示意图

（1）核心供应商

通过长时间的合作与采购方之间建立起长期的关系。采购方是项目建设的重要参与方之一，参与工程项目产品设计与建造过程。在实际活动中，核心伙伴往往是为工程建设项目提供大型设备的供应商，通常这些设备是定制化采购，价格昂贵、技术复杂，供应周期长。

（2）经常性供应商

是指与承包商不定期地完成建设物流供应任务的成员。他们与承包商间彼此信任度高，合作默契，不易被取代。从资源交换的角度来说，经常性供应商侧重为供应商提供物质资源的交换，而信息资源交互方面则少于核心供应商。

（3）非经常性供应商

指偶尔与承包商建立采购关系的供应商。他们所提供的资源通常不具有特殊性，因而容易被其他供应商所取代。

2. 物流采购方案设计与信息采购

在建筑工程项目施工准备阶段，应预先制定好合理的采购方案，将每个施工计划阶段需要的建材数量、价格等信息列表分析，明确采购，将工程项目的建材按照主次分类，分类采购和管理，对比分析主要材料的功能和成本，确定采购目标。由企业下各项目在月末（季末或年末），根据施工图、月度（季度或年度）施工进度计划、施工方案，在参考施工预算后编制需要采购材料的申请计划，然后由企业采购部门汇总成企业的材料计划采购表，由采购部门相关人员负责报经主管领导审批，审批完后再组织具体采购交易，通过列表对比、计划分析、材料使用情况等，选择最优采购方式，并制定合理的运输、库存管理方案，减少运输、存储等环节的材料耗费，实现材料最高价值，降低成本开支，如图 8-6 所示。

采购顾名思义，就是购买的过程，是建设单位、承包商等经济组织为了维持正常的生产、经营和服务而向外界购买原材料或相关服务的过程，也是采供双方信息交互的过程。采购主要的目标是以尽可能低的成本获取这些产品和服务；确保供应商按要求供货，提供其他相关服务；巩固与供应商之间良好的供需关系，寻找替补供应商。

采购引起物料向建设项目内流动，故而也称为内向物流，它是工程建设项目与供应商联系的重要环节，所以，往往也被称为采购与供应管理。供应是指供应商或卖方向买方提供产

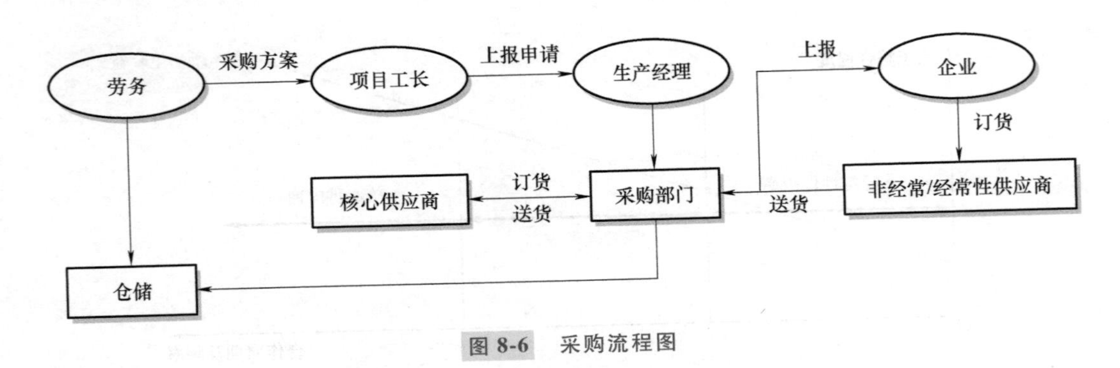

图 8-6　采购流程图

品和服务的全过程，供应与采购是互相依存、相辅相成的。采购是建设单位、承包商或者建设项目的其他组织获得相关需求物资的途径，而供应是对这种需求的满足。只有需求的存在，供应才有意义；没有供应，采购需求也就无法得到满足。

3. 建材配送与仓储

配送是建设物流的核心业务之一，是实现物资从生产向需求方的移动，并创造空间价值的过程。建设项目的物资运输工具包括车、船、飞机等，相应的运输方式有铁路、公路、航空等。选择何种运输手段对物流效率具有十分重要的影响，在决定运输手段时，必须权衡运输系统要求的运输服务和运输成本，可以用运输机具的服务特性作为判断的基准，包括运输费用、运输时间、运输频度、运输能力、货物的安全性、时间的准确性、适用性、伸缩性、网络性和信息等。

仓储是建设物流体系中的一个节点，起着缓冲和调节的作用，其主要的载体是建设项目或者企业仓库。在建设物流系统中，仓储功能包括了对进入物流系统的货物进行的堆存、管理、保管、保养、维护等一系列活动。仓储的作用主要表现在两个方面：一是完好地保证建设物资的使用价值和价值；二是为将物资配送给建设项目，在物流中心进行必要的加工活动而进行的保存。

随着工程项目规模的扩大，建设物资由少品种、大批量物流进入多品种、小批量或多批次、小批量的建设物流管理模式，仓储的功能也从重视保管效率逐渐变为重视发货和配送效率。

根据仓储的使用目的，工程建设项目的仓库形式可分为：

1）配送中心（流通中心）型仓库：具有发货、配送和流通加工的功能。

2）储存中心性仓库：以储存为主的仓库。

3）物资中心型仓库：具有存储，发货，配送，物资管理，流通加工功能的仓库。

建设物流系统的现代化仓储的功能，是为工程建设项目的各方主体提供稳定的建设物资和材料供给，将施工企业独资承担的安全储备逐步转为社会承担的公共储备，减少企业的经营风险，降低物流成本，促使工程建设的相关单位逐步形成零库存的生产物资管理模式。

4. 废弃物回收利用

实际工程项目中往往会出现剩余物料与施工过程中产生的边角料（统称为建筑废弃

物）。建筑废弃物由于其自身的复杂性、不确定性以及环境破坏性等特点，其逆向物流管理也具有相应的特殊性，必须实行回收利用管理，将建筑废物的产生、排放、收集、运输、综合利用以及处理等每个环节都纳入管理的范围，体现如下：

（1）排放管理

建筑废弃物排放企业必须提前向其所在地的城市环境卫生管理部门申报；建筑废物运输单位应向城市公安交警部门申请核定建筑废弃物的运输路线；建筑物、构筑物的拆除，需按照建筑废弃物减排技术规范进行。

（2）运输管理

建筑废物运输单位及车辆需在交通部门进行管理档案备案，运输车辆以及人员需符合相关技术资格标准（如运输车辆密封性、运输车辆使用时间、运输车辆运输距离等）。

（3）受纳管理

建筑废弃物受纳场所需提供受纳许可证，不可收纳超过自身收纳上限的建筑废弃物量。

（4）监督检查管理

建设部门应当会同交通、公安交警、城管、环境保护等部门建立建筑废弃物处置管理综合信息平台及相关管理制度；各部门应当明确违法倾倒、污染场所的产权单位或者管理单位的行为管理并依法追偿。此外，建筑废弃物所涉及的经济部门、领域、环节以及社会方面比较多，同时还具有污染性、长期性、综合性等特点，如果不及时对城市废弃物进行处理，就有可能造成爆发性的危害，要想迁移和转化有害成分，就必须施行长期系统化管理。

8.2.3　建设物流体系管理优化

施工现场的建设物资的供应通常有着各种各样的问题，对其生产力有巨大的影响。从物流管理观点来审视建设过程，可以改善建筑业生产力，合理的建设物流管理能够确保建设生产过程中材料流动的总体战略目标的实现。通过优化从供应商到施工现场以及施工现场内部的物资流动，来改善建设生产现场的组织和整体建设过程，其中主要手段为过程控制与库存控制。

1. 过程控制

建设物流运作中的每一个环节都需要进行有针对性的规划，并且要与整体物流规划过程中的其他组成部分相互平衡。过程控制是为了将不确定或不可预测的因素限制在可控制的范围内，对于一些可预测的物流活动或过程结果，可以用项目管理方法来制订具体的计划，如甘特图、双代号网络图等；反之，如果过程结果不可预测，则需要使用过程控制方法理清活动外部的条件变化、活动内部的先后顺序，以及识别过程之间的相互作用，持续改进过程中存在的阻点，建立以过程为基础的质量管理体系，以便承包商、供应商、采购商等利益相关者对建设物流的全过程进行合理控制与管理。

（1）分析建设物流过程

SPC（Statistical Process Control）即统计过程控制，是指应用统计学方法监控与控制过程中的各个阶段，及时预警，保证全过程的流畅性、稳定性与时效性，从而保证信息流、物料流与资金流在建设物流中畅通无阻，极大程度地确保了产品与物流服务质量。以采购过程为例，其包括的物流过程有物料需求分析、供应商信息收集、询价、谈判、合同签订、货物配送、质量检测、支付货款、售后服务等。以上环节都需要进行精准明确地划分，以保证确定各个环节的相互关系和实现相应的目标。

（2）识别不确定变量

建设物流过程处于开放的环境之中，受到各种环境因素的影响，消极的影响因素将导致过程结果出现延时、滞后等现象。若要有效控制建设物流过程进度，保证各项工作如期开展，首先需要识别出不确定的变量。而不确定变量主要来源于5M1E（人员、机器、材料、方法、测量方法、环境）。为了理清不确定变量，将不确定变量分为普通因子与特殊因子：普通因子是指随着时间的推移，具有稳定性、重复性与可预测性的因子，若一个过程中只存在普通因子，那么该过程处于"统计控制状态"或"受控状态"，普通因子表现为一个稳定过程中的偶然因素，普通因子存在且不改变，整个过程则是可以预测和控制的；特殊因子是指具有特殊性、不可重复性与不可预测性的因子，它们的出现将使整个过程结果具有不确定性。若要保持一个过程的稳定性，就需要识别该过程中的特殊因子，并进行有效的控制，分析原因，采取措施，消除特殊因子，使过程处于所期望的受控状态。

（3）建立控制标准与采取相应措施

当建设物流各个过程都已经分析完毕，并确定了各个环节中的不确定因素后，就需要建立变量的控制标准，将不确定的变量数据化与可视化，并绘制不确定因素控制图（图8-7）对建设物流过程各个工序进行有效的控制。同时，结合层次分析法（Analytic Hierarchy Process）、熵权法（Entropy Weight Method）、云模型（Cloud Model）等方法将企业收集的信息和专家积累的经验数据化，定量与定性分析相结合以构建出科学合理的控制标准。在各环节关键变量的控制图确定后，企业就应严格地应用控制图对过程进行监控。若发现异常问题，应立即进行分析，找出问题所在，尽快消除异常因素，保持过程稳定且高效。

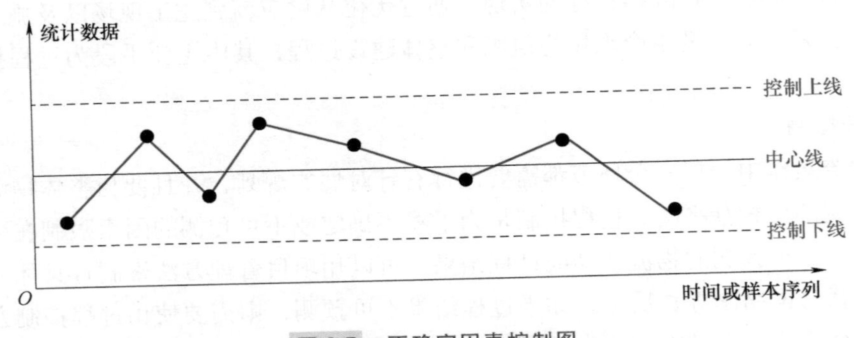

图8-7 不确定因素控制图

2. 库存控制

（1）多周期单级库存控制法

多周期库存的一大特点就是需求是重复的、连续的，为了满足需求量，必须定期补充库存中某些持续性需求物品。而与单周期需求比较后发现，多周期需求问题更为普遍。在多周期连续补货库存控制模型中，按照库存的作用及目的可以把库存结构划分为以下三个主要部分：

1）经济订购批量（EOQ）。是从建筑施工项目本身节约费用开支的角度来确定物资经常储备的一种方法。与物资有关的费用主要包括订购费用和保管费用两大类。从节约保管费用来说，应该增加采购次数，从而减少每次采购数量；从节约订购费用来说，应减少采购次数，增加每次采购量。这表明，采购与持有成本是相互制约的，如图 8-8 所示，两者的成本曲线有交点，在此交点处总成本曲线达到最低点，它所对应的订购量就是经济订购批量。

经济订购批量法是在保证生产正常进行的前提下，以库存的总费用最低为目标，确定订货批量的方法。常见的几种经济订购批量模型有不允许缺货的经济批量模型、一次订购分批进货的经济批量模型、允许缺货的经济批量模型等。

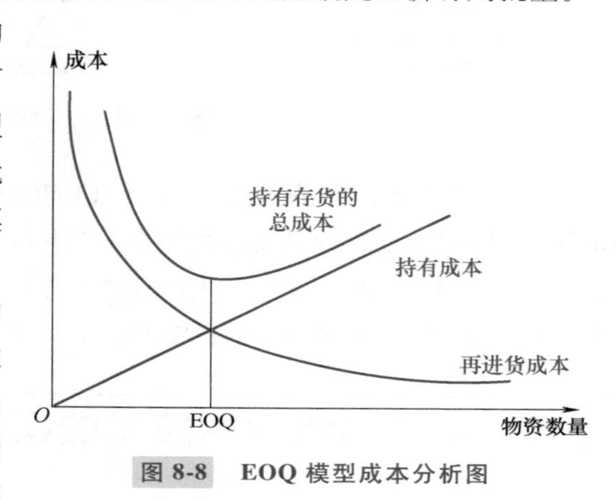

图 8-8　EOQ 模型成本分析图

2）再订货点（ROP）。再订货点表示的是一个最低量，即补货订单发出前能够允许库存降到最低量的时间点。预测补货提前期内的需求量是必做的工作，这样可以一定程度上弥补由于发出订单和得到货物之间的时间间隔（补货提前期）问题。

3）安全库存（SS）。安全库存能够有效应对在需求和订货点发生短期的随机变动。当建立了安全库存，就能够保证库存量，有效防止出现缺货和造成服务质量下降的问题，减缓不良事故的恶化，继而降低成本。

（2）供应链管理中多级库存控制策略

传统库存管理模式与供应链管理环境下库存管理间存在明显差异性，某些新问题已经无法通过传统的管理模式解决，要适应供应链管理下新要求。多级库存控制可以实现供应链各企业参与其中，打破物流信息滞后，信息不对称等桎梏，其中包括供应商管理库存、联合管理库存、协同计划、预测及连续补货等。

1）供应商管理库存（Vendor Management Inventory，VMI）。供应商管理库存中库存控制权在供应商手中，但交付货物方式由采购方决定。设立库存需要得到用户的允许，库存的水平和补给策略需供应商和采购商协商确定，可见这种方法的基础即是双方密切合作形成的交付货物方式。供应商管理库存如果经过精心设计开发，就能够有效降低供应链的成本，这就是供应商管理库存的优势所在。从用户的角度来说，用户可以获得高水平的服务，使用户充分了解需求变化，对供应商更加信任，同时也能改善采购商的资金流。

2）联合管理库存（Joint Management Inventory，JMI）。联合管理库存是一种新型的企业合作关系，聚集了大量战略供应商，能有效提高供应链上各部分同步化程度，当供应商和采购商双方互相开放，做到资源共享的时候，就能够在一定程度上缓解需求危机。如果供应链系统中各个不同企业相互独立库存运作，这种模式会导致需求放大，这种方法对此就显示出优势性。在联合管理库存中，仓库属于供应商的负责范畴，但仓库需要建在采购商的项目场地处，而且预测需求和确定补充存货的合适水平也是供应商需要慎重考虑的，如图 8-9 所示。

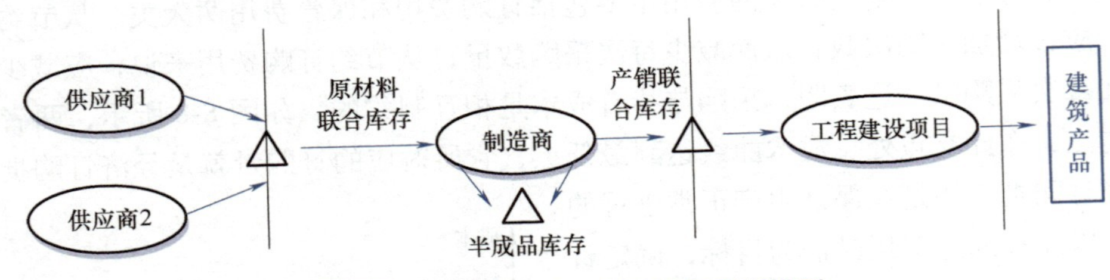

图 8-9 基于协同中心库存管理系统模型

3）协同计划、预测及连续补货（Collaborative Planning Forecasting and Replenishment，CPFR）。协同计划、预测及连续补货是在共同预测和补货的基础上，为提高合作化的程度，进一步制订的库存共同计划。生产计划、库存计划、配送计划、销售规划等企业内部事务的计划工作要求供应链各企业共同参与。

8.3 基于网络信息技术的建设物流管理

8.3.1 建设物流信息化技术概述

建设物流信息化技术是一种以互联网为核心，借助 BIM 技术、RFID 无线射频识别技术、GIS 地理信息系统、现代化通信技术，实现互联网上信息共享和交互的技术。实现建设物流信息化技术，有利于实现建设物流配送体系的智能化。

建设物流信息化技术的出现极大地推动了社会生产力和物流配送服务水平的提高，建设物流信息化技术可以实现建设物流配送体系的可视化管理，提高配送体系的效率，降低配送中心的作业成本。特别是，配送中心的车辆调度问题对配送服务水平产生直接影响，是配送的核心环节，建设物流信息化技术可以实现对配送车辆的优化调度，提高配送服务水平。

建设物流信息化技术主要应用于物联网上，在建设物流的配送体系中可以应用于物流追踪，具体支撑技术见下文。

8.3.2 建设物流信息化技术应用

1. 建筑信息模型（Building Information Model，BIM）

美国国家 BIM 标准是这样定义建筑信息模型的："BIM 是一个建设项目物理和功能特性的数字化表达，也是一个共享的知识资源，是一个分享有关这个设施的信息，为该设施从概念到拆除的全生命周期中的所有决策提供可靠依据的过程；在项目不同阶段，不同利益相关方通过在 BIM 中插入、提取、更新和修改信息，以支持和反映其各自职责的协同作业。"BIM 将建设物资数字化、模块化，通过 BIM 技术能够极大地解决建设物流中的难题即信息沟通不及时，基于开放标准的信息互用，建设工程项目中各方能以合同语言定义信息互用的需求，BIM 包含的信息具有协调性、一致性和可计算性，是可以由计算机自动处理的结构化信息，共享的数字化表达会使得建设物流的工作沟通效率大幅增加。

2. 无线射频技术（Radio Frequency Identification，RFID）

无线射频技术是一种非接触式的自动识别技术，其基本原理是电磁理论，利用无线电波对记录媒体进行读写。它通过射频信号识别目标对象并获取相关数据，识别工作无须人工干预，可工作于各种恶劣环境，RFID 技术可识别高速运动物体并可同时识别多个标签，操作快捷方便。射频标签根据商家种类的不同能存储从 512 字节到 4 兆不等的数据。标签中存储的数据是由系统的应用和相应的标准决定的。例如，标签能够提供产品生产、运输、存储情况，也可以辨别机器、动物和个体的身份。这些类似于条形码中存储的信息标签还可以连接到数据库，存储产品库存编号，包含当前位置、状态、售价、批号等信息。相应地，射频标签在读取数据时不用参照数据库可以直接确定代码的含义。射频标签的作用是使电子产品代码统一标准化，使得产品在不同领域都能被方便辨识。

3. 地理信息系统（Geographic Information System，GIS）

GIS 技术即地理信息系统，是地理学、计算机科学、测绘遥感学、城市科学、环境科学、信息科学、空间科学、管理科学和信息科学融为一体的新兴学科，实现了各种信息的数字化处理，为系统地进行预测、监测、规划管理和决策提供科学依据。GIS 在物流领域的应用便于合理调配和使用各种资源，提高经济效益。

GIS 最明显的作用就是能够把数据以地图的方式表现出来，把空间要素和相应的属性信息组合起来就可以制作出各种类型的信息地图。专题地图的制作从原理上讲并没有超出传统的关系数据库的功能范围，但把空间要素和属性信息联系起来后，其应用功能大大增强，应用范围也扩展了。GIS 在物流领域中的应用主要是利用 GIS 强大的地理数据功能来完善物流分析技术，提高物流业的效率。目前，已开发出了专门的物流分析软件用于物流分析。完整的 GIS 物流分析软件集合了车辆路线模型、最短路径模型、网络物流模型、分配集合模型和设施定位模型。

4. 全球定位系统（Global Positioning System，GPS）

GPS 技术由三大子系统构成：空间卫星系统、地面监控系统、信号接收系统。空间卫星系统由均匀分布在 6 个平面上的 24 颗高轨道工作卫星构成，可在地球的任意地点、任一时间向使用者提供 4 颗以上可视卫星。地面监控系统由 5 个监测站构成的。其作用是对空间卫星系统进行监测、控制，并向每颗卫星注入更新的导航电文。信号接收系统是由 GPS 卫星接收器和 GPS 数据处理软件所构成的。

GPS 技术可以提高铁路、公路等物流路网运行的质量和速度。目前，国内已逐步采用 GPS 技术建立高精度控制网，如沪宁、沪杭高速公路的上海段就是利用 GPS 建立了首级控制网，然后用常规方法布设导线加密。实践证明，在几十公里范围内的点位误差只有 2cm 左右，达到了常规方法难以实现的精度。GPS 技术可以实现货物跟踪，实现有效物流配送方式。

8.3.3　建设物流管理云平台构建

建设物流管理系统可促进实现其建设资源循环最大化的目标。信息流是建设物流管理系统重要的支撑要素，建设物流管理系统需借助于集成化信息系统（BIM、RFID、GPS、GIS等）实现，这些信息化技术可使物流中每一个节点能够融入物联网大框架中，使得每一个独立的物流模块能够相互通信，可以提升物流运输的效率，实现一体化的建设物流信息平台的构建。

1. 云平台构建理念

建设物流管理平台的建立，不仅可以引领行业信息化服务的发展潮流，还能够及时准确有效地满足企业对建筑建材等信息的广泛需求，极大地降低中间环节的成本支出和由于信息的不对称性所产生的损失，有利于促进市场公平公开的良性竞争。因此，有必要进行建设物流管理云平台的研发工作。研发建设物流管理平台，并根据相关主体的需求、建材供配信息流与物料流等，将它们以云数据形式植入云平台中，从而实现建设物流数据共享，以便服务于建设物流各利益主体。

建设物流云平台主要以“管+用”结合为理念，构建云建材数据协同模型，努力实现云建材数据利用效益最大化。在此平台中，建材供配企业扮演数据桥梁链接的角色，根据云建材数据来源于企业且服务于企业的原则，为建设施工企业提供建材采购、安装使用等建材数据参考。同时将相关建材管理数据共享给城市建材管理平台、住建部优秀部品库，为行业行政监管部门实施建材使用信息跟踪管理提供依据。

（1）建材管理数据协同的“用”

构建云平台数据集成化中心，在工程项目招标、现场采购、安装使用等建材数据备案中沉淀数据；建立材料设备部品库，为企业提供建材管理数据。企业可以根据这些数据进行建材采购方案比对，也可以根据相关数据进行投标报价参考。

（2）建材管理数据协同的“管”

城市建材使用跟踪管理平台根据云平台共享或传送的建材使用数据，对企业建材进行有效后续监管，实现建材使用跟踪管理预警功能，确保优质建材产品应用于工程建设项目，促进建筑建材市场公开公正公平的良性竞争。

2. 建材编码标准化

云平台的业务核心是建材信息。通过建立建材、设备、部品数据库为云平台提供血液流动，为建设物流各利益相关主体提供建材价格、客户管理、订单管理、库存管理、成交意向等基本服务。而RFID技术能够有效地实现建材信息化，与传统的二维码信息识别技术相比，具有信息储存量大、随时更新、信息不易丢失等特点。

同时，RFID可以快速地进行物品追踪和数据交换，可以识别高速运动物体，同时还能识别多个标签，操作快捷方便。RFID电子标签是建材的“身份证”，为建材全生命周期管理提供了可靠的数据保障。同时，利用BIM技术中族的概念，对材料进行编码及建材描述（建材描述中包含建材名称、规格型号及单价信息），录入建材信息，完成建材身份的“电子化”，为下一步物料管理打下基础。对采购商而言，材料采购商可以通过云平台在第一时间获取供应商的材料价格信息，通过在线比价，综合地域、运输成本、材料价格和优惠政策等各种信息，采购商可以迅速联系供应商，大大减少了采购时间，综合在线价格信息，采购商还可以在非常短的时间内估算出工程预算；对供应商而言，公平自由的市场竞争可以淘汰高价低质量的生产商，而质量好的供应商可以在同行业各种品牌的竞争对手中脱颖而出，争取更多的市场份额。

使用云平台可以进一步优化建材管理，体现“以使用代生产、以诚信包质量、以清出促诚信、严格‘谁使用谁负责’四个原则”；完成保建材源头质量、保建材供应两个任务；构建“互联网+信息化监控系统”的管理理念，不断优化建材管理模式，为建筑企业、供货企业提供更优质的建材信息服务。建材生产企业能够直接与建材用户对接，并联合政府对建材管理进行监控。

3. 采购流程标准化

标准化采购流程主要是通过云平台实现的。当物资采购工作在云平台上进行时，整个的沟通、订单、付款、约定等环节都是通过互联网来实现，这就要求采购工作人员在云平台上与供应商进行交流，包括在云平台上完成订单采购与交易支付，所有的沟通约定合同等都有了书面的文字，各种数据都会被有效地记录下来，形成一个庞大的数据库，为企业管理者随时查阅采购记录，对采购流程复盘。云平台标准化采购流程具体如下：

（1）计划与审核

施工企业须提前将采购方案申请计划提报至公司物资机械管理部门审核，获得授权后方可在云平台进行采购。

（2）云平台采购

建材供应商将产品投放至云平台，施工企业根据采购方案在物资商城平台直接选择所需物资，并与建材供货商或云平台客服人员进行线上价格、付款方式及配送等方面的议定，最终通过下达电子订单确定采购。需要签订采购合同的，由相关企业制订线上合同，并报上级公司审批。云平台采取线上下单，线下交易的规则成交。

（3）结算付款

议定的付款方式为线下支付的，建材购买方按物资、财务规定执行。有需要经过公司财务支付的采购行为，施工企业在下单确认金额后，应及时按照成交金额将货款流转至公司账户，并在验收合格后及时出具收货确认函。

此外，在云平台上会对所有的信息进行监督记录以及管控，这样能对采购人员进行约束，减少随意言论交流，使得整个采购环节更加规范，员工的工作效率大大提升。而相应的对于采购信息流程的公开透明，能够保障企业管理更加规范，采购人员的各项行为也更符合规范操作的标准，从而减少存在的风险，避免以权谋私、滋生腐败，如图 8-10 所示。

4. 运输配送可视化

管控运输过程的节点，平衡物流运输资源，实时调度，实现物流成本控制与运输能力的提升。以物流需求为源头，运输资源为基础，统一物流管控模式，有机融合计划、调度、作业和实绩等模块，平衡物流资源，在充分利用内部运输能力的前提下，实现运输配送可视化。优化物流运输模式，实时跟踪调度作业，实现物流成本的控制水平与运输能力的提升，如图 8-11 所示。在建筑物流管理过程中，利用 BIM 技术、GIS 技术与物联网技术的可视化模型，可以对运输线路和车次进行合理安排。同时，也可以合理设计装卸顺序，进一步优化运输环节。具体内容如下：

工程信息

工程信息

施工许可证号：	[2012]施[丰]建字0001号	施工许可发证日期：	2012-01-13
工程名称：	A6#定向安置住宅楼等5项		

采购备案信息

序号	产品类别	采购次数	采购产品总量	单位采购量	基准值	正误差值(%)	负误差值(%)	基准值范围	检验预警	操作
1	建筑钢材	536	10382.36	0.08	0.08	20	10	0.0700-0.1000		查看
2	预拌混凝土	1211	82670.70	0.67	0.3	20	10	0.2700-0.3600		查看
3	防水卷材	17	63650.00	0.51	0.1	30	10	0.0900-0.1300		查看
4	防水涂料	2	30000.00	0.24	0.01	50	10	0.0100-0.0200		查看
5	保温材料	29	5792.00	0.05	0.02	50	10	0.0200-0.0300		查看

共9条信息 当前第1/2页 每页 5 条　　首页 上一页 下一页 尾页 转到 1 页

采购产品数量：　生产批次：　备案时间：　是否填写报告：全部　查询　导出到Excel

序号	操作	是否填写报告	工程进度	产品名称	品种(牌号)	采购产品数量	生产批次	产品规格	备案时间	材料进场时间	预警信息
1	查看	是	结构1/2~结构封顶	钢筋混凝土用热轧带肋钢筋	HRB400	5.1	11112672	d8	2012-11-13	2012-04-21	
2	查看	是	结构1/2~结构封顶	钢筋混凝土用热轧带肋钢筋	HRB400	5.1	12300915	d8	2012-11-13	2012-04-21	
3	查看	是	结构±0~结构1/2	钢筋混凝土用热轧带肋钢筋	HRB400	20.84	123002963	d10	2012-11-13	2012-03-04	
4	查看	是	结构±0~结构1/2	钢筋混凝土用热轧带肋钢筋	HRB400	12.31	123003426	d10	2012-11-13	2012-03-22	

图 8-10　建材采购备案信息

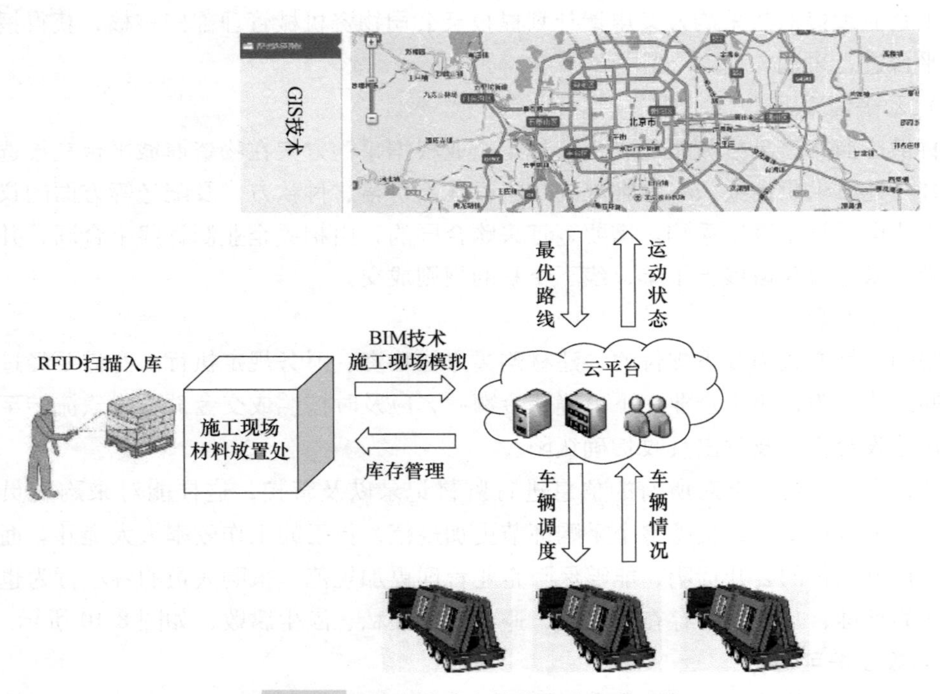

图 8-11　信息技术支持的物流配送系统

（1）结合现场模拟，优化运输路线

将 GIS 技术和物联网技术相结合可以有效掌握运输车辆的路线和运动状态，实时收集车辆情况。通过 BIM 技术模拟施工现场的场地布置，可以找出最优的场地平整、施工机械布置的位置，通过 BIM 模型与 GIS 技术结合进行现场模拟，可以根据施工现场物资库存的位置和数量找出最优的运输线路，从而减少二次搬运，降低物流成本，避免人力、物力的浪费，实时将位置信息和数据反馈至建设物流管理云平台上，与计划数据进行对比，从而对运输路线进一步调整优化。

（2）根据采购需求，优化运输批次

将项目实际消耗的材料用量与库存管理系统中的数量进行对比和分析，可以及时将有关物料的需求信息反馈至供应商，及时调整物资采购计划，及时确定运输数量和批次，满足施工现场实际用料的需求。

（3）应用 BIM 施工模拟，避免出现运输装卸问题

BIM 模型可以模拟大型设施/设备的装卸。通过 Navisworks 动画模拟，可以有效避免装卸过程中出现碰撞、重复调整等问题，并可以结合施工现场实际情况制定最佳的装卸方案，从而解决施工现场大尺寸构件运输和装卸的难题。

5. 建材库存信息化

库存管理是建筑物流管理过程中的重要环节。建筑材料种类繁多，库存管理对于建筑业企业而言至关重要，直接影响施工材料的供应，甚至影响整个项目的工期。基于 BIM 技术和物联网技术的集成应用平台库存阶段运作如图 8-12 所示。

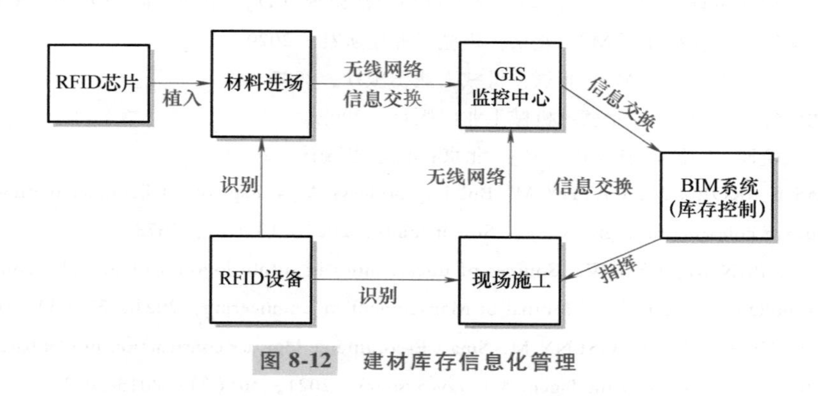

图 8-12　建材库存信息化管理

从该图可以看出，基于 BIM 技术和物流技术的物流管理平台库存阶段管理的主要应用价值体现在以下两个方面：

（1）库存数据实时传递

可以利用 RFID 标签、红外线扫描等方式，在建筑物资入库时提取相应信息并通过互联网上传至物流管理云平台。同时，利用 BIM 模型根据施工进度统计工程量，自动生成材料及设备明细表。BIM 模型可以自动将工程量和物资量信息传送至库存管理系统，仓库管理员可以根据实际情况收发材料，收发之后相应的数据和位置信息都会自动更新并记录。移动或者转运库存材料和物资的同时，物流信息云平台会将相应的信息传输至 BIM 模型，通过与 BIM 模型中构件信息进行对比和分析，及时进行数据更新。仓库管理员可以及时掌握每批物资的数量、位置和尺寸，提前做好采购计划。

（2）仓储位置实时更新

通过 BIM 场地模拟，根据施工阶段、环境变化、区域需求等规划仓储位置以及每个空间的仓储数量。

复习思考题

1. 建设物流活动包括哪些？
2. 何为建设逆向物流？
3. 建设物流的特点有哪些？
4. 建设物流体系的管理运作方式有哪些？你认为应如何进行管理优化？
5. 何为建设物流信息化技术？
6. 建设物流管理云平台如何“用+管”？
7. 你认为我国目前在建设物流管理方面存在的主要问题有哪些？

本章参考文献

[1] 张宸. 工程项目虚拟采购中心组织构建与采购管理优化 [D]. 上海：同济大学，2008.

[2] 任迪. 工程建设物流的采购与库存管理研究 [D]. 大连：大连海事大学，2008.

[3] 郑称德. 采购与供应管理 [M]. 北京：高等教育出版社. 2005.

[4] 蔡依平. 工程建设项目物流关键问题优化理论与方法研究 [D]. 上海：同济大学，2007.

[5] 李忠富. 建筑工业化概论 [M]. 北京：机械工业出版社，2020.

[6] 李忠富. 住宅产业化论 [M]. 北京：机械工业出版社，2003.

[7] 舒辉. 物流经济学 [M]. 北京：机械工业出版社，2009.

[8] 许恒勤，成晓昀. 物流系统规划 [M]. 北京：科学出版社，2010.

[9] NICOLAS B, KOEN M, CATHY M. Building bridges: A participatory stakeholder framework for sustainable urban construction logistics [J]. Sustainability, 2021, 13 (5): 2678.

[10] YANG Y, PAN M, PAN W, Sources of uncertainties in offsite logistics of modular construction for high-rise building projects [J]. Journal of Management in Engineering, 2021, 37 (3): 04021011.

[11] GUAN S, YUAN X, ELHOSENY M. Smart E-commerce logistics construction model based on big data analytics [J]. Journal of Intelligent & Fuzzy Systems, 2021, 40 (2): 2015-3023.

[12] AHMED R R, ZHANG X Q. Multi-stage network-based two-type cost minimization for the reverse logistics management of inert construction waste [J]. Waste Management, 2021, (120): 805-819.

[13] ZHANG J. Analysis on the construction of logistics management informatization in colleges and universities under the background of big data [J]. Advances in Higher Education, 2020, 4 (10): 192-194.

[14] PHUOC L L, IMEN J, THIEN M D. Integrated construction supply chain: an optimal decision-making model with third-party logistics partnership [J]. Construction Management and Economics, 2020, 39 (2): 133-135.

[15] AFAPION A, CLAUSEN L E. et al. The role of logistics in the materials flow control process. Construction Management and Economics [J]. 2010 (21): 131-137.

[16] OLIVEIRA NGC, CORREIA J M. Environmental and economic advantages of adopting reverse logistics for recycling construction and demolition waste: A case study of Brazilian construction and recycling companies [J]. Waste Management & Research, 2019, 37 (2): 176-185.

[17] HANLIN Q. E-Commerce Logistics Mode Selection Based on Network Construction [J]. Modern E-conomy, 2019, 10 (1): 198-208.

第9章 建设项目管理新技术

9.1 项目管理的原理、应用和发展

9.1.1 项目管理的内涵和原理

现代社会中，“项目”一词十分普遍，大到港珠澳跨海大桥项目，小到老旧小区电梯改造项目，可以说从政府到企业的各个部门、各个层次的管理人员和技术人员都会以某种形式参与到项目和项目管理工作中。随着我国改革开放不断推进和深入，越来越多的制造、建筑、信息软件等行业的工作或订单以项目的形式执行，项目管理也在制造技术、建造技术和软件开发技术发展的基础上不断改进和创新。

建设项目是当今社会最为普遍，也是最为重要的项目类型之一，在社会生活和经济发展中发挥着重要作用。本章主要从建筑业的角度，介绍最近一段时期建设项目管理技术的新发展。

1. 项目的概念和特点

“项目”一词被广泛地应用到社会经济建设的各个方面，通常表示一类事物。不同机构对“项目”的定义不尽相同，比较典型的有：

1）《项目管理知识体系指南》（第6版）（PMBOK指南）定义项目为：“项目是为创造独特的产品、服务或成果而进行的临时性工作。”

2）《质量管理——项目管理质量指南》（ISO 10006）将项目定义为：“由一组有起止时间的、相互协调的受控活动所组成的特定过程，该过程要达到符合规定要求的目标，包括时间、成本和资源的约束条件。”

3）《项目管理指南》（GB/T 37507—2019）给出的定义是：“项目包括一组独特的过程，其组成包括带有开始和结束日期，受协调和控制的活动，这些活动的实施用于实现项目目标。项目目标的实现需要提供符合特定要求的可交付成果。一个项目可能会受制于多个制约因素。”

就本书的目的和结构而言，作者认为项目是指一系列独特的、复杂的并相互关联的活动，这些活动有着一个明确的目标或目的，必须在特定约束内，依据规范完成并交付成果或

服务。

根据以上定义可以总结出项目具有以下特点：

1）项目具有特定目标

任何项目都有预定目标，即项目各项工作完成后所指向的结果，要达到的战略地位，要达到的目的，要取得的成果，要生产的产品，或者准备提供的服务。一般用质量、成本、进度和产品特性来表示，且应尽可能定量描述。实现项目目标可能会产生一个或多个可交付成果。

2）项目交付合格成果

项目是一项临时的一次性活动，项目目标实现以完成一项可交付的独特成果或服务为标志。可交付是指在某一过程、阶段或项目完成时，必须产出的任何独特并可核实的成果或服务。成果或服务可能是有形的，也可能是无形的。建设项目成果一般是有形的，如道路、桥梁、建筑物等。

3）项目实施受到约束

任何项目的实施都有一定的约束和限制，项目约束包括但不限于项目的持续时间或目标日期、预算的可用性、资源的可行性、有关人员健康和安全的因素、风险暴露的可接受水平、潜在的社会或生态影响、相关法定要求。

所谓项目管理就是将经过战略研究后确定的项目构思和计划付诸实施，把各种系统、方法和人员结合在一起，将知识、技能、工具与技术应用于项目活动，在规定的时间、预算和质量目标范围内满足项目的要求。

2. 项目管理的基本原理和内涵

在项目管理中，系统观念和系统方法是首要的，也是最基本的思想方式和工作方法，这体现在项目和项目管理的各个方面。在与项目管理相关的诸多学科中，系统工程最为联系紧密，任何项目管理者首先必须确立基本的系统观念，因此项目管理的基本原理是建立在系统工程原理基础上的。也可以说项目本身就是一个系统，项目管理具有系统结构（图 9-1）。

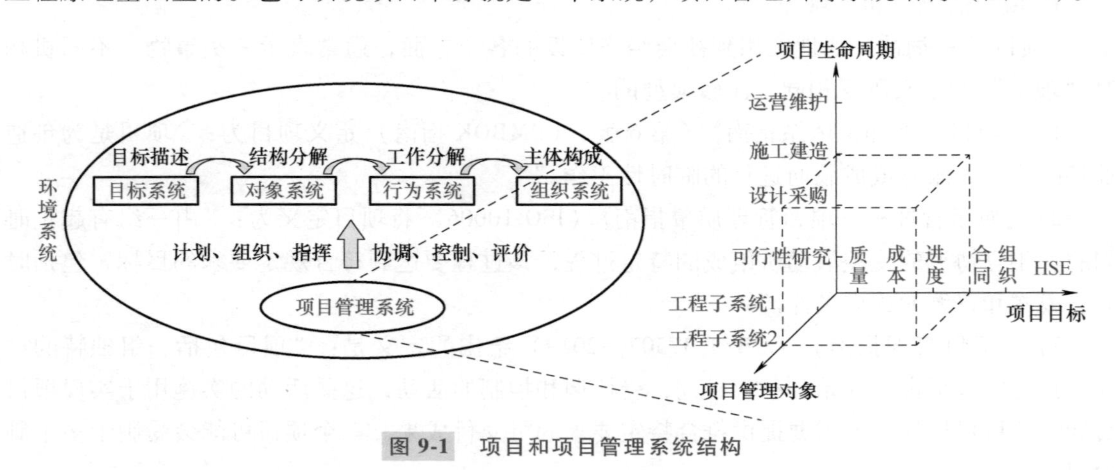

图 9-1 项目和项目管理系统结构

项目管理面向特定而完整的项目，要求管理者具备系统观念，系统性地观察和解决项目运作过程中的各种问题，制订全面整体性的计划和安排，将系统偏差降到最低。在项目各阶段之间、各目标之间、各对象之间、各组织之间、各管理过程和职能之间建立联系并使之相互协调，强调综合系统管理和综合系统措施。

项目管理追求最优化项目目标，强调总目标和总效益的实现，注重各子目标实现对总目标和总效益实现的协同。随着项目管理的发展，项目全生命周期管理和整合集成逐渐取代项目建设过程管理，甚至还囊括了对项目上层系统和衍生系统的管理。

项目管理的范围逐渐囊括项目全生命周期，不仅仅对建设过程的设计、采购和施工进行管理，还对项目前期工作和运营维护期工作进行管理，充分注重项目全生命周期的整体性目标实现、效益提升和效果提升以及项目增值。

项目管理越来越重视整合集成管理，将目标设计、可行性研究、决策和规划、设计和计划、采购和物流、施工和运营管理等集成起来，形成一体化的管理过程系统，也将项目管理的诸多职能，如质量、成本、进度、合同、信息管理等综合起来，形成集成化的管理职能系统；此外，还将业主、承包商、设计方、项目公司等的管理集成为一体化的管理组织结构。

项目全生命周期管理和整合集成化管理成为研究和实践热点，在项目管理中兼顾各周期的效益、效率和效果协同，整合兼具统一、合并、沟通和建立联系的集成性质，要求这些行动应该贯穿项目始终。综上，基于全生命期的项目目标，在项目投资决策开始到项目生命结束的全过程中，进行整合集成化的计划、组织、指挥、协调、控制和评价是目前及未来项目管理的时代内涵。

9.1.2　项目管理的发展历程

现在通行的看法认为，项目管理是二战后的产物，主要是战后重建和冷战阶段为国防建设项目而创建的一种管理方法。事实上，项目管理历史源远流长，其发展大致经历了以下阶段（图 9-2）：

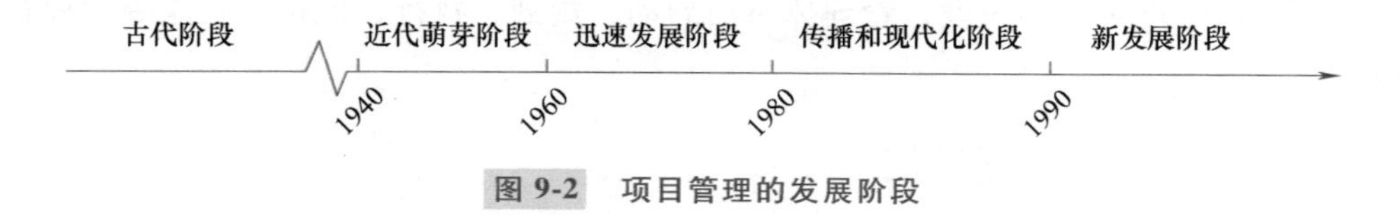

图 9-2　项目管理的发展阶段

古代项目管理阶段，以我国长城、埃及金字塔等伟大工程的管理为代表。近代项目管理萌芽阶段（20 世纪 40 至 60 年代），以美国研制原子弹所执行的“曼哈顿计划”为代表。近代项目管理迅速发展阶段（20 世纪 60、70 年代），以美国的路易斯维化工厂和美国海军北极星导弹研制等项目为代表，发展出以关键路线法（CPM）和计划评审技术（PERT）为核心的项目管理经典技术并主要运用在军事和建筑行业。项目管理的传播和现代化阶段（20 世纪 80 年代），美国项目管理学会（Project Management Institute，PMI）的成立和项目管理知识体系指南（Project Management Body of Knowledge，PMBOK）的问世，是项目管理领域又一个里程碑。项目管理理念迅速传播到世界各地，我国华罗庚教授将基于 CPM 的统筹法介绍到国内。同时，项目管理从最初的军事项目和宇航项目很快扩展到各种类型的民用项目。

现代项目管理的新发展阶段（20 世纪 90 年代后），为了在迅猛变化、急剧竞争的市场中迎接经济全球化、一体化的挑战，项目管理更加注重人的因素，注重顾客，注重柔性管理，力求在变革中生存和发展。在这个阶段，应用领域进一步扩大，尤其在新兴产业中得到了迅速的发展，如通信、软件、信息、金融、医药等，现代项目管理的任务已不仅仅是执行任务，而且还要开发项目、经营项目，以及为经营项目完成后形成的设施、产品和其他成果创造必要的条件。

通常，项目管理专家和其著作基本上将项目管理发展划分为两个阶段：20 世纪 80 年代之前被称为传统项目管理阶段，80 年代之后被称为现代项目管理阶段。

9.1.3 建设项目的建造和管理体系

现代项目管理理论在建设项目中的应用主要集中在项目建造阶段，本节主要介绍建设项目的一般建造流程和项目管理体系。

1. 建造流程

诸如道路、桥梁、建筑等建设项目，广义上的建设流程一般包含项目立项、可行性研究、报建审批、招标投标、资金筹措、勘察设计、施工、试运营和竣工验收等阶段。狭义上的建造流程一般是指项目建造施工过程中的各个步骤，即施工图设计和预算结束后，由施工承包商所负责的场地平整、设备材料采购、图纸交底、分部分项工程施工和竣工验收等步骤。随着项目全生命期管理理念的普及，项目运营和维护阶段的管理也越来越受到项目管理者的重视。

2. 管理体系

与建造流程相对应的，项目管理工作一般经历制定项目规章、制订项目管理计划、指导和管理项目工作、管理项目知识、监控项目工作、实施整体变更控制和执行结束收尾工作等。项目管理体系按照管理职能包括范围、进度、成本、质量、资源、沟通、风险、采购和相关方管理；从管理过程的角度，管理体系由启动、规划、执行、监控和收尾等过程管理构建而成。

9.1.4 建设项目管理的新发展

1. 项目整合集成管理技术

所谓集成管理是指对生产要素的集成活动以及集成体的形成、维持及发展变化，进行能动的计划、组织、指挥、协调、控制，以达到整合增效目的的过程。集成管理实质上是将集成思想创造性地应用于管理实践的过程，即在管理思想上以集成理论为指导，在管理行为上以集成机制为核心，在管理方式上以集成手段为基础。

集成管理一般而言具有三大原理：整体寻优原理、系统创新原理和功效倍增原理，追求优势互补，聚变放大。将集成管理运用到建设项目管理中来，实施建设项目集成管理，需要一个良好的实施条件作为基础，否则无法实现集成管理所述的整合增效。

建设项目的根本目标是实际综合目标的实现，而建设项目集成管理就是要采用集成管理的理论与方法来进行整个过程。即建设项目集成管理是由项目目标系统集成、过程集成、组织集成以及信息系统集成四个部分所构成的一个复杂的集成管理系统。这个系统的概念模型如图 9-3 所示。

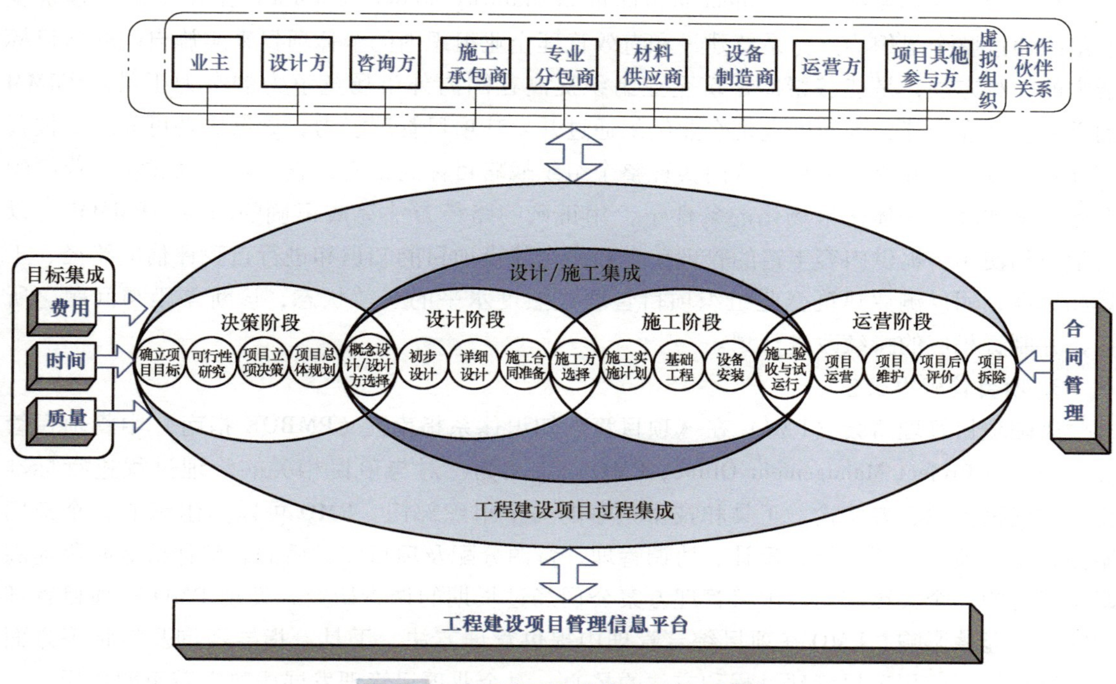

图 9-3 建设项目集成管理的概念模型

项目管理系统的集成是一个整体性的活动，目标控制集成、组织集成、过程集成、信息集成之间必然存在某种纽带，把它们有机结合在一起，才能实现建设项目管理信息系统功能的最大化，这个纽带就是集成信息管理平台，如图 9-4 所示。

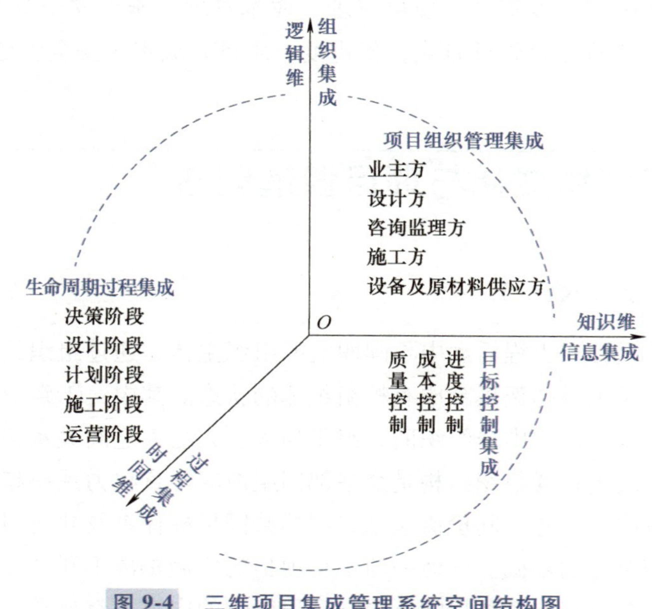

图 9-4 三维项目集成管理系统空间结构图

2. 项目管理成熟度模型

项目管理成熟度模型（Project Management Maturity Model，PMMM）是用于测评建筑企业组织通过整个组织的支持系统建设和有效管理企业组织内的全体项目来实施自己战略目标能力的一种方法，是能够帮助建筑企业组织提高在国内外市场竞争力的有力工具。PMMM的重要意义在于能成为帮助建筑企业组织通过开发其项目管理能力，确保成功可靠地、按预期计划实施完成并交付项目，从而实现整个组织战略目标的指南，它可以帮助建筑企业组织在当今全球经济一体化市场化的条件下，用正确的路径方法完成正确的项目。PMMM 可以为学习和使用者提供内容丰富的管理单个和多个建设项目的知识和进行自我评估的路径、工具和标准，用以测评建筑企业组织项目管理成熟度水平的当前状态，诊断差距与问题之所在，并制订相应的持续改进计划。

3. 项目管理办公室

美国项目管理协会（PMI）在《项目管理知识体系指南》（PMBOK 指南）中将项目管理办公室（Project Management Office，PMO）定义为：对与项目相关的治理过程进行标准化，并促进资源、方法论、工具和技术共享的一个组织部门。PMO 可以为组织的各个部门服务，是在项目分析决策、设计、协调管理、资源分配及项目完成后的总结评价等阶段提高组织能力的一个关键部门。项目管理方案公司经过长期的调查研究，发现 PMO 对项目管理实践有着显著影响，PMO 在项目综合管理中提供管理方法、工具、指导咨询及培训等方面支持，是持续应用项目管理过程和方法的核心，对企业项目管理发展成熟有着重要作用。

4. 基于 BIM 的工程项目管理

BIM 作为一种能够通过创建并利用数字化模型对建设工程项目进行设计、建造及运营管理的现代信息技术平台，以其集成化、智能化、数字化和模型信息关联性等特点，为参加建设项目的各利益主体创建一个便于交流的信息平台，解决建设工程中的协同问题。BIM 技术为传统工程项目管理中的进度管理、质量管理、成本管理、施工安全等提供了一种新型工具，形成基于 BIM 的工程项目管理方式，使进度、质量、成本、安全管理可视化、智能化、精细化、人性化。

9.2 产业组织集成化与项目管理创新

9.2.1 组织协同与集成管理

产业组织集成化是指在工程活动中不同职能的组织主体，通过组织关系、组织能力、组织结构及共同价值四个关键构架集合成有机组织体的状态。其中：①组织关系是各种规章制度、机制的集合体，保证组织中子组织间、组织与人、人与人之间关系和谐；②组织能力很大程度由成员的能力决定；③组织结构是众多部门组成的垂直权力系统和水平协作系统，是项目成功的重要影响因素；④共同价值包括组织的共同目标体系及共同利益，处于组织集成的核心地位，是组织存在的基础。任何一项工程项目的实施都离不开各实施主体及利益相关方的共同参与，由于各参与方任务目的不同，项目管理的内容也有差异。各参与方不是对手关系，在合作中需坚持双赢互惠的合作原则，建立利益一体化的合作共赢关系。项目管理应在目标一致的基础上建立科学有效机制，保证工程项目进度、费用及质量并权衡各参与主体的各方面利益。

近年来随着技术进步、经济发展及经济全球化趋势加强，工程项目趋于大型化和复杂化，国际工程市场的开放程度也进一步加强。传统的工程项目管理方式无法满足现有要求，以整体最优、效益倍增为目标的组织集成概念逐渐发展并被应用于项目实践，成为解决建设工程中复杂问题，提高组织整体功能，实现共同目标的方法。工程项目的产业组织集成始于借鉴制造业的动态制造联盟、战略制造联盟、敏捷制造等组织集成形式。工程项目组织结构复杂庞大，其全生命周期中涉及业主方、施工方、监理方等多元主体，不同参与主体又包含多条线及不同职级人员。针对不同参与主体的不同利益诉求，在建筑领域逐渐形成基于伙伴关系的多元主体间的组织协同新模式，可使各参与主体完成统一目标。伙伴关系（Partnering）可分为项目型伙伴关系和战略型伙伴关系。前者是针对某具体项目展开的有效合作，为纵向组织集成；后者侧重于长期多项目合作关系，为横向组织集成。通常后者作为前者的延伸。

9.2.2 纵向组织集成——项目型伙伴关系

1. 项目型伙伴关系的内涵

伙伴关系（Partnering）是指两个或两个以上企业在某一具体项目上达成合作伙伴关系，各参与方共同组建一个工作小组，在兼顾各方利益情况下，确定一个共同的工程项目建设目标，通过合作实现风险和费用共担及利益实现。

伙伴关系各参与方针对项目需要选择优秀、经验丰富的专业技术人员组成工作小组，以伙伴关系合作协议形式，打破传统组织壁垒，业主方直接与设计、承包、供应商等参与方结成伙伴关系，通过资源共享，实现信息及时获取，提高沟通效率，缩短工期，提高工程质量和投资效率。另外，工作小组通过讨论会议持续对项目进度及质量进行评价，不断优化工程项目管理各环节。

2. 项目型伙伴关系管理模式特征

1）超越传统组织边界的项目团队，由业主→设计→施工→供货的控制关系流转变为业主、设计方、项目管理方及供货方协作关系。建立有效的冲突处理程序，减少建设过程中因变更、拖延、争议、索赔等引起的成本增加、工期延长等问题，有利于提高工程施工质量和效率。

2）项目各方确立共同目标，彼此认同、理解对方的期望及价值。

3）伙伴关系合作是协议约束而非合同约束。各参与方在达成合作共识时启动工程项目，工程合同签订后，建设工程各参与方经过协商才会签订伙伴关系合作协议，但该协议与合同相互独立，不影响合同规定的权利义务关系。伙伴关系合作协议规定各参与方共同目标、任务分工和行为规范，是工作小组的纲领性文件。

4）伙伴关系强调资源共享和信息开放。信息是伙伴关系中重要资源，受到各合作方关注。参与方需在相互信任的基础上保持及时沟通，保证工程项目的设计资料、投资、进度、质量等信息可以被各方及时、便利地获取。同时，BIM 及相关工程项目管理电子平台的发展也为各合作方的交流沟通提供便利。

3. 项目型伙伴关系组织特征

伙伴关系组织特征包括伙伴关系主持人和伙伴关系工作小组两部分。

主持人是独立于各参与方的第三方，负责整个伙伴关系模式实施的人员，由业主或相关各方共同推举产生，需获得各参与方认可。主持人的主要工作为在项目实施运行中，通过安排主持伙伴关系会议（如专题研讨会）、建立和运行争端解决机制和流程，促进各参与方之间沟通，推进伙伴关系模式流程，保证其正常运行。工作小组是由工程建设项目各参与方负责人共同组成的小组，包括制定共同目标，计划与决策，委任工作组成员，建立和运行争端解决机制和处理系统及绩效评价系统等工作。

一般项目的组织形式有职能式、项目式和矩阵式等几种形式。通常对项目组织的研究是针对项目某一方的“项目部”的组织结构进行的。而针对伙伴关系组织的研究是以参与伙伴关系的项目各方为整体。伙伴关系形成的是类矩阵式组织。矩阵式组织的特点为按照职能划分的纵向部门与按照项目划分的横向部门结合，矩阵式组织常用于包含有大量职能部门之间相互影响的工作任务的组织。

图 9-5 给出实施伙伴关系的项目矩阵式组织形式。

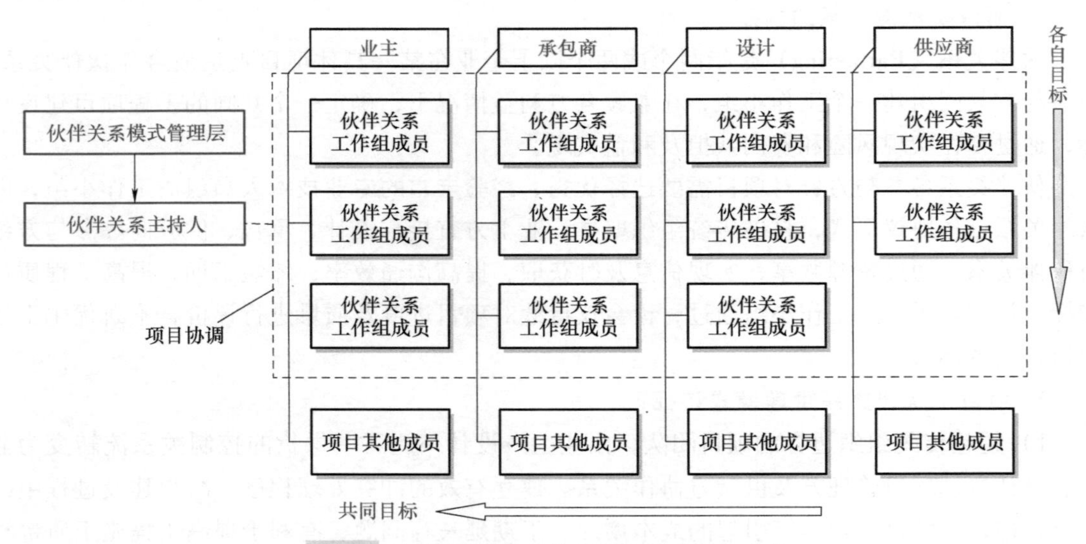

图 9-5　实施伙伴关系的项目矩阵式组织形式

与传统矩阵式组织不同，伙伴关系的矩阵式组织形式的横向指挥线着眼于面向项目各参与方共同目标；纵向指挥线着眼于面向各参与方各自目标。伙伴关系管理模式在传统“业主→设计→施工→供货”纵向关系基础上，建立伙伴关系协议主导下的，以伙伴关系讨论会为主渠道的横向沟通关系，提高项目管理水平。此矩阵式组织具有分权化特征，伙伴关系工作组独立于母组织，能够迅速在客户项目需求上做出反应，具有更大的灵活性和适应性，可快速解决日常问题，提高决策效率。

4. 伙伴关系管理环境下项目管理机制框架模型

各合作方签订工程合同后，各合作方通过签订伙伴关系协议构建柔性化项目管理机制。在伙伴关系协议实施中，形成以实现目标为核心的若干关键机制，主要包括合作机制、协调机制、信任机制、沟通机制和激励机制五大机制。五大机制推动项目组织达成伙伴关系的共同目标，其组织框架模型如图 9-6 所示。

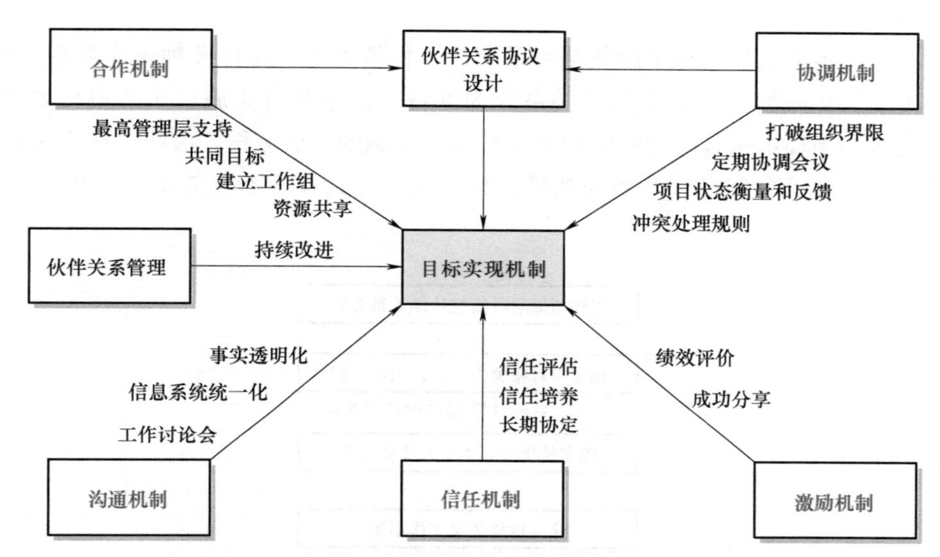

图 9-6　基于伙伴关系管理方式的项目管理机制组织框架模型

下面对伙伴关系五大机制进行阐述。

（1）信任机制

信任机制是伙伴关系管理的前提性机制，具体表现为在长期协定、信任评估和信任培养等方面。信任机制可以通过以往合作经历建立，也可以通过企业良好的品牌、口碑、社会声望等自发产生。

（2）合作机制

合作机制体现在最高管理层支持、共同目标、成立工作小组、发挥各方经验和资源效用等多方面。良好的合作机制能够提高生产力和工作效率，减少项目中的重复与浪费，优势互补，发挥各方核心能力创造更大利润，提高项目综合效益，改善企业获利能力。

（3）协调机制

协调用于处理不确定性或冲突、矛盾问题。在实施伙伴关系的项目中，各合作方既有共同目标又有各自目标，协调的目的是使各方协同一致，实现共同目标。协同机制体现为打破组织界限、及时决策、定期协调会议、项目状态衡量和反馈、减少索赔、消灭诉讼、建立冲突处理规则、提高冲突处理及时性和处理效果。

（4）沟通机制

沟通机制体现在事实透明化、信息系统一体化、召开工作讨论会、创造开放氛围，自由地提出意见建议，开诚布公交流等方面。沟通机制增强各方协作，工程项目任务关系复杂，依存关系强，沟通尤为重要。

(5) 激励机制

伙伴关系管理激励机制表现为业主对承包商、设计、监理、供货商等的工作表现和工作成果的激励。业主采用激励机制，充分考虑各参与方的长远利益、项目最终目标，达到扩大业主效用，增加承包商利益的效果。

5. 伙伴关系工作流程

本书在赵振宇和刘伊生提出的伙伴关系工作流程基础上，综合多种伙伴关系工作流程，提出伙伴关系工作流程设计，将伙伴关系分为准备、实施和再实施三个阶段。如图 9-7 所示，图中实线的循环箭头包含的小流程是工程项目实施的一般流程，虚线循环箭头内包含的大循环是表示由项目合作模式升级为战略合作模式，是合作各参与方成功实现长期合作的过程。

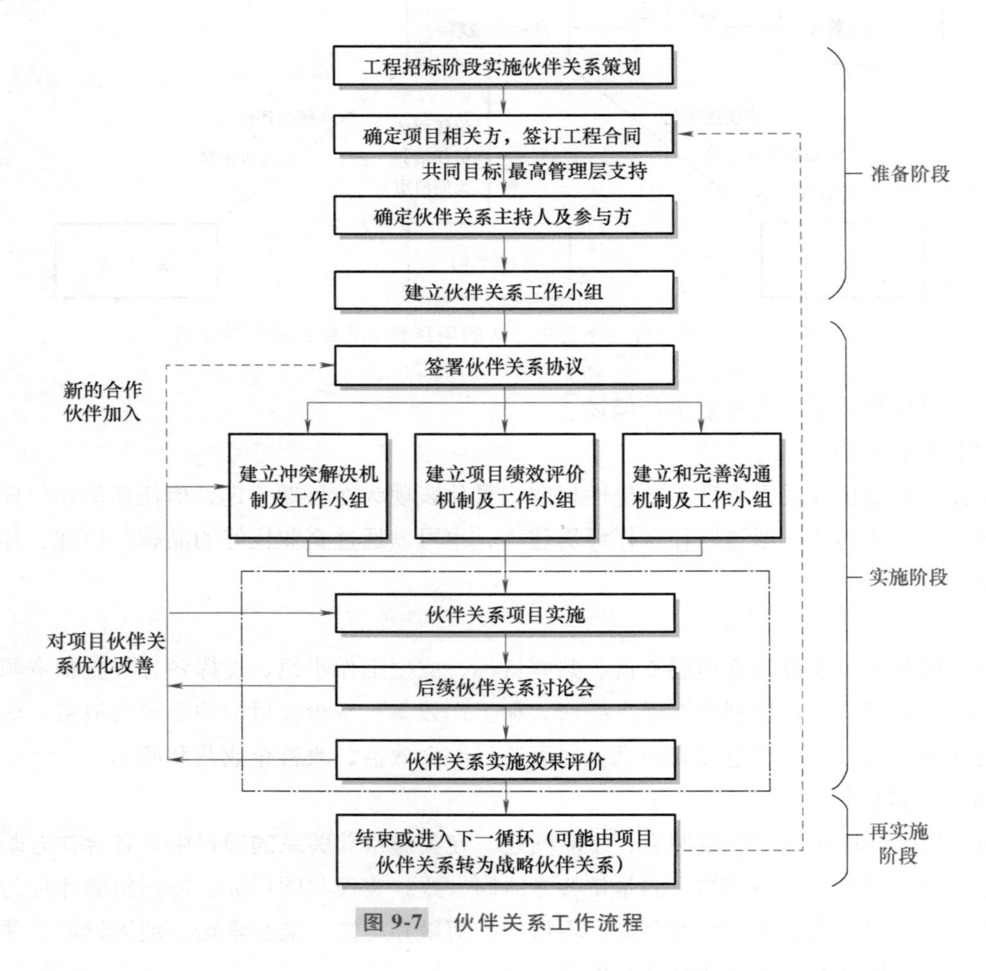

图 9-7　伙伴关系工作流程

(1) 准备阶段

实施伙伴关系宜在工程招标阶段开始策划，准备阶段是在业主选定项目各参与方，签订工程合同后进行的伙伴关系准备工作，主要内容为确定伙伴关系主持人和参与方、召开伙伴关系讨论会和建立伙伴关系工作小组等。

（2）实施阶段

实施阶段是在准备阶段基础上由各参与方签订协议，并建立起冲突解决机制、项目评价绩效机制及沟通机制。流程图中反映了该阶段不断完善、持续改进的伙伴关系实施的动态过程，表现为通过后续伙伴关系讨论会和伙伴关系实施评价等方式，不断完善沟通机制、冲突解决机制、项目绩效评价机制及伙伴关系的实施。同时该流程图还反映了伙伴关系是开放的系统，可以吸纳新合作伙伴，也可以根据项目实际情况对伙伴关系协议进行修改完善。

（3）再实施阶段

提出了本项目完成伙伴关系合作后下一步走向；或者是再次进行项目层面的合作；或者是在再次合作时由项目型伙伴关系上升到战略型伙伴关系；或者业主无后续项目，合作结束。

9.2.3　横向组织集成——战略型伙伴关系

1. 战略型伙伴关系的内涵

在两个或两个以上组织间，为实现建设项目各参与方战略目标，充分利用各方资源，做出的长期承诺。此承诺将超越传统组织间边界，转变为共享文化关系。战略型伙伴关系组织间关系是建立在信任、对共同目标追求及对合作方各自期望和价值观的基础上的。

2. 战略型伙伴关系与项目型伙伴关系间的联系

项目各参与方关系具有不同层次，伙伴关系的管理价值主要体现将项目各方关系由低层次提升至高层次。对于项目各合作方关系层次，Paul J. Thompson（1998）等提出竞争（competition）、合作（cooperation）、协同（collaboration）和联合（coalescence）四个项目参与方关系发展阶段层次划分。

赵振宇在此基础上按合作程度将项目各方关系划分为五个层次：对抗型合同关系阶段、一般合同关系阶段、合作关系阶段、项目型伙伴关系阶段和战略型伙伴关系阶段（图 9-8）。

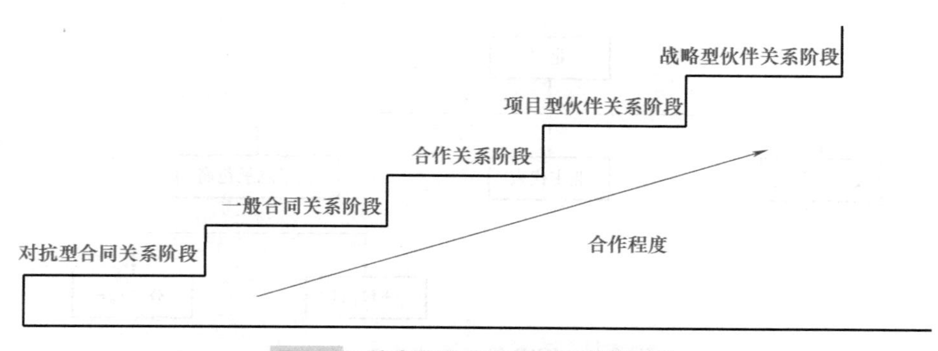

图 9-8　按合作程度各方关系划分层次

在上述五个层次划分中包含项目型伙伴关系和战略型伙伴关系。战略型伙伴关系的合作程度较项目型伙伴关系的合作程度高了一个层次，前者是在后者的基础上建立起来的。项目型和战略型伙伴关系比较表见表 9-1。

表 9-1 项目型和战略型伙伴关系比较

模式类别	项目型伙伴关系模式	战略型伙伴关系模式
组织数量	两个或两个以上组织	两个或两个以上组织
涉及的建设项目	某一特定项目	多个建设工程项目或一些持续的建筑活动
目的	充分利用各方资源，完成某特定工程项目任务，获取相应利益	为实现各参与方战略目标，充分利用各方资源，在某一长期战略阶段完成工程任务，提升企业核心竞争力
承诺	在某项目期间做出的相互承诺	做出的长期承诺，此承诺需超越传统组织关系边界，组织将转化为共享文化关系
实施方式及要求	参与项目的各方共同组建一个工作团队（Team），通过工作团队运作来确保各方共同目标及利益实现	组织间关系建立在信任，对共同目标的奉献，对各参与方各自价值观和期望充分理解的基础上

9.3 建造过程集成化与项目管理创新

9.3.1 过程打包与集成管理

本书下面部分介绍建设项目的建造流程，为了便于理解，本节将建造过程概括为设计、招标、采购、施工等过程。

1. 建造过程打包集成的原理

传统的 DBB（Design-Bid-Build）管理模式指的是设计-招标-施工，这种模式的特点是强调建设项目必须按照设计、招标和施工的顺序方式逐步进行，后一阶段必须在前一阶段完成的基础上才能够开始。业主分别与设计承包商和施工承包商签订合同，其合同结构如图 9-9 所示。

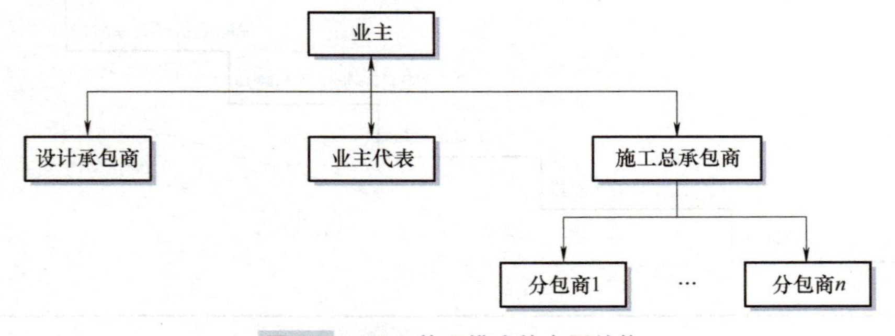

图 9-9 DBB 管理模式的合同结构

DBB 管理模式的显著优点在于业主、设计承包商、施工总承包商三方在不同的合同中约定各自的责权利，同时业主可以聘请专业监理对设计和施工进行监管。这种清晰的责权利关系能够有效实现对风险的分配。然而，这种模式的缺点也十分明显，线性顺序性的建造过程使得建设周期长、建设投资控制难、设计与施工协调难度大、设计变更频繁导致成本增加等。

为了避免由于设计师不参与施工过程、承包商难以参与设计导致的变更频繁和协调困难等问题，DB（Design-Build）管理模式逐渐兴起。这种模式中，业主将设计和施工打包发包，通过单一合同委托 DB 总承包商负责实施项目设计和施工（图 9-10）。由于 DB 总承包商同时负责设计和施工，设计团队和施工团队来自一家单位，能够实现协调沟通和相互配合，设计团队通过合理组织和精细协调提高设计质量和可建造性，避免频繁变更，创造了高效率和高收益的实现条件。此外，业主通过单一合同约定了业主与 DB 总承包商之间的责权利关系，一方面减轻了业主合同管理的负担，另一方面规定了 DB 总承包商对设计施工整体负全部责任，能够避免建设过程中多方扯皮的问题，也能够促进 DB 总承包商通过优化设计和精心建造创造利润与效益空间。

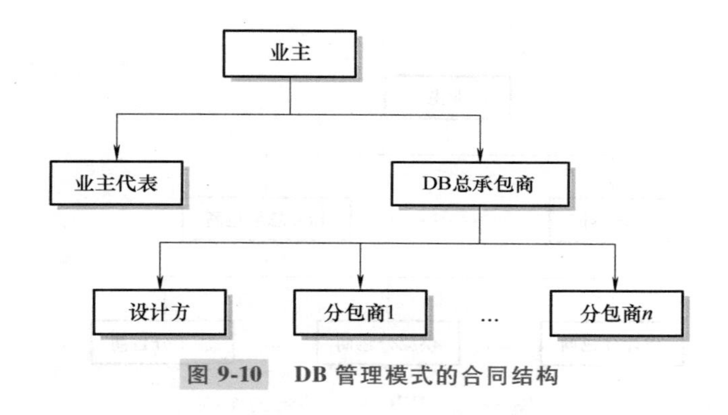

图 9-10　DB 管理模式的合同结构

建造过程打包集成实现效率和效益提升背后的基本原理是利用过程间的正外部性、组织内资源和信息协同性实现成本、进度和质量优化。所谓外部性指的是某项工作给其外部环境或后续工作带来的影响，正外部性即带来了积极的促进作用，负外部性即带来了消极的削减作用。就建设项目建造过程中的设计和施工过程而言，考虑可建造性的设计方案能够避免变更和进度延误，考虑设计效果的施工技术能够促进各设计环节的优化并保证施工质量。将建造过程打包交由一个承包商集成化管理，能够解决合同结构复杂、机构臃肿、层次重叠、推诿扯皮等问题。

2. 建造过程集成化的优势和管理特点

除了初步体现建造过程集成化优势的 DB 管理模式以外，CM 模式、BOT 模式、PM 模式、PC 模式、EPC 模式等都是建立在建造过程打包集成基础上的项目管理模式。这些模式在 DB 模式以承发包为核心的基础上不断深化项目管理的内涵，不断将项目管理的重担从业主肩上卸下，转移到更加专业更有效率的项目管理承包商手中。

建造过程集成化的优势在于合理利用委托代理减轻业主管理服务或避免低效管理，充分利用合同激励措施促进承包商管理效率提升，最大化利用打包释放建造过程正外部性。其管理特点是业主将部分或整体项目管理工作以合同的形式委托出去，由一个总承包商或项目管理公司派出的项目经理作为业主的代理人，管理各建造过程，承担项目计划、招标、实施准备和施工控制等工作，管理项目质量、进度、成本、合同等。因而可以解放业主投身于项目的宏观控制和高层决策工作，真正充当“投资人”或业主的角色。

9.3.2 EPC模式

1. EPC模式的概念和管理架构

EPC（Engineering-Procurement-Construction）模式即设计-采购-建造模式。在EPC模式中，Engineering不仅包括具体的设计工作，而且可能包括整个建设工程内容的总体策划以及实施组织管理策划和具体工作；Procurement也不是一般意义上的建筑设备材料采购，而更多的是指专业设备的选型和材料的采购；Construction包括施工、安装、试车、技术培训等。在EPC模式中，业主与EPC总承包商签订工程总承包合同，把建设项目的设计、采购和施工工作全部委托给EPC总承包商负责组织实施，业主只负责整体的、原则的、目标的管理和控制（图9-11）。

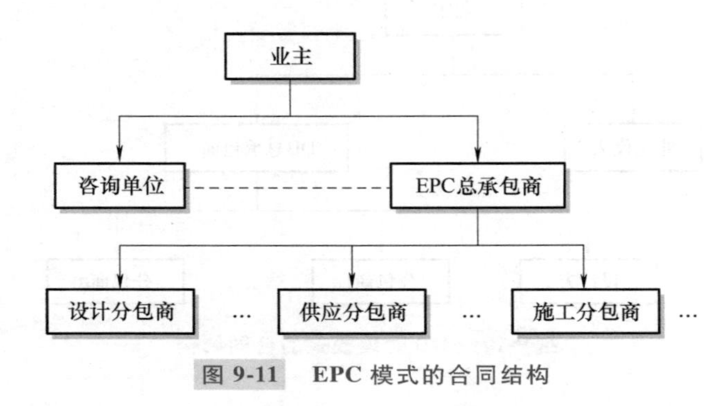

图9-11 EPC模式的合同结构

EPC模式最大的特点之一是业主和承包商的风险责任划分有了明显的不同。建设项目中一般都将工程的风险划分为业主的风险、承包商的风险、不可抗力风险。在传统模式下，业主的风险大致包括政治风险、社会风险、经济风险、法律风险和外界风险（包括自然）等，其余风险由承包商承担。另外，出现不可抗力风险时，业主一般负担承包商的直接损失。但在EPC模式下，上述传统模式中的外界风险（包括自然）、经济风险一般都要求承包商来承担，这样，项目的风险大部分转嫁给了承包商，EPC总承包商在经济和工期方面要承担更多的责任和风险。因此，承包商在EPC模式下的报价要比在传统模式下的报价高。

EPC模式对业主而言，由单一总承包商牵头组织实施建设项目，可以防止设计者与施工者之间的责任推诿，提高了工作效率。而且，管理相对简单，减少协调工作量，责任明确唯一。由于总价固定，基本上不用再支付索赔及追加项目费用。但是，尽管理论上所有工程的缺陷都是承包商的责任，但实际上质量的保障仅仅靠承包商的自觉性还远远不够，仍需要设计对承包商的监控机制。对EPC总承包商而言，EPC模式在提供了相当大的弹性空间的同时也带来了更大的风险。EPC总承包商可以通过调整设计方案包括工艺等来降低成本，但是，承包商获得业主变更令以及追加费用的弹性也很小。

EPC模式适用一般规模较大、设备专业性强、技术性复杂的工业项目，如工厂、发电厂、石油开发等基础设施。此类项目的设计、采购和施工的组织实施是统一策划、统一组织、统一指挥、统一协调和全过程控制的。EPC 总承包商可以把部分工作委托给分包商完成，但是分包商的全部工作由 EPC 总承包商对业主负责。业主介入具体组织实施的程度较低，总承包商更能发挥主观能动性，运用其管理经验可创造更多的效益。

2. EPC+BIM——EPC 模式在装配式建筑项目管理中的应用

装配式建筑项目具有“设计标准化、生产工厂化、施工装配化、主体机电装修一体化、全过程管理信息化”的特征，推行 EPC 模式能够有效地将工程建设的全过程联结为完整的一体化产业链，全面发挥装配式建筑和 BIM 的建造优势。

本节以深圳裕璟幸福家园保障房项目为例进行介绍。该项目总建筑面积 6.46 万 m^2，总投资 31358 万元，是基于装配式建造技术的 EPC 总承包管理项目（图 9-12）。中建科技集团作为 EPC 总承包商采用 EPC 全产业链管理，创新提出“全专业、全过程、全员”的三全 BIM 概念，充分利用 BIM 技术在设计、生产、装配等各阶段全生命期的应用，实现项目管理高效协同和品质提升。在 EPC+BIM 模式下，有效地解决了工程建造管理过程中的节点连接技术和外围护关键技术等各种技术难题；一体化设计从设计前期就充分考虑预制构件的加工和现场施工装配问题，避免了由于设计不合理造成的低效、重复施工；工厂制造通过不断优化自动化、智能化生产工艺，并对门窗及水、电、气等管线的预留预埋，有效地解决了窗框渗漏问题，避免了开凿墙体，保证了主体结构质量；物资采购工作从设计阶段就按照工程总体进度，精准确定不同阶段的采购内容、数量等，将传统分批、分次、临时性、无序性的采购转变为精准化、规模化的集中采购，降低了采购成本，等等。与采用传统管理模式相比，裕璟幸福家园项目的建筑垃圾减少 80%，用工数量节省 30%，节水、节材、节能的指标分别达到 60%、20%和 20%，所需脚手架、支撑架减少 70%，安装控制误差均小于 4mm，工程进度全面满足合同工期要求。

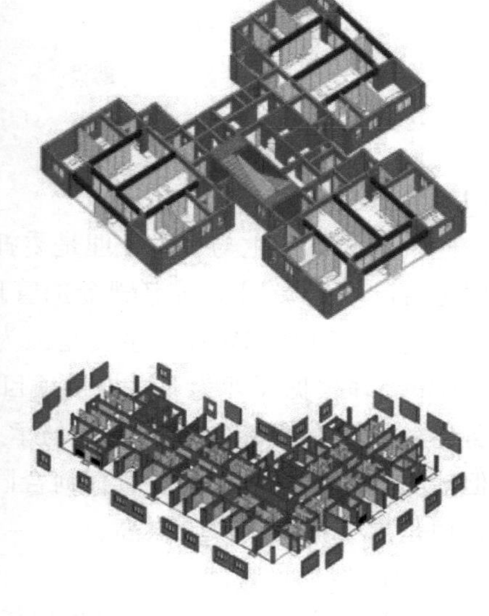

图 9-12　深圳裕璟幸福家园项目

9.3.3 CM 模式

CM（Construction Management）模式起源于美国。1981 年 Charles B Thomsen 在代表作 *CM Developing, Marketing and Developing Construction Management Services* 中指出 CM 的全称为"Fast-Track Construction Management"。他认为，在这一模式中"项目的设计过程被看作一个由业主和设计人员共同连续地进行项目决策的过程。这些决策从粗到细，涉及项目的各个方面，而某个方面的主要决策一经确定，即可进行这部分工程的施工"。在 CM 模式中，具有施工经验的 CM 单位在项目决策阶段就参与到建设项目实施过程中，为设计专业人员提供建造施工方面的建议并负责随后的施工过程管理，改变了设计完成后才进行招标的传统模式，这种模式采取分阶段发包，由业主、CM 单位和设计单位组成一个联合小组，共同负责组织和管理项目的规划、设计和施工，CM 单位负责项目的监督、协调及管理工作，在施工阶段定期与承包商会晤，对成本、质量和进度进行监督，并预测和监控成本和进度变化。

从国际建设项目实践看，CM 模式在实际应用中的模式多种多样，业主委托项目管理公司（CM 公司）承担的职责范围广泛而灵活。根据合同规定的 CM 经理的工作范围和角色，一般可将 CM 模式分为代理型建设管理（Agency CM）和风险型建设管理（At-Risk CM）两种方式（图 9-13）。

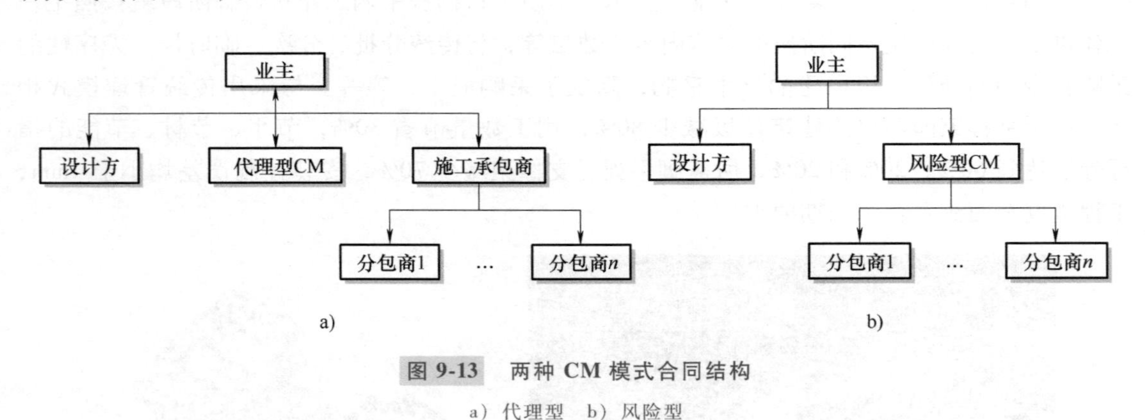

图 9-13 两种 CM 模式合同结构

a）代理型 b）风险型

(1) 代理型建设管理

在此种方式下业主与 CM 经理是委托代理关系，CM 经理是业主的代理。业主和 CM 经理的服务合同规定费用是固定酬金加管理费。业主在各施工阶段和承包商签订工程施工合同。业主选择代理型 CM 往往主要是因为其在进度计划和变更方面更具有灵活性。采用这种方式，CM 经理根据需要为业主提供项目某一阶段的服务或者全过程服务。一般情况下，施工任务仍然通过竞投标实现，业主与承包商签订工程施工合同，CM 经理代理业主管理项目，但他与专业承包商之间没有任何合同关系。因此，对于代理型 CM 经理来说，经济风险最小，但是声誉损失的风险很高。

(2) 风险型建设管理

采用这种形式，CM 经理同时也担任施工总承包商的角色，一般业主要求 CM 经理提出保证最高成本限额（Guaranteed Maximum Price, GMP），以保证业主的投资控制。如项目最后结算超过 GMP，则由 CM 公司赔偿；如低于 GMP，则节约的投资归业主所有，但 CM 公司由于额外承担了保证施工成本风险，因而能够得到额外的收入。GMP 减少了业主的风险而增加了 CM 经理的风险。风险型 CM 模式中，各方的关系基本上介于传统的 DBB 模式与代理型 CM 模式之间，风险型 CM 经理的地位实际上相当于一个施工总承包商，他与各专业承包商之间有着直接的合同关系，并负责使工程以不高于 GMP 的成本竣工，这使得他所关心的问题与代理型 CM 经理有很大不同，尤其是随着工程成本越接近 GMP 上限，他的风险越大，他对利润问题的关注也就越强烈。

从理论上分析，CM 模式的优点表现为两点：一是可以缩短建设周期。在组织实施项目时，CM 模式以非线性的阶段施工法（Phased Construction）替代了传统的设计-施工的线性关系。采用 Fast-Track 方法，即设计一部分、招标一部分、施工一部分，实现有条件的“边设计、边施工”，设计与施工之间在时间上产生了交错搭接，从而提高了项目的实施速度，缩短了项目从规划、设计、施工到交付业主使用的周期，这是 CM 模式的最大优点。二是项目组工作方法提升了项目各参与方之间的协调性。CM 模式中，业主在项目初期就选定了建筑师和（或）工程师、CM 经理和承包商组成项目组，由项目组完成整个项目的投资控制、进度计划与质量控制和设计工作，业主期望依靠建筑师和（或）工程师、CM 经理和承包商在项目实施中合作工作方式改变传统项目管理模式中依靠合同调解各参与方关系的做法。比如，CM 经理与设计单位的相互协调关系在一定程度上改变了 CM 单位单纯按图施工的工作方式，他可以通过合理化建议改进设计质量。

CM 模式适用于设计变更可能性较大、时间因素重要性突出以及因总体范围和规模不确定而无法准确定价的建设工程。一般认为，业主采用 CM 模式把具体的项目建设管理的事务性工作通过市场化手段委托给有经验的专业公司，可以降低项目建设成本。但是，在工程实践中要充分发挥 CM 项目管理模式优势，需要 CM 经理及其所在单位都具有比较高的资质和信誉，而且 CM 模式分项招标可能导致承包费增加，这些都是实施 CM 模式的难点所在。

9.3.4　PC 模式

20 世纪 90 年代中期，Peter Greiner 博士首次提出了 PC 模式（Project Controlling，译为项目总控）并将其成功应用于德国统一后的铁路改造和慕尼黑新国际机场等大型建设项目。该模式是在项目管理基础上结合企业控制论（Controlling）发展起来的一种运用现代信息技术为大型建设项目业主方的最高决策者提供战略性、宏观性和总体性咨询服务的新型组织模式，PC 方实质上是建设项目业主的决策支持机构。PC 模式不能作为一种独立的模式取代常规的建设项目管理，而是与其他管理模式同时并存。

PC 模式以现代信息技术为手段对大型建设项目信息进行收集、加工和传输，通过对项目实施全过程所有环节调查分析，为项目的管理层决策提出切实可行的实施方案，围绕项目目标投资、进度和质量进行综合系统规划，以使项目的实施形成一种可靠安全的目标控制机制。PC 模式是工程咨询和信息技术相结合的产物，以强化项目目标控制和项目增值为目的，核心是以项目信息流处理的结果指导和控制项目的物质流。大型建设项目的实施过程中，一方面形成项目的物质流，另一方面在建设项目参与各方之间形成信息传递关系，即项目的信息流。通过信息流可以反映项目物质流的状况。建设项目业主方的管理人员对工程目标的控制实际上就是通过及时掌握信息流来了解项目物质流的状况，从而进行多方面策划和控制决策，使项目的物质流按照预定的计划进展，最终实现建设项目的总体目标。基于这种流程分析，大型和特大型建设项目管理在组织上可分为两层项目管理信息处理及目标控制层和具体项目管理执行层。PC 模式的总控机构处于项目管理信息处理及目标控制层，其工作核心就是进行项目信息处理并以处理结果指导和控制项目管理的具体执行。

PC 模式的特点主要体现在以下几方面：

（1）为业主提供决策支持

PC 单位主要负责资金面收集和分析项目建设过程中的有关信息，不对外发任何指令，对设计、监理、施工和供货单位的指令仍由业主下达。项目总控工作的成果是采用定量分析的方法为业主提供多种有价值的报告（包括月报、季报、半年报、年报和各类专用报告等），这将是对业主决策层非常有力的支持。

（2）总体性管理与控制

项目总控注重项目的战略性、长远性、总体性和宏观性。所谓战略性就是指对项目长远目标和项目系统之外的环境因素进行策划和控制。所谓长远性就是从项目全生命周期集成化管理出发，充分考虑项目运营期间的要求和可能存在的问题，为业主在项目实施期的各项重大问题提供全面的决策信息和依据，并充分考虑环境给项目带来的各种风险，进行风险管理。所谓总体性就是注重项目的总体目标、全生命周期、项目组成总体性和项目建设参与单位的总体性。所谓宏观性就是不局限于某个枝节问题，高瞻远瞩地预测项目未来将要面临的困难，及早提出应对方案，为业主最高管理者提供决策依据和信息。

（3）关键点及界面控制

PC 模式的过程控制方法体现了抓重点，项目总控的界面控制方法体现了重综合、重整体。过程控制和界面控制既抓住了过程中的关键问题，也能够掌握各个过程之间的相互影响和关系。这两方面的有机结合有利于加强各个过程进度、投资和质量的重要因素策划与控制，有利于管理工作的前后一致和各方面因素的综合判断，以做出正确决策。

9.4 生命周期集成与项目管理创新

9.4.1 周期捆绑与集成管理

前面介绍了将若干建造过程打包进行项目管理的相关内涵和特点，一个建筑物或基础设施的竣工非但不是项目的终结，反而是其提供服务实现增值的开始。传统项目管理往往仅关注建造阶段的管理，将项目运营和维护认定为另一阶段的任务。然而，随着业主越来越追求项目运营维护效率和项目价值提升，包含运营维护的全生命周期项目管理受到项目管理界的重视。

1. 生命周期捆绑集成的原理

以基础设施为例，如道路、桥梁的竣工意味着服务供给的开始，这种服务的质量和效率与运营维护技术和管理水平的高低息息相关。捆绑（Bundling）意味着只有一方负责建设、维护和运营基础设施资产，从而提供公共服务。这意味着政府与建设者同时也是运营者签订了一份提供合同。相比之下，在传统的公共服务采购制度下，一方负责建设基础设施，另一方负责维护，可能还会有另一方负责运营。在这种情况下，政府至少需要编写两份合同：一份规定建筑商建造基础设施，另一份规定运营商提供服务。

建筑的质量好坏影响着运营阶段的维护成本。类似于前面所述的建造过程打包是利用了阶段正外部性，同样的，采取捆绑的主要理由是通过让一方负责周期链的所有阶段（图 9-14），可以在基础设施的整个生命周期内降低成本。

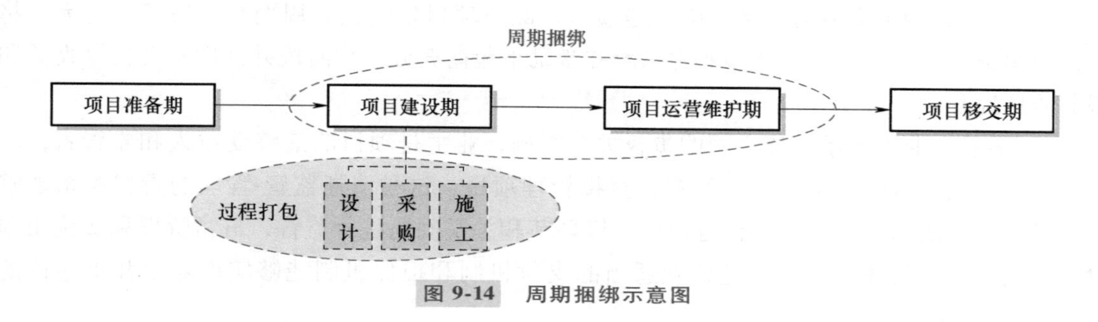

图 9-14　周期捆绑示意图

将建造和运营维护交给两个承包商分别执行时，施工承包商不会考虑建筑质量和设施设备状态对维护成本的影响，甚至可能为了节约成本偷工减料留下质量隐患。运营维护商自然也无法根据运营需要在建造阶段进行优化设计、施工或采购。因此，这种以周期为承包边际的划分方式是低效的，将周期捆绑可以节约总体成本并有利于服务提升和项目增值。然而，并非所有的项目都适用捆绑，因此需要区分哪类项目应用周期捆绑才能够实现服务提升和项目增值。

不论理论还是实践都关注并分析捆绑的利弊，特别是在节约生命周期成本和满足公共利益目标之间的权衡。采用周期捆绑时，项目承包商同时承担建造和运营维护工作，为了节约整体成本，可在建设期和运营期分别采取措施以实现成本节约。一种措施虽然能够节约维护成本，但是会降低用户的服务感受，例如，在道路建设中使用一种特殊材料降低了道路的运营和维护成本，但同时增加了汽车和轮胎的磨损导致发生事故的概率增加。另一个例子是英国的一家医院，建筑设备经理选择了倾斜 45°的窗台，因为清洁工不会浪费时间移走人们通常放在窗台上的东西，所以清洁成本更低，但由于无法在窗台上放置鲜花、礼物或类似的东西，病人的居住便利性降低，康复期的心情可能变得糟糕。而另一种措施虽然可能提高建造成本，但是能够大幅节约运维成本，同时还能够保证服务质量。例如，采用一个高度节能的供暖系统，不但可以降低医院、学校或公共建筑燃料消耗实现成本降低，而且带来更少的环境污染。因此，通过契约管理或者技术管理的手段对第一类措施加以控制，通过奖励或激励手段对第二类措施加以支持，能够最大化实现周期捆绑带来的阶段正外部性。

除此之外，由于捆绑能够大幅减少业主的合同数量，使得合同更加便于管理并节约交易成本。但由于这种捆绑合同涉及面广，合同条款的设置可能比传统合同设计更复杂而增加前期成本。因此，周期捆绑应合理评估阶段外部性、收益和交易成本的大小，从而做出明智的选择。

2. 生命周期集成化的优势和管理特点

周期捆绑常见于基础设施项目中，这类项目的供给和管理模式先后经历了自建自营、指挥部、代建制、BT（建设移交）和PPP（Public-private partnership）等模式。从其演化过程不难发现，周期捆绑逐渐受到重视并加以运用。

生命周期集成化的特点主要体现在三个方面。

1）首先，合同结构方面，业主将项目的建设、运营和维护甚至前期投资捆绑在一起交由具有一定资质和能力的承包商执行，区别于EPC等建造过程打包仅针对建造过程进行集成，周期捆绑还涉及项目的运营维护，更加有利于项目服务和价值的提升。

2）其二，捆绑集成常见于基础设施项目，此类项目投资大、周期长、技术难度大，将建设与运维捆绑，能够有效转移业主风险并激励承包商充分利用阶段外部性实现自身收益和服务质量提升。

3）最后，业主与承包商之间的责权关系明确，业主是项目的最终受益人和监管者，承包商通过成立项目公司实现项目融资并直接管理项目，这种清晰监管-管理的责权关系能够有效降低交易成本，业主主要针对项目关键环节和关键问题进行监管，日常管理和实施由项目公司或承包商具体负责，通过建立适当的支付机制和担保机制能够实现业主和承包商的双赢。

9.4.2 BOT模式

1. BOT模式的概念、特点和交易结构

BOT（Build-Operate-Transfer）模式即基础设施建设-运营-移交模式，是指由社会资本或项目公司承担新建项目融资、设计、建造、运营、维护和用户服务职责，合同期满后项目资产及相关权利等移交给政府的形式。合同期限一般为20~30年。一般情况下，采用BOT形式开展的PPP项目以项目公司名义进行无追索或有限追索项目融资，同时项目公司负责招标设计、建造、运营维护等，并负责向用户提供产品和服务，其在运营项目过程中行使管理职能和权力，但一般不具备项目资产的所有权。

BOT模式实质上是一种债权与股权相混合的产权组合形式，整个项目公司对项目的设计、咨询、供货和施工实行一揽子总承包。与传统的承包模式相比，BOT模式的特征主要体现在以下方面：

1）通常采用BOT模式的项目主要是基础设施与公用事业项目，包括公路、桥梁、轻轨、隧道、铁路、地铁、水利、发电厂和水厂等。特许期内项目生产的产品或提供的服务可能销售给国有单位（如自来水厂、电厂等），或直接向最终使用者收取费用（如缴纳通行费、服务费等）。

2）能减少政府的直接财政负担，减轻政府的借款负债义务。所有的项目融资负债责任都被转移给项目公司，政府无须保证或承诺支付项目的借款，从而也不会影响东道国和社会资本为其他项目融资的信用，避免政府的债务风险。政府可将原来这些方面的资金转用于其他项目的投资与开发。

3）有利于转移和降低风险。政府可以把项目风险转移给项目公司。BOT模式通过将社会资本的投资收益与他们履行合同的情况相联系，从而降低项目的建设风险和运营风险。

4）有利于提高项目的运作效率。BOT 多被视为提高基础设施与公用事业运营效率的一种方式。一方面，由于 BOT 项目一般有巨额资本投入、项目周期长等因素带来的风险，同时由于私营企业的参与，贷款机构对项目的要求会比政府更加严格；另一方面，私营企业为了减少风险、获得较多的收益，客观上促使其加强管理、控制造价。因此，尽管项目前期工作量较大，但是进入实施阶段，项目的设计、建设和运营效率会比较高，用户也可以得到较高质量的服务。

5）BOT 融资方式可以提前满足社会和公众的需求。采用此方式可使一些本来急需建设而政府目前又无力投资建设的基础设施与公用事业项目得以实施。由于其他资金的介入，可以在政府有能力建设前建成基础设施与公用事业项目一并发挥作用，从而加速社会生产力的提高，促进经济的进一步发展。

6）BOT 项目如果有国外的专业公司参与融资和运营，会给项目所在国带来先进的技术和管理经验，既给本国的承包商带来较多的发展机会，也促进了国际经济的融合。

在 BOT 项目中，政府委托实施机构与社会资本独资或与政府合资成立的项目公司签署 BOT 合同，项目公司作为融资主体向金融机构寻求项目融资。建设承包商和运营承包商或其联合体与项目公司签订建设运维合同负责具体的建造和运营维护工作，有的项目可能还涉及项目原料供应商。项目公司将项目产生的产品或者服务提供给产品和服务购买者，后者支付费用，必要时政府支付补贴支持项目运作。BOT 的交易结构如图 9-15 所示。

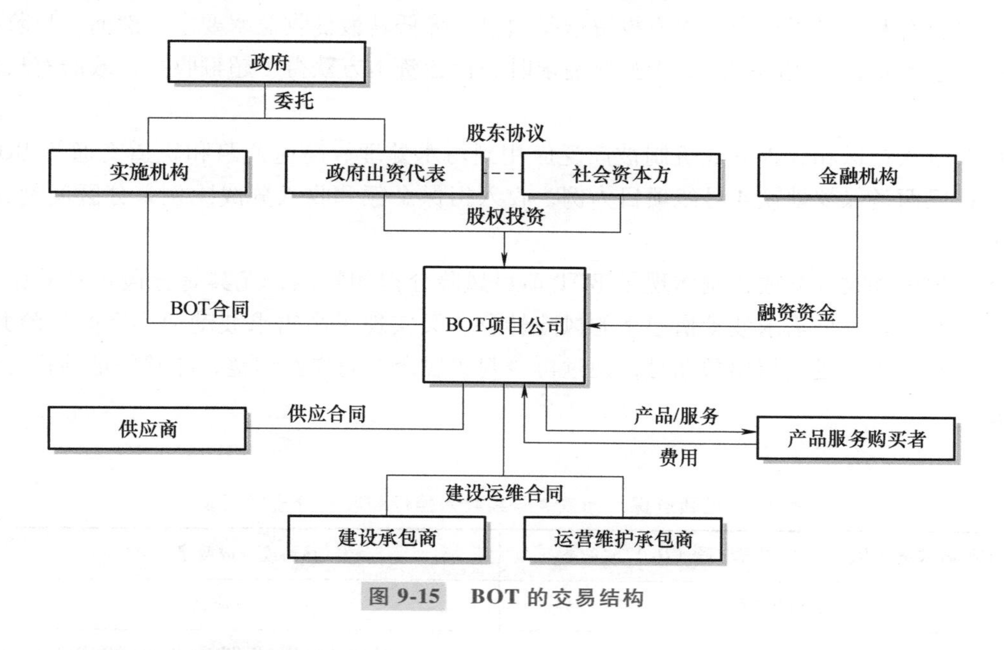

图 9-15　BOT 的交易结构

2. BOT 模式中的管理策略和技术

（1）物有所值评估

在确定了新项目在经济上是合理的，BOT 成为潜在选项之后，政府如何判断 BOT 方式是否是“正确”的项目运作方式呢？这就引出了一项重要的管理技术——物有所值评估（Value for Money，VfM）。物有所值的概念可能会让人感到困惑，一般人们购买商品时会用到这个词评价商品性能或功能与价值之间的关系。物有所值通常包括确定一个业主采购方案的成本和一个理论上的社会资本方 BOT 方案或实际投标方案的成本，通过比较两个方案选择“物有所值”的一种。

物有所值评价指标体系中，业主一方自行运作项目对应的指标被称为公共部门比较值（Public Sector Comparator，PSC），由初始 PSC 值、竞争中立调整、可转移风险和保留风险四部分构成。采用 BOT 方案时的指标被称为全生命周期成本值（Life Cycle Cost，LCC），由政府股权投资、运营补贴支出、风险承担和配套投入四部分构成。在进行物有所值评价时，主要评价 VfM 值和 VfM 指数：

$$\text{VfM 值} = PSC - LCC$$

$$\text{VfM 指数} = (PSC - LCC)/PSC \times 100\%$$

当 VfM 值和指数为正数时，说明项目适用 BOT 模式，否则不宜采用 BOT 模式；VfM 值和指数越大，说明 BOT 模式替代传统模式实现的价值越大，BOT 模式越优于传统模式。

（2）收入担保和收入分成机制

不同于一般建筑、工业项目，采用 BOT 模式的项目一般是提供公共产品或者准公共产品的基础设施。BOT 模式中，社会资本方一般通过在运营期收取的用户付费实现投资回收和利润，但由于需求风险的存在，政府一般会设置收入担保机制与社会资本方共担收入不足风险，这也有利于吸引社会资本方投资这类项目并降低其最低收益率要求。然而，风险并非仅指的需求不足，当实际需求高于预测需求时，社会资本方获得了超额收益，政府有权对其进行分成。

此类收入担保和收入分成机制被广泛应用到污水处理、高速公路和轨道交通等 BOT 项目中。以巴西圣保罗地铁 4 号线项目为例，收入担保金额和收入分成比例是分区间划分的，见表 9-2。

收入担保和收入分成机制体现了 BOT 项目风险分担的特点，尤其是分段设置补贴或者分成数量既实现了低需求波动情形下的风险转移，又实现了高需求波动情形下的风险共担，当实际需求严重不足或超出预期时，通过再谈判实现合同的弹性调整，能够保证项目合同的灵活性。

表 9-2　巴西圣保罗地铁 4 号线收入担保和收入分成区间表

实际需求量（D_R）与预测需求量（D_P）的关系	补贴或分成数量（M）
$D_R > 140\% D_P$	再谈判
$120\% D_P < D_R \leqslant 140\% D_P$	$M = 0.06 \times D_P + 0.90 \times (D_R - 1.20 \times D_P)$
$110\% D_P < D_R \leqslant 120\% D_P$	$M = 0.60 \times (D_R - 1.10 \times D_P)$

（续）

实际需求量（D_R）与预测需求量（D_P）的关系	补贴或分成数量（M）
$90\% D_P < D_R \leqslant 110\% D_P$	$M=0$
$80\% D_P < D_R \leqslant 90\% D_P$	$M=0.60\times(0.90\times D_P-D_R)$
$60\% D_P < D_R \leqslant 80\% D_P$	$M=0.06\times D_P+0.90\times(0.80\times D_P-D_R)$
$D_R < 60\% D_P$	再谈判

9.4.3　FM 模式

不论是建筑物还是基础设施，运营过程中需要不断维护才能够有效提供服务。随着产业价值链分解和专业化发展，物业管理出现精深精细化趋势，并从劳动密集型逐渐转化为知识密集型，在物业管理提升的基础上，产生了一个新型的领域——设施管理（Facilities Management，FM），这是一门综合了管理、建筑、经济、行为科学和工程技术的基本原理的新兴交叉学科，是“以保持业务空间高品质的生活和提高投资效益为目的，以最新的技术对人类有效的生活环境进行规划、整备和维护管理的工作”。

设施管理概念的产生，是物业管理理念的延伸，传统的物业管理侧重于人员现场管理，以保安、保洁以及供暖、通风、空调、电气、给水、排水等设施设备的维护保养为主要工作内容，以设施设备的正常运行为工作目标，具有“维持”的特点。20 世纪 80 年代后，物业管理行业发生了一系列变革，促成了设施管理的产生。设施管理的任务是通过简化企业的日常营运流程，协助客户达到大幅降低成本和提高营运效益的目的。它致力提供全面的一站式服务，为客户管理房地产、设施及其他非核心业务，以达成既定的业务计划和策略性的发展目标。

相对于物业管理，设施管理表达了一种新的发展观念，即对于大型建筑物及建筑群的管理，要求采用一种全面的、综合的成本观念和效益观念，从而达到设施生命周期经营费用与使用效率的最优结合。关注物业设施的全生命周期的运行，针对性提供策略性长期规划，这一规划在财务安排、空间管理、周期性工作组织、预见性风险规避等方面全过程系统实施。设施管理与物业管理相比较，更加具有战略层次的特点和动态发展的全局整合理念，在保证对物业保值增值的基础上，还可为企事业机构的社会利益、经济利益、生态利益做贡献。设施管理不再纠葛于物业管理的业委会、物业公约、基础范畴等固化模式，而是采用多元模式发展，围绕业权人的需求，以设施为原点，市场和时间为坐标去设计不同的管理模式发展，最终实现空间流程的最佳组织和物业设施价值曲线的合理化。对特殊功能物业，如医院、政府办公大楼、教育物业、机场、工厂等，使用设施管理使其更优化。它注重并坚持与高新科技应用的同步发展，在降低成本提升效率的同时，系统集成保证了管理与技术数据分析处理的准确，进一步促进科学决策。

我国房地产业的持续蓬勃发展，全国各类场馆的迅速增加，丰富的物业类别与多元开发运营模式，无疑是设施管理理论实践的最佳市场。就像住宅区物业管理是随着住房制度的改革发展起来的一样，政府办公楼、学校、医院、影剧院、博物馆、体育馆等公共设施的管理模式改革，也会随着相关领域的改革而获得发展。此外，随着越来越多的大型企业意识到其物业资产在公司发展战略中的重要地位，现代化智能大厦和高新技术产业用房落成数量的不断增加，对于工作和生产空间质量要求的不断提高，都会形成对高质量专业化设施管理服务的潜在需求。而目前我国设施管理的相对滞后更是造成了庞大的市场需求。因此，我国的设施管理市场巨大，需求强劲，发展潜力无限，将 FM 管理和 BIM 技术整合是设施管理的发展趋势。

上海市申都大厦项目就是既有建筑改造项目的实例。该大厦初建于 20 世纪 70 年代，当时是厂房车间，90 年代改成 6 层办公楼，如今经历了第三次“绿色”改造。为了匹配申都项目实际的运维需求和建筑节能要求，基于 FM 设施管理“空间管理”“家具设备管理”“设备状态评估”“建筑营运与维护”“资产控制”“能耗监测”等方面的管理被整合到运维平台，从而形成申都大厦绿色运维管理系统的基本架构。

医疗建筑本身具备专业性强、用户要求高、功能性涵盖广、抗震度要求高等区别于其他类型建筑的特点，并由此衍生出运行能耗大、改造常态化、周期循环性等公共建筑所具有的个性化特征。随着医疗健康产业的发展，传统的医院建筑设计已经远远无法适应当今乃至未来的医疗健康体建筑的使用需求，而单一的技术手段更是约束了建筑体自身的生命力与潜在度，难以适应医疗建筑设计的专业化发展需求。某现代化智慧医院将运维管理与 BIM 技术结合，建立的全生态后勤系统是运维管理基于 BIM 的应用体现，其运维总体架构如图 9-16 所示。

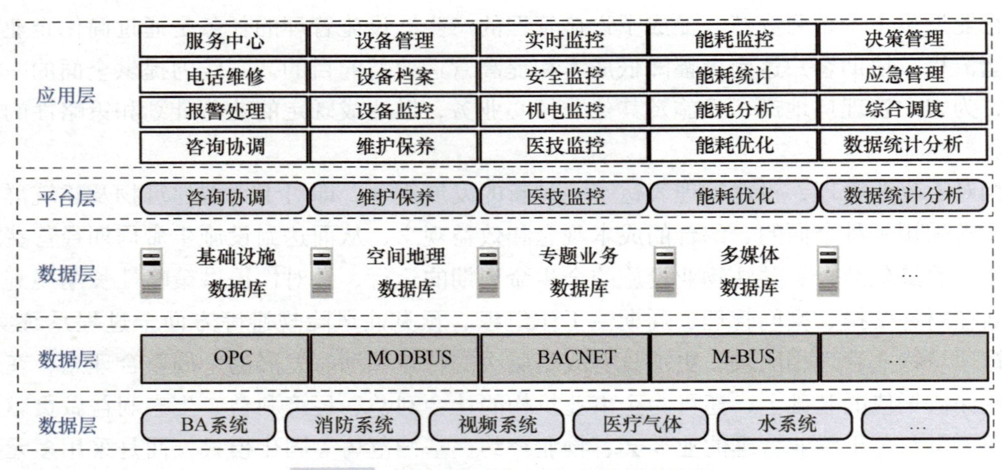

图 9-16 某智慧医院 BIM 运维总体架构

9.5 建设项目管理成熟度模型与应用

9.5.1 项目管理成熟度模型概念及其发展

项目管理成熟度为一个组织（通常是一个企业）所具有按照预定目标和条件成功可靠

地实施项目的能力，因此项目管理成熟度模型（Project Management Maturity Model，PMMM 或 PM3）可以理解为一种用来衡量企业或组织当前项目管理能力的工具，表征企业或组织的项目管理能力由不成熟到成熟的一种评估与改进的优化框架。

对于 PMMM，PMI 给出的定义为：评估组织通过单个项目和组织项目管理来实施战略目标能力的一种工具。PMMM 基本组成如图 9-17 所示。

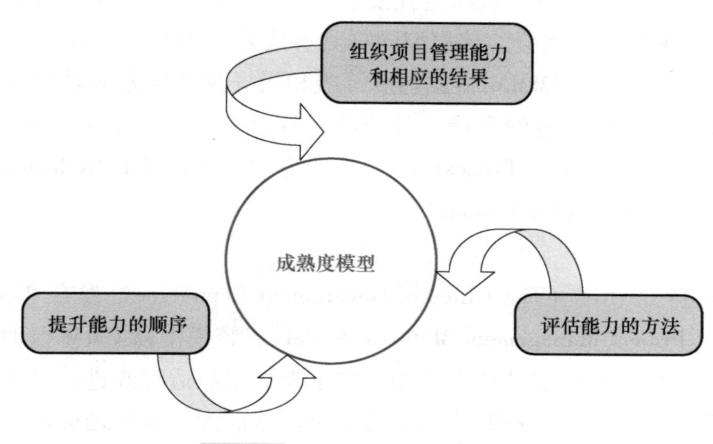

图 9-17　成熟度模型基本组成

能力成熟度模型最早是 1987 年由美国卡内基 · 梅隆软件工程研究所 SEI 提出的软件项目管理能力成熟度模型 CMM（Capability Maturity Model）。CMM 模型的出发点为软件过程能力评价，它的成功应用使得许多组织和行业结合自身过程管理需求，提出各自的管理成熟度模型。随后对 CMM 版本进行了多次升级，2010 年 SEI 发布 CMM11. 3 版本，其中包含三个子模型。2003 年美国项目管理学会（PMI）发布被全球广泛接受的 OPM3。2008 年和 2013 年，PMI 对 OPM3 版本进行了两次升级，从获取知识、实施评估和管理改进方面进行全面改进。

9. 5. 2　四种项目管理成熟模型概述

继国际上第一个成熟度模型 CMM 之后，从项目管理角度出发又开发出各种不同的项目管理成熟度模型。据统计，目前与各行业类型相关成熟度模型数量达五十多种，本书仅选取四种典型项目管理成熟度模型进行对比分析。

1. CMM 模型

CMM 模型产生于软件行业，关注重点为软件工程全面质量管理工作的过程，因此 CMM 模型为矩阵模型结构。模型共有两个维度，其一为过程维，有管理、组织和工程等三大类共 18 个关键过程域（Key Processes Area，KPA），另一个维度为成熟度等级维度，共分为初始级、可重复级、已定义级、已管理级、优化级共五个成熟度等级。在模型两个维度结合下，CMM 拥有五个成熟度等级，18 个关键过程域（KPA），52 个目标，374 个关键实践（Key Practice，KP）指标体系。在该指标体系中，如果某组织达到成熟度等级中规定的关键过程域，则表明达到了这个成熟度级别。

2. K-PMMM 模型

K-PMMM 模型是由美国著名项目管理大师科兹纳（Harold Kerzner）博士 2001 年在其著作《项目管理的战略规划——项目管理成熟度模型的应用》（*Strategic Planning for Project Management—Using a Project Management Maturity Model*）中提出的。模型将其应用范围从软件扩展到项目性的其他行业，并首次将企业发展与项目管理战略规划结合，以配合项目管理战略规划实施。与 CMM 模型类似，该模型同样具有成熟度等级测评和指导改进两方面的功能。但与 CMM 模型不同，K-PMMM 将成熟度等级和指导改进两方面功能统一起来，成熟度等级测评只是帮助组织实施改进的手段。其成熟度等级的五个层次为：通用术语（Common Language）、通用过程（Common Processes）、单一方法（Singular Methodology）、基准比较（Benchmarking）、持续改进（Continuous）。

3. OGC-P3M3 模型

2006 年英国商务部 OGC（The Office of Government Commerce）发布 P3M3 模型（Portfolio, Programme and Project Management Maturity Model）。该模型以 CMM 模型结构为基础，但因没有采用阶段式结构，在模型功能上更加着重于指导组织适时改进。对组织成熟度测评是使组织更加清晰地了解目前所具备的能力和优劣势，从而为实施改进提供方向。在获得测评结果的基础上，进而确定改进路径并加以实施，从而提高自身管理能力实现组织商业目标。P3M3 模型由 3 个相互独立的子模型组成：投资组合管理成熟度模型（Portfolio Management Maturity Model，PfM3）、项目群管理成熟度模型（Programme Management Maturity Model，PgM3）、项目管理成熟度模型（Project Management Maturity Model，PjM3）。虽然三个子模型相互独立，但拥有相同模型结构。模型均设置 7 个通用的过程视角（Process Perspective），并且每个管理视角均进行 5 级成熟度等级划分：初始级、重复级、定义级、管理级和最优级。具体模型结构如图 9-18 所示。

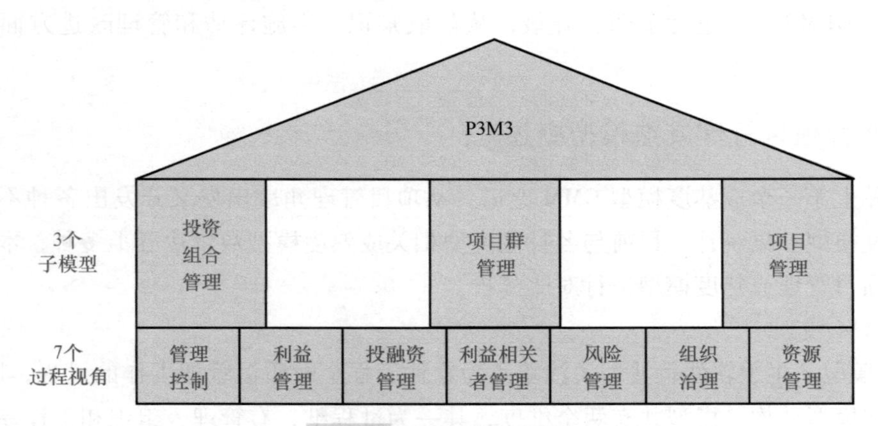

图 9-18　P3M3 模型结构

4. OPM3 模型（Organizational Project Management Maturity Model）

OPM3 模式是在 2003 年由美国项目管理协会（PMI）创立的。OPM3 模型首次提出三维模型概念，模型功能主要定位于帮助和指导组织项目管理的改进，而组织成熟度等级的测评仅是为了实施改进所必需的手段。OPM3 的第一维是组织管理范畴，包括项目管理、项目群管理和项目组合管理；第二维是项目管理九大知识领域及五个项目管理过程组；第三维是成熟度的四个等级（标准级、测量级、控制级、持续改进级）。具体模型如图 9-19 所示。

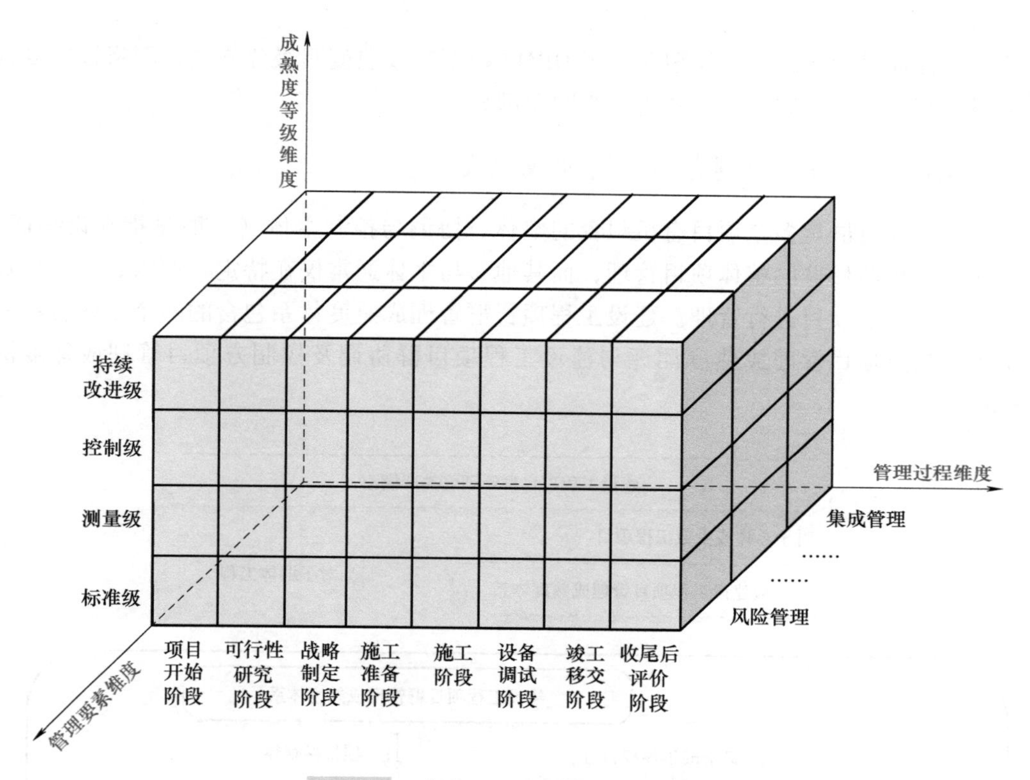

图 9-19　建设工程项目管理成熟度模型

9.5.3　单项目管理成熟度模型

结合建设工程项目管理理论和项目管理成熟度理论，构建了如图 9-19 所示工程项目管理成熟度模型。建设工程项目管理成熟度模型由三个维度构成：管理过程、管理要素和成熟度等级。

1. 管理过程维度

任何项目都有明确的开始时间和结束时间，管理过程维度界定了建设工程项目管理组织完成项目管理工作所必须经历的主要工作过程。本模型将一般建设工程项目管理过程分为八个阶段，包括项目开始阶段、项目可行性研究阶段、项目战略制定阶段、项目施工准备阶段、施工阶段、工程设备调试阶段、项目竣工移交阶段和项目收尾与后评价阶段。

2. 管理要素维度

一般项目工程实际有多个参与主体的项目管理工作，包括业主方项目管理、设计方项目管理、施工方项目管理。基于美国项目管理协会（PMI）的 PMBOK 把项目管理分为九大知识领域思想，结合建设工程特点，将一般建设工程项目管理要素归纳为十大类，包括建设工程项目集成管理、范围管理、进度管理、质量管理、成本管理、信息管理、协调管理、采购与合同管理、风险管理和 HSE 管理。

3. 成熟度等级维度

建设工程项目管理成熟度模型采用了 OPM3 模型的成熟度四级分方法，即将该维度划分为标准级、测量级、控制级和持续改进级四个部分。

9.5.4 项目群协调与控制方项目管理成熟度

建设工程项目群是多个项目有机组合的整体，协调与控制主体（一般是指建设指挥部）承担着建设工程项目群的整体项目管理，而其他参与主体通常仅在特定时期内、一定权责范围内，对单个工程项目进行管理。建设工程项目群管理成熟度体系包含的两个子内容：一般建设工程参与方项目管理成熟度测评与建设工程项目群协调及控制方项目管理成熟度测评（图 9-20）。

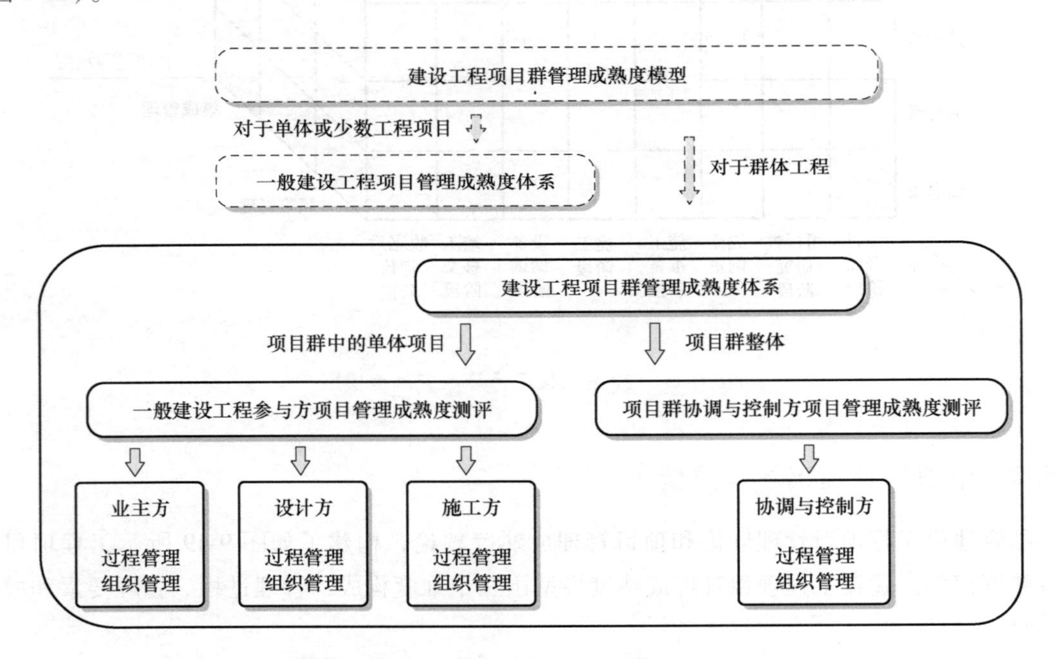

图 9-20 建设工程项目群管理成熟度体系结构框架

为保持建设工项目管理成熟度整体模型一致性，项目群协调与控制方管理成熟度测评沿用过程管理与组织管理结合的结构框架（图 9-20）。其中过程管理方面与一般建设工程过程管理成熟度模型的三维框架相同。

由图 9-21 可知，建设工程项目群协调与控制方项目管理成熟度测评的过程管理包含管理要素维度、管理过程维度以及成熟度等级维度。通过三个维度组合，可以确定项目管理成熟度各个组成部分的内容。

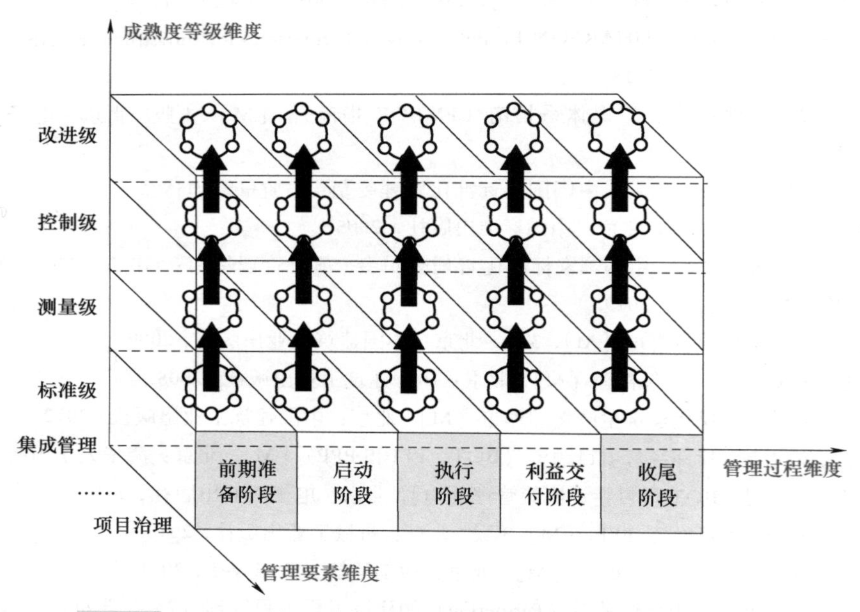

图 9-21　项目群协调与控制方管理成熟度测评过程三维管理示意图

复习思考题

1. 项目和项目管理的本质特征是什么？
2. 现代项目管理的趋势是什么？
3. EPC、CM、PC 模式体现了怎样的项目管理新逻辑？
4. 采用 BOT 模式的建设项目应采取哪些管理技术以应对需求风险？
5. 试述项目型伙伴关系和战略型伙伴关系对比。
6. 什么是项目管理成熟度模型？OPM3 划分为几个层次？

本章参考文献

[1] ENGEL E, FISCHER R, GALETOVIC A. The economics of infrastructure finance: public-private partnerships versus public provision [J]. EIB Papers, 2010, 15 (1), 40-69.

[2] HUI S, SHUHUA J, YUNING W. Optimal equity ratio of BOT highway project under government guarantee and revenue sharing [J]. Transportmetrica A Transport Science, 2019, 15 (1): 114-134.

[3] IOSSA E, SAUSSIER S. Public private partnerships in Europe for building and managing public infrastructures: an economic perspective [J]. Annals of Public and Cooperative Economics, 2018, 89 (3): 25-48.

[4] LUIZ E B, BASTIAN-PINTO C, GOMES L. Government supports in public-private partnership contracts: Metro Line 4 of the São Paulo Subway System [J]. Journal of Infrastructure Systems. 2012, 18 (3), 218-225.

[5] RIESS A, GROUT P, LEAHY P. Innovative financing of infrastructure—the role of public-private part-

nerships：Lessons from the early movers [J]. EIB Papers, 2005, 10 (2): 11-30.

[6] YESCOMBE E R, FARQUHARSON E. Public-Private Partnerships for Infrastructure. 2th ed. Boston: Butterworth-Heinemann, 2018.

[7] 项目管理协会. 项目管理知识体系指南（PMBOK 指南） [M]. 4 版. 北京：电子工业出版社，2010.

[8] 国家质量监督检验检疫总局，中国国家标准化管理委员会. 质量管理体系　项目管理质量指南：GB/T 19016—2005 [S]. 北京：中国标准出版社，2005.

[9] 国家市场监督管理总局，中国国家标准化管理委员会. 项目管理指南：GB/T 37507—2019 [S]. 北京：中国标准出版社，2019.

[10] 成虎，陈群. 工程项目管理 [M]. 3 版. 北京：中国建筑工业出版社，2009.

[11] 王伍仁. EPC 工程总承包管理 [M]. 北京：中国建筑工业出版社，2008.

[12] 李忠富，杨晓林. 现代建筑生产管理理论 [M]. 北京：中国建筑工业出版社，2012.

[13] 王守清，柯永建. 特许经营项目融资（BOT、PFI 和 PPP）[M]. 北京：清华大学出版社，2008.

[14] 戴大双，宋金波. BOT 项目特许决策管理 [M]. 北京：电子工业出版社，2010.

[15] 戴大双，石磊. 项目融资/PPP. [M] 3 版. 北京：机械工业出版社，2018.

[16] 曹吉鸣，缪莉莉. 设施管理概论 [M]. 北京：中国建筑工业出版社，2011.

[17] 赵振宇，刘伊生. 基于伙伴关系（Partnering）的建设工程项目管理 [M]. 北京：中国建筑工业出版社，2006.

[18] 贾广社，陈建国. 建设工程项目管理成熟度理论与应用 [M]. 北京：中国建筑工业出版社，2012.

[19] 王岳森，李学福，赵李萍. 工程建设项目管理模式研究 [M]. 北京：中国铁道出版社有限公司，2019.

[20] 袁竞峰，王帆，李启明，等. 基础设施 PPP 项目的 VfM 评估方法研究及应用 [J]. 现代管理科学，2012 (1)：27-30.

[21] 王伍仁. EPC 工程总承包管理模式新谈 [J]. 施工企业管理，2019 (1)：75-77.

[22] 孙晖. 基于装配式建筑项目的 EPC 总承包管理模式研究——深圳裕璟幸福家园项目 EPC 工程总承包管理实践 [J]. 建筑，2018 (10)：59-61.

[23] 叶浩文，周冲，王兵. 以 EPC 模式推进装配式建筑发展的思考 [J]. 工程管理学报，2017，31 (2)：17-22.

[24] 乔磊，黄慕雄. 运维管理赋予 BIM 新的内涵与价值——智慧医院的 FM+BIM [J]. 智能建筑，2017 (5)：48-52.

[25] 施晨欢，王凯，李嘉军，等. 基于 BIM 的 FM 运维管理平台研究——申都大厦运维管理平台应用实践 [J]. 土木建筑工程信息技术，2014，6 (6)：50-57.

[26] 姜保平. 我国工程建设领域 Partnering 模式研究 [D]. 上海：同济大学，2008.

[27] 潘吉仁，林知炎，贾广社. 建筑企业组织项目管理成熟度模型研究 [J]. 土木工程学报，2009，42 (12)：183-188.

[28] 关婧，尤完. 建筑业企业工程项目管理成熟度模型研究 [J]. 项目管理技术，2019，17 (5)：62-70.